实用家庭养花一本通

王敏　编著

北京联合出版公司
Beijing United Publishing Co.,Ltd

图书在版编目（CIP）数据

实用家庭养花一本通 / 王敏编著 . — 北京：北京联合出版公司，2015.6（2024.4 重印）
ISBN 978-7-5502-5305-6

Ⅰ . ①实… Ⅱ . ①王… Ⅲ . ①花卉 – 观赏园艺 Ⅳ . ① S68

中国版本图书馆 CIP 数据核字（2015）第 102914 号

实用家庭养花一本通

编　　著：王　敏
责任编辑：宋延涛　徐秀琴
封面设计：韩　立
内文排版：潘　松

北京联合出版公司出版
（北京市西城区德外大街 83 号楼 9 层　100088）
德富泰（唐山）印务有限公司印刷　新华书店经销
字数 426 千字　710 毫米 ×1000 毫米　1/16　20 印张
2015 年 8 月第 1 版　2024 年 4 月第 3 次印刷
ISBN 978-7-5502-5305-6
定价：68.00 元

前言

随着生活水平的提高，“实用”已经不再是人们对住宅的唯一要求，改善和美化家居环境已经成为越来越多人的追求。诚然，昂贵的材料与高明的设计可以让原本平淡无奇的居室变得与众不同，但这不是我们达到预期的唯一途径，我们完全可以通过一种更环保、更实惠的方式，改变家居环境，这就需要人类的好朋友——植物出马啦。

植物之所以可以用来改善家居环境，是因为它们拥有天然的装饰功能，能够营造非同一般的风格。比如，有些植物具有田园风情，能营造返璞归真的自然美；有些植物（观叶植物或观花植物）色彩斑斓，能给人强烈的视觉冲击，创造最直接的感官愉悦；有些植物形态优美，或柔顺下垂，或挺拔直立，或虬枝蜿蜒，这种独具一格的美感绝对不是千篇一律的装修风格所能比拟的；有些植物新奇有趣，如食虫类植物、气生根植物等，不仅装点了你的居室，还能为你的生活带来无穷的乐趣。

时至今日，随着人们环保意识的不断提高，植物在室内装饰中的作用越来越重要。越来越多的人开始以居室环境为基础，结合生活需要以及植物习性，利用各种各样的植物对居室进行美化装饰。

室内盆栽植物不仅具有装饰美化的作用，它们对人体健康

也是大有裨益。几乎所有的室内盆栽植物都能吸附飞尘，吸收代谢废气，释放氧气，增加空气湿度，过滤噪音等作用。更重要的是，现代室内装潢所使用的涂料、油漆，以及给人们生活带来便利的家用电器，往往含有或能放射出有对人体有害的物质，植物恰好能吸收或吸附这些有害物质，起到净化空气，减少人为污染的作用。更有一些芳香植物，具有安神醒脑的功效。比如，绿萝能吸收甲醛、苯、一氧化碳、尼古丁等有害物质，仙人掌能有效减少电磁辐射，君子兰则能吸收烟雾、释放氧气　　室内盆栽植物能为你提供一个“天然氧吧”，这对你的身体健康益处多多。除此之外，植物还能帮你改善居室的空间结构，制造不一样的层次感。

去花市花店购买现成植株，固然省事，但亲自培育、精心养护出各种漂亮的盆栽植物，更有成就感。自己动手并不难，你不需要是专业园艺师，只要喜欢植物，掌握了必要的知识就能成功。

本书介绍了植物的日常养护、常见的室内盆栽以及盆栽的选择、室内盆栽的装饰方法，另外，本书介绍大量室内盆栽的种类以及每种盆栽的特点。本书图文并茂，让读者既能学到养护植物、选择植物的知识，又能从视觉上给以美的享受。

目录

第一章 花卉，你了解多少

第二章 养花经要

第三章 家庭养花发现之旅

第四章 健康家居，从一盆好花开始

第五章 用花卉美化家居

第六章 室内盆栽名录

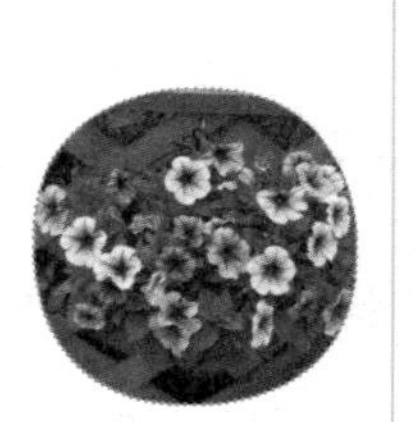

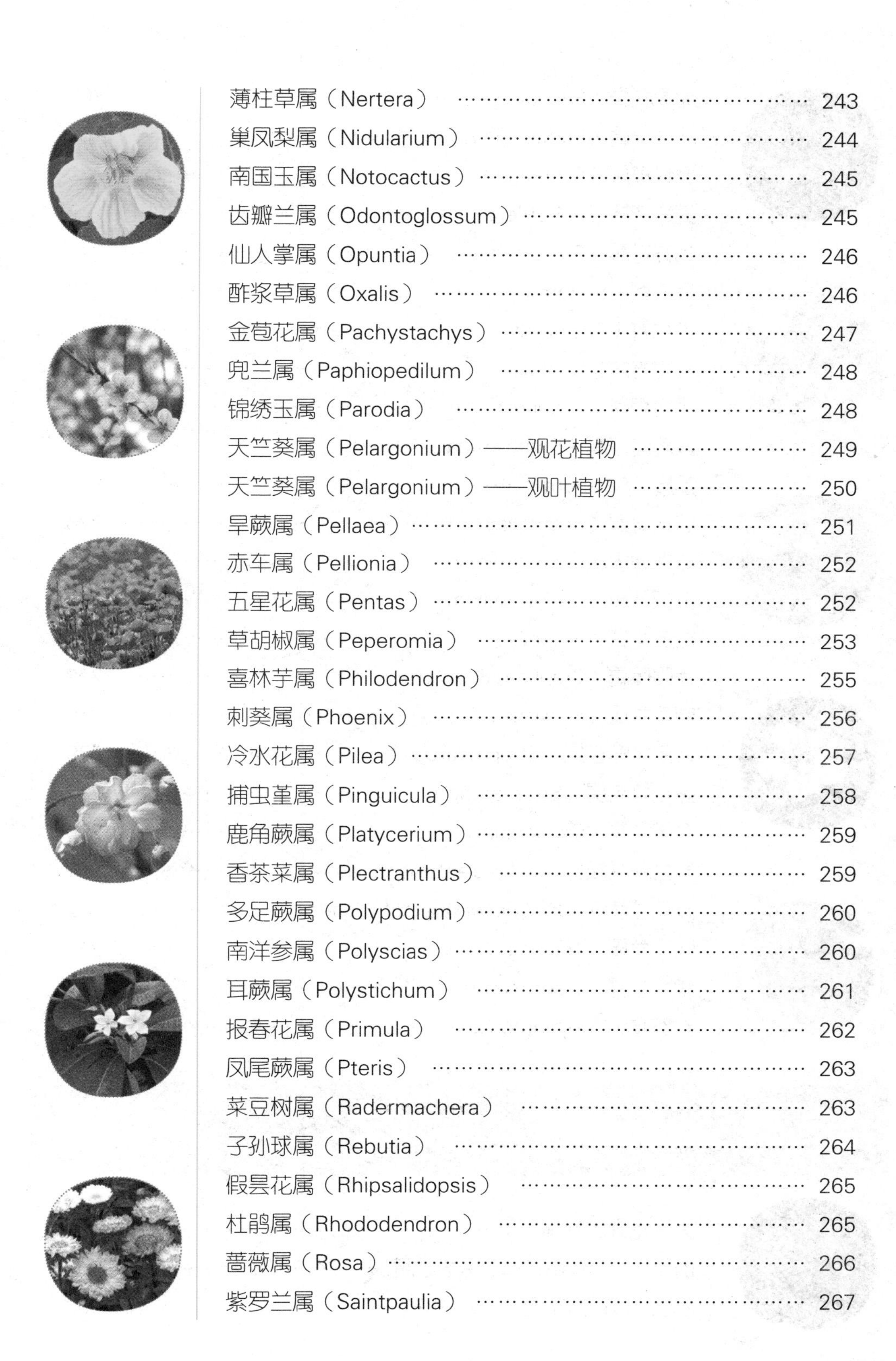

第七章　每种花都有自己的内涵

1 第一章 花卉，你了解多少

初识花卉

花的结构

花是美丽的化身。那么，对于花我们究竟了解多少呢？

从定义上来说，花是植物的繁殖器官，卉是百草的总称。从结构上来看，花又可以分为完全花和不完全花两种类型。如果花是由花梗、花托、花被、花蕊四部分组成，就叫完全花；缺少其中的任何一部分或几部分，就叫不完全花。下面来了解一下完整的花的基本构成：

花梗

花梗是指生长在茎上的短柄，它是茎和花相连的通道，有支持和输送水分、营养的作用。花梗的长短因花卉品种不同而不同。

花托

花梗顶端膨大的部分叫花托。花萼、花冠、雄蕊、雌蕊各部分依次由外至内呈轮状排列于花托上，花托有各种各样的形状。

花被

花被包括花萼和花冠。花萼通常为绿色，由若干萼片组成，位于花的最外轮。花冠在花萼的内轮，由花瓣组成。花的花萼和花瓣的颜色、形状、大小及层次的差别很大，是花的主要观赏部分。

花蕊

花蕊分为雄蕊和雌蕊。雌蕊位于花的中央部分，由柱头、花柱和子房三部分组成。柱头在雌蕊的前端，是接受花粉的部位。柱头分泌黏液，具有黏着花粉粒和促进花粉粒萌发的作用。雄蕊由花丝和花药两部分组成，位于花冠的内轮。花丝细长呈柄状，起着支持花药的作用；花药呈囊状或双唇状，长在花丝的顶端，能产生花粉粒。

在以上的四大部分中，花梗和花托相当于枝的部分，其余相当于枝上的变态叶，也就是我们常说的花部。

花的“五官”

花和人一样也是有“器官”的，而且花的器官之间在生理和结构上虽然有明显的差异，但彼此又密切联系、相互协调。花的主要器官被人们称为花的“五官”，一般是由根、茎、叶、花、果实等器官组成。花的根、茎和叶称为花卉的营养器官，花、果实和种子称为花卉的生殖器官。

根

根据发生的部位不同，根可以分为主根、侧根和不定根三种。根的主要功能是固定植株，并且起着吸收水分和营养元素供植物生长的作用。

对于大部分的植物来说，无论根有多长，通常在其末端的根尖处有一段长有许多白色小毛（即根毛）的地方，称为根毛区。根毛是植物吸收水肥的重要部位，根毛的状况很大程度上影响了植物的生长状况。为了适应不同的环境，其形态结构会发生变异，经历时代的变迁后，变异越为明显，就成为该种植物的遗传特性。

花卉根的变态有两种类型：

块根：如大丽花植株地下就有块根，它是由不定根或侧根经过增粗生长而成的肉质贮藏根。

气生根：气生根是指露出地面暴露于空气中的根。如绿萝、蔓绿绒类等花卉的气生根主要起固定作用，让植株能附生于树干或其他物体上。榕树茎上的不定根，也属气生根。

茎

从结构上讲，花的茎可分为节和节间两部分。茎上生叶的部位，叫作节，相邻两个节之间的部分，叫作节间。当叶子脱落后，节上留有的痕迹叫作叶痕。大多数植物的茎是辐射状的圆柱体，有些植物的茎则呈三棱形或四棱形等。

多数花卉具有坚强直立生长的茎，但有些花卉的茎不能自己直立，需借助其他物体攀附或缘绕生长，或者蔓生匍匐于地面，这一类植物叫作攀缘植物、藤本植物，其茎又常称为蔓或藤，比较常见的有绿萝、蔓绿绒类等。

此外，有些花卉的茎生长于土壤中且变成特殊形态和结构，这样的茎称为地下茎。地下茎的形态结构有多种，可分为块茎、根茎、鳞茎、球茎四大类。

块茎：块茎的外形肥大呈块状，不整齐。食物中的马铃薯、地瓜和芋头都是块茎类植物。具有块茎类的花卉有大岩桐、仙客来等。

根茎：地下茎肥大而粗长，像根一样横卧在地下。我们吃的莲藕就是典型的根茎类植物，而在花卉中具有根茎的花卉有美人蕉、荷花、睡莲等。

鳞茎：鳞茎很短，呈扁平的盘状，俗称鳞茎盘；鳞茎盘上面生长着肥厚多肉的鳞片状叶变形体，特称为鳞片叶或鳞片。鳞茎又分有皮鳞茎和无皮鳞茎，具有皮鳞茎的花卉有水仙、郁金香、朱顶红、葱兰等，具无皮鳞茎的花卉有百合等。

球茎：变态部分膨大成球形、扁圆形或长圆形实体，有明显的节和节间，有较大的顶芽。我们吃的荸荠就是典型的球茎。具有球茎的花卉有唐菖蒲、小苍兰等。

叶

花卉叶子的生长一般都具有明显的规律性，并且担负着植物生活中最重要的光合作用的工作。一片典型的叶，可分为叶片、叶柄和托叶三部分，但并不是所有植物的叶都具有这三个部分。

在这三部分中，叶片是最重要的部分，一般为绿而薄的扁平体，是植物与外界环境之间气体交换的通道。不同植物之间叶的形态表现差异很大，这也是辨识植物种类的重要依据。尤其是对于同一科属的植物而言，叶子的具体形状和纹路往往作为分辨植物种类的依据。叶片的常见形状有全叶、叶缘、叶尖、叶基以及叶脉的分布等。就全叶形来说，可分为圆形、三角形、掌形、心形、菱形、披针形、箭形、戟形、卵形、倒卵形、盾状等。

接下来是叶柄。叶柄是叶片与茎的连接部分，其上端与叶片相连，下端着生在茎上，通常叶柄位于叶片的基部。少数植物的叶柄着生于叶片中央或略偏下方，称为盾状着生，如莲、千金藤。叶柄通常呈细圆柱形、扁平形。如果叶柄上只生一片叶，不论其是完整的还是分裂的，都叫单叶；相对应地，如果在叶柄上着生两个以上完全独立的小叶片，则叫作复叶。

最后来看托叶。托叶是叶柄基部、两侧或腋部所着生的细小绿色或膜质片状物。托叶通常先于叶片长出，并于早期起着保护幼叶和芽的作用。

花朵

下面我们来了解一下植物“五官”中最引人注目的花朵部分。这部分有花萼、花冠两大构成。花萼是花朵的最外一轮，由若干萼片组成，常呈绿色。花冠则位于花萼的内轮，通常可分裂成片状，称为花瓣。

花冠常有一种或多种颜色，不同植物花瓣的大小和形状不同。

由于花瓣的离合、花冠筒的长短、花冠裂片的形状和深浅等不同，形成了各种类型的花冠，如筒状、漏斗状、钟状、轮状、唇形、舌状、蝶形、十字形等。

不同花卉的花瓣层数也有差异。只有单一层花瓣的花称为单瓣花；最少具有两层完整花瓣的称为重花瓣；花瓣超过一层但又不及两层的称为半重花瓣。一个花茎上只有一朵花时，称为单生花。一个花茎上不止一朵花时，其各朵花在花轴上的排列情况，称为花序。常见的花序有总状花序、穗状花序、肉穗花序、圆锥花序、伞房花序、伞形花序、头状花序、聚伞花序等。

果实

通常，大部分的植物开花后就会结果，而种子包在果实之中，这称为被子植物。幼嫩的果实呈深绿色，成熟的果实呈各种鲜艳的颜色。常见的果实有肉质果、干果等。肉质果肉质多汁，又有浆果、瓠果、核果等。干果成熟时果皮干燥，又有荚果、膏荚果、角果、蒴果、瘦果之分。

种子

众所周知，不同种类植物的种子，大小、形状和颜色都不同。草花的种子一般较小或者很小。无论什么花卉的种子，其内部结构都差不多，种子外为种皮，里面有胚，有的植物种子还有胚乳。胚是构成种子最重要的部分，由胚芽、胚根、胚轴和子叶所组成。

花卉的一生

了解花卉生长发育的过程是养好花卉的第一步。简单地说，养花卉就是保护花卉生理活动的过程。养花之前必须要了解花卉的三大生理活动，因为这三种活动将伴随花卉的一生。这三大生理活动分别是：呼吸作用、光合作用和蒸腾作用。

呼吸作用

花卉的呼吸作用是指花卉把体内贮藏的有机物质氧化，转化为能量、二氧化碳和水的过程，其产物用于制造新细胞和组织，以及维持正常的生命活动。植物与我们人一样，都需要呼吸。如果停止了呼吸，就意味着死亡。植物所有活的细胞，都会呼吸。根系也需要呼吸，养花时经常进行松土，就是为了保证其根系能够进行正常的呼吸以便根毛细胞吸收水肥。

光合作用

俗话说得好，万物生长靠太阳。绿色植物利用自然光能，把自身吸收的二氧化碳和水分经过反应合成为有机物并释放出氧气的过程，就是光合作用。此过程中最为重

要的条件就是光，所以光合作用都是在白天进行的。植物只有通过光合作用制造出有机物才能够维持生命。通常植物制造的有机物越多，生长和发育就越好。对于花卉来说，科学有效的管理与栽培，实质上就是在促进花卉的光合作用，使其尽量制造出更多的有机物质。

蒸腾作用

植物体内的组成物质大部分是水。植物吸收水分的量是很大的，但是在所吸收的全部水分中，仅仅有极少的部分用于植物体的组成代谢，其余的都是通过蒸腾作用而散失掉。蒸腾作用是指植物体内水分以气体状态，通过植物体表面的气孔，从体内散失到体外的过程。大部分植物的蒸腾作用是通过叶片进行的。

与一般水分蒸发的道理一样，通常空气相对湿度越大，植物的蒸腾失水就越少；空气相对湿度越低，植物的蒸腾失水就越多。而空气相对湿度又受光照、温度和风等因素影响，在干燥炎热、阳光强烈、有风的情况下，植物的蒸腾作用就会相对强很多。

花卉除了不停进行以上三大生理活动之外，大部分花卉还会经过生长期和休眠期。

在植物的生长期内，其体积和重量都会逐渐增加。在测量花卉生长时，常以植株高度、叶数、重量等作为指标。例如一年生草花的一生都在生长，如果播种后间隔一定的时间来对植株进行生长量的测定，就会发现在单位时间里生长量是会变化的，也就说植株生长的速度并不是保持不变的，而表现出慢—快—慢的基本规律，即开始时生长缓慢，以后逐渐加快，达到最高点，然后生长速度又逐渐减缓，最后停止。

花卉的休眠是指暂时停止生长。这里需要注意的是，生长停止只是暂时的，如果是永久的则意味着死亡。例如梅花、紫薇等落叶木本花卉，冬季落叶就是处于休眠状态，待春季温度回升后又重新萌芽生长。那么，花卉为什么会形成休眠习性呢？原来它们的原产地冬季严寒，如果处于生长状态，就会被冻死，而让自己落叶，进入休眠状态，并形成不透水不透气的芽，就能够安全度过寒冬。

一些宿根草花在冬季同样具有明显的休眠期，表现出地上部分枯萎，留下休眠的芽，如菊花、芍药等。

球根花卉是通过球根来进行休眠的。对于春植球根花卉，在冬季进入休眠来度过寒冷的气候。对于秋植球根花卉来说，则是由于原产地夏季干旱，如果让自己处于生长状态，就会因缺水而死，所以形成了球根在夏季进入休眠状态，以此来度过旱季。

花色与花香的形成

花是美丽的使者，给人以舒适、愉悦的享受。但是，你了解花吗？花儿为什么那么艳丽？花的颜色是怎么形成的呢？花儿为什么有醉人的香气呢？下面我们就介绍一下关于花色与花香的由来。

其实，花色的形成是大自然选择的结果。自然世界中，白色花最多，其次是黄、红、蓝、紫、绿、橙和茶色的花，而黑色花最为稀少。这是花卉在生物进化过程中自然选择的结果。黑色能吸收光波，易受到光波的伤害，因而逐渐被自然界淘汰。

一般花朵的花瓣细胞液里含有花青素、类胡萝卜素、叶黄素和黄酮等物质。含有大量花青素的花瓣，它们的颜色都在红、紫、蓝三色之间变化，含有大量叶黄素的花瓣呈黄色或淡黄色，含有大量类胡萝卜素的花瓣则会呈现出深黄和橘红色，而其他颜色则是由各种黄酮化合物显示出来的。花青素是水溶性物质，分布于细胞液中，这类色素的颜色随细胞液的酸碱度变化而变化。一般而言，在碱性溶液中呈蓝色，在酸性溶液中呈红色，而在中性溶液中则呈紫色。类胡萝卜素的种类很多，约有80余种，是脂溶性物质，分布在细胞内的杂色体内，能导致颜色上的差别。比如，郁金香、黄玫瑰、菊花等均含有类胡萝卜素，因此大多呈现出黄色。

有一个小方法可以让我们观察到花瓣细胞液引发颜色的变化过程。你可以把一朵红色的花分别浸泡在碱性的肥皂水和酸性的醋中，看花色由红变蓝，再变成红色的过程。虽然只是一个小小的实验却能发现大自然的神奇。此外，还可以通过处理将原本红色或粉色的花朵变成橙黄色或橘黄色。具体方法是：将煮熟的胡萝卜放在水中沤制20～30天，令其充分腐烂腐熟，加水25～30倍，浇在花盆里。每月浇一次水，连续浇5～6次，花色就会发生神奇的变化了。另外，黄酮色素或黄色油滴同样能使花瓣呈现黄色，均分布在植物的细胞体内。

那么白色的花朵又是怎么回事呢？原因是白色花朵不含上面这些色素。其实，白色是由于花瓣细胞间隙藏着许多由空气组成的微小气泡把光线全部反射出来而形成的。

花的颜色并不是一成不变的，许多花卉从初花期到末花期，花瓣的颜色始终在变化，有的由浅变深，有的由深变浅，但以由浅变深者居多。如牵牛花初开时为红色，衰败时变成紫色；杏花含苞时是红色，开放时逐渐变淡，最后接近白色。这种变化是由花瓣细胞液的酸碱度因温度变化而引起的。

说完花色再来看花香。

生活中，我们所闻到的香气常常是由多种具有香气的化合物组成的，有的花卉含有几十种化学物质，有的还会达到上百种。

花瓣里含有一种特殊的物质叫油细胞，这种物质能分泌出各种芳香精油，芳香精油经过挥发分散在空气中，我们就能闻到花的香味了。

据统计，浅色系的花朵大多有花香，其中白色花中香花所占的比例最大，其次是红色，而蓝色花中香花最少。其实花香也有不同的类型，有的闻起来令人感到惬意和愉悦，有的则令人反感，甚至恶心。这是因为，不同花卉的花瓣里所含精油的化学成分不同，挥发在空气中就产生了不同的气味，比如：白百合和茉莉香气浓郁；芍药及栀子花的花香清香四溢；玫瑰、桂花的花香浓烈；米兰、晚香玉的花香浑厚；马蹄莲、水仙的花香淡雅。

多彩的花色和怡人的花香让我们不得不感叹大自然的神奇造物。而我们每个人都可以利用大自然的神奇，通过科学正确地种植花卉，为生活增添一份美丽与健康。

花卉的价值

养花已经作为一种时尚、高雅的爱好而走进千家万户的生活。花卉种植，男女老少皆宜，不仅可以丰富多姿多彩的生活，还能让人身心受益，使生活更加健康。如果你是一个热爱生活的人，不妨尝试养盆花，相信它会给你的生活带来无穷的乐趣。现在养花的人不断增加，越来越多的人从养花中受益。花卉种植业也已成为规模大、经济效益高的产业。养花的许多好处，可以从花卉的自身价值及与人们日常生活密不可分的关系中去分析。

花卉的价值是多方面的，主要表现在食用价值、药用保健价值、经济价值这三个方面。

食用价值

据史书记载，从唐代开始，就有花卉入膳的记载。清代《餐芳谱》中曾详细记载了20多种鲜花食品的制作方法，这些都证实了花卉的食用价值早已被古人所认识。对人体确实有益无害的可食用花卉有：桂花、玫瑰、梅花、月季、牡丹、玉兰、白兰、萱草、菊花、栀子、丁香、杏花、海棠花、茉莉、米兰、紫藤、莲花、兰花、桃花、梨花、凤仙花、山茶等。

另外，其中多种花卉皆可作为花草茶的材料入茶饮用，比如较为常见的花草茶有：茉莉、白兰、代代、桂花、玫瑰、柚子花、荷花、梅花、兰花、蜡梅等。随着现代科技的进步与发展，近年来以花卉为原料制成的保健饮料也是屡见不鲜，常见的有玫瑰花茶、草决明茶、金银花茶等清凉饮料。虽然这些饮品大多经过了加工，无法和单纯质地的花草茶相媲美，但因为其出色的口感和淡雅的香气仍旧受到不少年轻人的喜爱。这也从一个侧面表现出花草的食用价值。

经济价值

花卉的多种功用，为花卉形成成熟的产业并且创造可观的经济效益奠定了基础。20世纪30年代以后，花卉园艺突飞猛进，成为农业生产的一个重要组成部分。许多国家都把出口花卉作为换取外汇、增加国家收入的重要途径。如世界花卉王国荷兰，花卉已成为它在国际市场上销路稳定的大宗商品。时至今日，荷兰已成为全球第一大花卉出口国，控制着70%的欧洲花卉市场。

此外，哥伦比亚也是全球最大的花卉出口国之一，而且花卉是该国继香蕉之后的第二大出口产品，鲜切花年出口额达7亿美元。法国的切花经营已超过重要农作物甜菜，成为十分庞大的产业。

同样有着规模不小的花卉经济板块的还有泰国、意大利、厄瓜多尔、智利、突尼斯、菲律宾、新西兰、多米尼加等国。这其中，泰国是全球最大的热带兰出口国，兰花对于泰国人有着极其特殊的意义。意大利则是世界上第二大花卉消费国。我国的花卉业虽然起步较晚，但近年来也取得了突飞猛进的成绩，正以前所未有的速度发展壮大起来。

药用价值

花卉中有许多我国传统中药的重要药用植物资源。不仅养花的行为本身有益健康，而且花可食可药，有的花卉具有食用价值，有的花卉具有药用价值，从这个意义上讲，花卉确实是健康的保护神。在《全国中草药汇编》中列举的2200多种中药材中，以花卉入药的占1/3以上，且多是具有观赏价值的常见花卉。如牡丹、芍药、菊花、兰花、梅花、月季、桂花、凤仙花、百合花、月见草、玉簪、桔梗、莲花、金银花、枸杞、茉莉、木芙蓉、栀子、辛夷、木槿、紫荆、迎春、蜡梅、山茶、杜鹃、鸡冠花、石榴、水仙、白兰、扶桑、无花果、蜀葵、天竺葵、萱草、芦荟、万年青、鸭跖草、天门冬、一叶兰、仙人掌等。这些药用花卉中都含有重要的药物化学成分，具有独特的药理功效，可防治多种常见病。如菊花对消炎杀菌、扩张冠状动脉、疏风清热、清肝明目等有很好的疗效；金银花是防治流感、上呼吸道感染的重要广谱性抗菌中药；丹皮（牡丹根皮）具有调经活血、清热凉血功效；芍药可解痉、镇痛、抗菌、解热、治疗诸痛；莲花活血止血，去热消风，性凉无毒；百合清润心肺，止咳安神。

前面我们已经了解了花卉的食用价值、经济价值和药用价值，下面我们来看养花对我们的个人生活有哪些切实的好处。

现代人越来越关注自己的健康，服用保健补品、瘦身、跳舞、运动、旅游等，忙得不亦乐乎。其实养花也是一项有益健康的活动，而且花费很少，还能美化居室，让自己和家人受益匪浅。

在社会中，竞争日益激烈。繁忙了一天，回到家里，看着花朵鲜艳盛开，芳香阵阵扑鼻而来，人的劳累和烦闷会顿时消失殆尽。

花卉是大自然的造化，当今世界有花的植物大约有27万种，它们以其艳丽夺目的色彩、千姿百态的花形、葱翠浓郁的叶片、秀丽独特的风韵，组成了一个生机盎然的自然世界，为人们创造了优美、舒适的环境。尤其是有些花卉形、色、味三者有机结合，既可赏心悦目，又能陶冶性情。菊花变化万千的造型；月季丰富多样的色彩；桂花沁人心脾的馨香，都让人惊叹不已。毋庸置疑的是，这些作用都会在潜移默化之中淡化人的悲伤和不快，会使人感到世界的美好，不良情绪自然得到缓解。

花卉对人体健康的益处，不仅表现在精神上，还反映在身体健康上。人们通过赏花色、闻花香，以花为食，以花为药，甚至通过养花弄草的适度运动，都能起到防病治病、强体健身的作用。养花需要付出一定的体力，比如松土、浇水、剪枝，有时还要搬动花盆，这些体力活是中老年人力所能及的，也是有益健康的。我国古代著名的医药学家和养生学家孙思邈有一句健身名言："人欲劳于形，百病不能成。"人如果经常从事适度的体育锻炼或体力劳动，能提高身体免疫力，从而得病的机会也大大减少。养花就是一种很好的锻炼方法，不受时间、场所、天气变化等因素的限制。

现代医学认为，人的精神是维护人体健康的重要因素，生活充实、精神愉快是保持健康长寿的重要途径，而赏花可以转移人的注意力，冲淡不良情绪，摆脱不良情绪的干扰。

此外，花卉还可以净化环境。它通过吸收二氧化碳，放出氧气来净化空气，还可吸附灰尘，并能吸收其他有害气体，有极为显著的消除污染、洁净空气、保护环境的作用。尤其在现代居室中，集中了多种污染源，这些有毒物质可以通过人体的皮肤和呼吸道侵入人体血液，降低人体的免疫力，有些挥发性物质还有致癌作用。所以绿色植物堪称是居室污染的克星。就以芦荟为例，在24小时照明的条件下，芦荟可以消灭1立方米空气中所含的90%的甲醛，常春藤能消灭90%的苯。

花卉是大自然的净化器。它们美丽地绽放着，同时也在默默地改变人们的生活，使我们免受有毒气体的伤害。在应对有毒物上，山茶、石榴、广玉兰、米兰等都有超强的吸收能力。像花叶芋、仙人掌类植物、兰花、桂花、蜡梅等均有较强的吸收有害气体或吸附烟尘的作用。柠檬油，不但芬芳宜人，还具有杀菌作用，而且多种香花都能释放抗菌灭菌物质。花香能够抑制结核杆菌、肺炎球菌、葡萄球菌的生长繁殖。居室养花，可大大减少空气中的含菌量。

总之，养花的价值与好处真是太多了。还等什么呢？快来切身体会一下，于芬芳中享受健康的生活吧。

花卉的分类

按照形态特征分类

在花卉的世界中，从外部形态来划分，基本可以分为以下几种类型。

草本类花卉

草本花卉的最显著特点是茎和木质部不发达，支持力较弱，被称为草质茎。草本花卉按照生长期的时长，可分为一年生、二年生和多年生几种；另外还可分为宿根花卉、球根花卉、水生花卉、多肉类花卉以及地被和草坪植物。

1. 一年生、二年生草本花卉

一年生、二年生草本花卉的生命周期在一年之内，春季播种、秋季采种，或于秋季播种至第二年春末采种，如百日草、凤仙花、三色堇、金盏菊等。另外，还有些多年生草本花卉，如雏菊、金鱼草、石竹等，也常作一年生、二年生栽培。

2. 多年生草本花卉

多年生草本花卉的特征为无明显的休眠期，四季常青，地下为肉质须根系，南方多露天栽培，在北方均作为温室花卉培养，如吊兰、万年青、君子兰、文竹等。

3. 宿根花卉

宿根花卉是指冬季地上部分枯死，根系在土壤中宿存，来年春暖后重新萌发生长的多年生落叶草本花卉，如菊花、芍药、蜀葵、耧斗菜、落新妇等。

4. 球根花卉

球根花卉植物是指地下部分肥大呈球状或块状的多年生草本花卉。按形态特征又将其分为球茎类、鳞茎类、块茎类、根茎类、块根类几个类型。

5. 水生花卉

水生花卉属多年生宿根草本植物，地下部分多肥大呈块状，除王莲外，均为落叶植物。它们都生长在浅水或沼泽地上，在栽培技术上有明显的独特性，如荷花、睡莲、石菖蒲、凤眼莲等。

6. 多肉类花卉

多肉类花卉一般原产于热带半荒漠地区，其茎部多变态成扇状、片状、球状或多形柱状，叶则变态成针刺状，茎内多汁并能贮存大量水分，以适应干旱的环境条件。本类花卉按照植物学的分类方法，大致可分为以下两种：

仙人掌类：均属于仙人掌科植物，用于花卉栽培的主要有仙人柱属、仙人掌属、昙花属、蟹爪属等21个属的植物。

多肉植物类：是除仙人掌之外的其他科的多肉植物的统称，分别属于十几个科。

7. 蕨类植物

蕨类植物属多年生草本植物，多为常绿植物，不开花，也不产生种子，依靠孢子进行繁殖，如肾蕨、铁线草等。

木本类花卉

木本花卉的茎，木质部较发达，称木质茎。木本花卉主要包括乔木、灌木、藤本、竹类四种类型。乔木的主干与枝干区分明显，有常绿乔木和落叶乔木两种。灌木没有主干与枝干之分，且大多有聚生的特征，又分为常绿灌木及落叶灌木两种。

1. 落叶木本花卉

落叶木本花卉大多原产于暖温带、温带和亚寒带地区，按其性状又可分为以下三类。

三色堇

落叶乔木类：地上有明显的主干，侧枝从主干上发出，植株直立、高大，如悬铃木、紫薇、樱花、海棠、鹅掌楸、梅花等。再分细一点儿，还可以根据其树体大小分为大乔木、中乔木和小乔木。

落叶灌木类：地上部无明显主干和侧枝，多呈丛状生长，如月季、牡丹、迎春、绣线菊类等。其也可按树体大小分为大灌木、中灌木和小灌木。

落叶藤本类：地上部分不能直立生长，茎蔓攀缘在其他物体上，如葡萄、紫藤、凌霄、木香等。

2. 常绿木本花卉

常绿木本花卉大多原产于热带和亚热带地区，也有一小部分原产于暖温带地区，有的呈半常绿状态。在我国华南、西南的部分地区可露天越冬，有的在华东、华中也能露天栽培。在长江流域以北地区则多数为温室栽培。

常绿木本花卉按其性状又可分为以下四类。

常绿乔木类：四季常青，树体高大。其又可分为阔叶常绿乔木和针叶常绿乔木。阔叶类多为暖温带或亚热带树种，针叶类在温带及寒温带亦有广泛分布。前者如云南山茶、白兰花、橡皮树、棕榈、广玉兰、桂花等，后者有白皮松、华山松、雪松、五针松、柳杉等。

常绿灌木类：地上茎丛生，或无明显的主

干，多数为热带及温带原产，不少还需酸性土壤，如杜鹃、山茶、含笑、栀子、茉莉、黄杨等。

常绿亚灌木类：地上主枝半木质化，髓部多中空，寿命较短，株形介于草本与灌木之间，如八仙花、天竺葵、倒挂金钟等。

常绿藤本植物：株丛多不能自然直立生长，茎蔓需攀缘在其他物体上或匍匐在地面上，如常春藤、络石、非洲凌霄、龙吐珠等。

3. 竹类

竹类是花卉中的特殊分支，它在形态特征、生长繁殖等方面与树木不同，其在美化环境中的地位及其在造园中的作用不可忽视。根据其地下茎的生长特性，又有丛生竹、散生竹、混生竹之分，比如佛肚竹、凤尾竹、孝顺竹、茶秆竹、紫竹、刚竹等都是此类花卉。

梅花

按照观赏部位分类

花卉是用来欣赏的，这是花卉价值的最集中体现。在花卉的世界里，不同的花卉都有不同的特征，根据花卉观赏的部位不同，可以把花卉分为以下几种类型。

1. 观株形类

观株形类花卉是以观赏植株形态为主的一类花卉，如龙爪槐、龙柏等都属于观株类花卉。

2. 观果类

观果类花卉主要以观赏果实为主，比如金橘、佛手、南天竹、观赏椒等属于观果类花卉。

3. 观花类

蔷薇、百合、菊花、月季、牡丹、中国水仙、玫瑰等都属于观花类花卉。这些花卉的观赏重点在于花色、花形。生活中，人们种植的花卉大多属于观花类花卉。

4. 观根类

观根类花卉是以观赏花卉的根部形态为主的一类，比如金不换、露兜树等。

5. 观叶类

观叶类花卉观赏的重点是叶色、叶形。比如变叶木、花叶芋、旱伞草、龟背竹、橡皮树等都属于观叶类花卉。

6.观茎类

观茎类花卉的观赏重点是枝茎，比如仙人球、仙人掌、佛肚竹、彩云球、竹节蓼、山影拳类等植物。

7.观芽类

观芽类花卉的观赏重点在花卉的芽，比如银柳等。

按照对日照强度的要求分类

在自然界，光照是花卉生长的基本条件。由于花卉的类型与习性不同，对光照的要求也有差异。根据花卉对日照强度的要求标准，可以把花卉分为以下几种。

阳性花卉

阳性花卉喜光，必须在阳光充足的环境里才能生长茂盛，开花结果，如石榴、太阳花、月季等都是阳性花卉。

中性花卉

中性花卉既受不了较长时间阳光的直接照射，又不能完全在荫蔽的条件下生活，而是喜欢在早、晚接受到阳光，中午则须庇荫，如白兰、扶桑都属于这种花卉。

石榴

阴性花卉

有一类花卉对光照的要求与阳性花卉相反，它们大都无须太多光照，即使长期得不到阳光的直接照射，只要有散射光或折射光也能生长，比如文竹、杜鹃、四季海棠等。

强阴性花卉

阳光是促进植物体内养分合成的一种能源，所以在阳光过于强烈的时候，花卉就会被灼伤，使花卉脱水或干枯，甚至导致花卉死亡，尤其是强阴性花卉更是如此，比如蕨类、天南星科等。

按照对水分的要求分类

除光照之外，水分是花卉生长不可缺少的又一重要条件。适当的水分可以保障花卉正常生长。因为花卉种类的不同，需水量也有很大差异，水分过多或者过少都不利于花卉生长。一般来说，要根据花的品种来决定浇水的多少。

根据花卉对水分的需求不同，我们可以把花卉分为以下几类。

湿生花卉

湿生花卉多产于热带雨林或山间溪边，这类花卉适宜在土壤潮湿或空气相对湿度较大的环境中生长。这类花卉有水仙、龟背竹、兰花、马蹄莲、鸭舌草、万年青、虎耳草等。湿生花卉的叶子大而薄，柔嫩多汁，根系浅且分枝较少。如果生长环境干燥、湿度小，花卉就会变得植株矮小，花色暗淡，严重的甚至死亡。对这类花，浇水要勤，使土壤始终保持湿润状态。

水生花卉

水生花卉，顾名思义是指生长在水中的花卉，较为常见的种类有荷花、睡莲、菖蒲、水竹等。这类植物在水面上的叶片较大，在水中的叶片较小，根系不发达。水生花卉一旦失水，叶片立刻会变得焦边枯黄，花蕾萎蔫，如果不及时浇水很快就会死亡。

中生花卉

绝大多数的花卉都属于中生花卉，这种类型的花卉对湿度有较严格的要求。过干或过湿条件都不适宜植物的生长。但因为花卉种类的不同，耐湿程度差异很大。比如桂花、白玉兰、绣球花、海棠花、迎春花、栀子、杜鹃、六月雪等都属于此类花卉。

旱生花卉

旱生花卉原产于热带干旱地区、荒漠地带或雨季和旱季有明显区分的地带。比如仙人掌、仙人球、景天、石莲花等。这些花卉为了适应干燥的环境，植株发生了很多变异。它们拥有十分发达的根系，叶小、质硬、刺状。如果水分过多或空气相对湿度太高，会得腐烂病害。

半旱生花卉

半旱生花卉的叶片都呈革质、蜡质、针状、片状或具有大量的茸毛，比如山茶、杜鹃、白兰、梅花以及常绿针叶植物都属于半旱生花卉。它们具有一定的抗旱能力，养这类花卉要掌握“浇则浇透”的原则。

按照花卉的栽培目的和用途分类

依据不同的用途和栽培目，可对花卉进行以下分类。

切花花卉

露地切花栽培。唐菖蒲、桔梗、各种地栽草花以及南方的桂花、蜡梅等。

低温温室切花栽培。香石竹、驳骨丹、香雪兰、月季、香豌豆、非洲菊等（包括温室催花枝条如丁香等）。

暖温室切花栽培。六出花、嘉兰、红鹤芋等。

花坛草花

此类花卉多用于布置花坛。常见的种类有扶桑、文竹、一品红、金橘等。

仙客来

温室盆花

低温温室。保证室内不受冻害，夜间最低温度维持5℃即可，栽培报春花、藏报春、仙客来、香雪兰、金鱼草等亚热带花卉。

暖温室。室内夜间最低温度为10℃～15℃，日温为20℃以上，栽培大岩桐、玻璃翠、红鹤芋、扶桑、五星花及一般热带花卉。

干花栽培

一些花瓣为干膜质的草花如麦秆菊、海香花、千日红以及一些观赏草类等，干燥后作花束用。

荫棚花卉

生活小区及园林的设计中，不难看到亭台树荫下生长的花卉，比较常见的种类有麦冬草以及部分蕨类植物。

按照原产地分类

花卉也是有族源的。随着世界各地交流交往活动逐渐密切起来，不少本地花卉都被引种到外国，其中有些品种为了能适应大自然的变化而发生了一些改变。但从分类的角度而言，如果按照原产地气候来分类，花卉可以分为以下几种类型。

寒带气候花卉

寒带气候型地区包括阿拉斯加等地区。这些地方，冬季寒冷而漫长，夏季凉爽而短促。生存在这样条件中的植物生长期只有2～3个月。植株低矮，生长缓慢，常成垫状。此类花卉主要品种有细叶百合、绿绒蒿、龙胆、雪莲等。

热带气候花卉

亚洲南部、非洲、大洋洲、中美洲及南美洲的热带地区都属于热带气候地区。这些地区全年高温，温差较小，雨量丰富，但不均匀。该气候类型的花卉多为一年生花卉、温室宿根、春植球根及温室木本花卉。在温带需要温室内栽培，一年生草花可以在露地无霜期时栽培。

原产于中美洲和南美洲热带地区的花卉主要有紫茉莉、花烛、长春花、大岩桐、胡椒草、美人蕉、牵牛花、秋海棠、卡特兰、朱顶红等。

亚洲、非洲和大洋洲热带原产的主要花卉有鸡冠花、彩叶草、蝙蝠蕨、非洲紫罗兰、猪笼草、凤仙花等。

热带高原气候花卉

热带高原气候型常见于热带和亚热带高山地区，包括墨西哥高原、南美洲的安第斯山脉、非洲中部高山地区及中国云南省等地区。全年温度都在14℃～17℃，温差小，降雨量因地区而异，有些地区雨量充沛均匀，也有些地区降雨集中在夏季。原产于该气候地区的花卉称为热带高原气候花卉。该气候型花卉耐寒性较弱，喜夏季冷凉，多是一年生花卉、春植球根花卉及温室花木类花卉。著名的花卉有月季、万寿菊、球根秋海棠、旱金莲、大丽花、一品红、云南山茶、百日草等。

花烛

大陆东岸气候花卉

大陆东岸气候型地区有中国的华北及华东地区、日本、北美洲东部、巴西南部以及大洋洲东南部等地区。该地区的气候特点是冬季寒冷，夏季炎热，年温差较大。其中，中国和日本因受季风气候的影响夏季雨量较多，这一气候型因为冬季的气温高低不同，又分为冷凉型和温暖型。

冷凉型：这类主要处在高纬度地区。在这些地区主要有菊花、芍药、牡丹等花卉。

温暖型：一般都在低纬度地区。这些地区主要生产中国水仙、中国石竹、山茶、杜鹃、百合等花卉。

大陆西岸气候花卉

欧洲大部分、北美洲西海岸中部、南美洲西南角及新西兰南部地区都属于大陆西岸型气候。此类型气候的特点主要有冬季温暖，夏季温度不高，一般不超过15℃～17℃。四季雨水均有，但北美洲西海岸地区雨量较少。比如雏菊、银白草、满天星、勿忘草、紫罗兰、羽衣甘蓝、剪秋罗、铃兰等花卉都属于大陆西岸气候型花卉。

地中海气候花卉

该类型气候以地中海沿岸气候为代表，另外还有南非好望角附近、大洋洲东南和西南部、南美洲智利中部、北美洲加利福尼亚等地区。这种气候的特征有从秋季到第二年的春末是降雨期；夏季属于干燥期，极少降雨；冬季最低温度6℃～7℃，夏季温度20℃～25℃。

原产于这些地区的花卉称为地中海气候型花卉。因为夏季气候干燥，球根花卉较多。这种气候类型地区生产的花卉主要有鹤望兰、风信子、水仙、石竹、仙客来、小苍兰、蒲包花、君子兰、郁金香等。

沙漠气候花卉

属于这一气候型的地区有非洲、阿拉伯、黑海东北部、大洋洲中部、墨西哥西北部、秘鲁和阿根廷部分地区及我国西北部地区。这些地区全年降雨量很少，气候干旱，一般只有多浆植物分布。比如仙人掌科植物主要产于墨西哥东部和南美洲东部。芦荟、十二卷、伽蓝菜等主要原产于南非。我国地区主要有仙人掌、光棍树、龙舌兰、霸王鞭等。

按照季节分类

不同的季节中，可以看到不同种类的花卉。在四季分明的地区，到了什么季节什么花卉开放，花卉在此时就不仅仅是装饰生活，也是季节的“通报员”。如果要按照开花的时间来划分，花卉可分为以下几种类型。

山茶花

1.春花类花卉

春花类花卉是指在2～4月期间开花的花卉，如郁金香、虞美人、玉兰、金盏菊、海棠、山茶花、杜鹃花、丁香花、牡丹花、碧桃、迎春、梅花等都属于此类。

2.夏花类花卉

夏花类花卉是指在5～7月期间盛开的花卉，如凤仙花、荷花、杜鹃、石榴花、月季花、栀子花、茉莉花等。

3.秋花类花卉

秋花类花卉是指在8～10月间开放的花卉，如大丽花、菊花、万寿菊、桂花等。

4.冬花类花卉

冬花类花卉是指在11月到第二年1月期间盛开的花卉，如水仙花、蜡梅花、一品红、仙客来、蟹爪莲等都属于此类。

2

第二章 养花经要

土壤

花草的品种不一样，对土壤的要求也自然不一样。在种养花草的时候，我们一定要依照花草的不同生长习性，来选用对它们的生长发育最为适宜的土壤。

七种栽种花草常用的土壤

品种不一样的花草与相同品种花草的不同生长时期，其对土壤的要求都不一样。普通花草经常使用的土壤主要包括下列七种类型。

素面沙土：大多是从河滩等地方取来的。素面沙土的质地非常洁净，只含有少量的黏沙，酸碱度呈中性，且具有很好的透气性及排水性，缺点是无肥力，而且很难保水。基于上述特点，这类土壤很适合播种育苗、扦插育苗和直接栽植仙人掌与多浆植物。

田园土：也简称为园土，通常是菜园、果园、竹园等的表层熟化的土壤，酸碱度为中性、偏酸性或偏碱性。这类土壤中有一些腐殖质，较有肥力，可是干燥后易板结，透水性较差，通常不单独使用，多用于栽植适应性比较强的花草或培养土的调配。

腐殖土：也称作厩肥土，是由家禽家畜的粪尿、饲料残渣及污水等堆积沤成的，孔隙较多、土质疏松，酸碱度为酸性或微酸性，含有丰富的腐殖质及多种有机质，还含有氮、磷、钾等，有较强的保水性和较大的肥力，可是排水性不好。这类土壤适用于栽植、培养各种喜欢酸性土壤的花草，也是调配培养土的主要材料。

腐叶土：通常是由树叶、菜叶和枯草等经过堆积、发酵及腐熟形成的。这类土壤为酸性或微酸性，富含腐殖质，孔隙较多、土质疏松，有较强的保水性和较好的透气性及排水性，能单独用于栽植兰花、君子兰和仙客来等喜欢酸性土壤的花草。

山泥：俗称兰花土，是由山间树木落叶经过数年的堆积、腐败而成的，可分为黑山泥、黄山泥两种，均为酸性，然而黑山泥含有大量的腐殖质，黄山泥却只含有很少的腐殖质。山泥的质地疏松，有较强的保水性及保肥性，也有较好的透气性及排水性，通常用来栽植兰花，也能用其调配培养土来栽植杜鹃、茶花等。

泥炭土：也叫作草炭土，是由芦苇等水生植物，通过泥炭藓的作用炭化成的。北方通常用褐色的草炭来调制营养土。这类土壤的酸碱度为酸性或中性，含有一些腐殖质，质地细软松透，有很好的排水性及透气性，适合栽植生长较慢的常绿花木。

针叶土：是由山区森林里的松科、柏科等树残落的枝叶及苔藓类植物经过数年的堆积、腐败而成的。这类土壤为灰褐色，含有大量的腐殖质，肥力较大，有良好的透气性及排水性，酸碱度为强酸性，适宜栽植茶花、杜鹃及栀子花等喜欢酸性土壤的花卉。

花盆

花盆的选择和花草的生长有着紧密的联系。通常来讲，我们应当依照花草的株型、植株的大小、根系的长短及多少等来选择适宜的花盆。

优质花盆

泥盆：也称作素烧盆、瓦盆，是用黏土烧制成的，是栽植花草时经常使用的一种花盆，分为红色与灰黑色两种。这种花盆较便宜，有极好的透气性及排水性，可缓和肥料的效力，而且吸热、散热都很迅速，对土壤里营养成分的分解很有利，能令花草生根多、长得旺，适合植物生长。它的弊端是质地较粗、颜色单一，不够美观，而且易碎，不方便搬移。

陶瓷盆：可分为两种，一种叫作素陶盆，是由陶泥烧制成的；另一种则是在素陶盆的上面加一层彩色的釉制成的。前者有一些透气性；后者与前者相比质地更为坚实，价位也稍高，经常被用于栽植耐湿的花草，比如马蹄莲、旱伞草等。然而后一种花盆的排水性及透气性都不好，令人难以得知盆土里的干湿状况，尤其是当花草处于冬季的休眠期内，时常会由于浇水太多而导致其烂根死掉。

紫砂盆：透气性及排水性不如泥盆，可是稍好于陶瓷盆，价位也比较高。紫砂盆有很多品种，形态万千，有圆形、椭圆形、盘形、方形、矩形、多边形、舟形及签筒形等。它的颜色众多，有海棠红、葵黄、朱紫、水碧、墨绿、青灰及漆黑等多种，有些还加进去一些金粉或银粉。盆体上还可刻书法、字画，制作出云纹、玉雕、青铜器等样式的立体图画。这种花盆大方淡雅，有着古朴之美，而且略有透气性，可是比较重，容易破损。

塑料盆：这种花盆造型美观，质量较轻、质料薄软，不容易破损，而且盆的颜色和品种都很多，适合栽植观赏植物。尤其是塑料吊盆，能吊挂起来使用，很适合栽植吊兰、垂盆草及天冬草等。这种盆的不足之处是不透气、不渗水，浇完水后土壤较难干燥，比较适合栽植耐水湿的花草。

水盆：是指盆的底部没有排水孔，盆里能贮存水的盆。这种盆有陶质的、瓷质的，也有石质的，盆面比较宽，样式繁多，深盆、浅盆都有，精巧细致，甚是好看。

兰盆：此类花盆是专门用做培育气生兰和附生蕨类植物的。它的盆壁上有形状各异的孔洞，以利于空气的流通。

木桶：它由于质量比大型花缸轻，方便搬移，而且不容易破碎，所以常用于布置会场和花展。木桶具有良好的排水性和透气性，可是易腐朽，因而家庭栽植花草时较少使用。

水分

水是植物生长过程中不可或缺的条件，也是绿色植物进行光合作用的原料。通常情况下，花草的含水量需维持在 70% ~ 85% 才能进行正常的生命活动，假如没有水，花草所有的代谢活动都不能进行。

怎样判断盆花是否缺水

在种养花草的过程中，为花草浇水是一件时常需要做的事情，因此了解盆花是否缺少水分是非常必要的，主要有下面几种方法来判断。

敲击法：就是以木棒或手指的关节轻敲花盆上中部的盆壁，如果声音较清晰悦耳，就说明盆土已经干燥，需马上浇水；如果声音低且沉闷，那么就说明盆土还较为湿润，暂时不用浇水。

目测法：就是通过眼睛来察看盆土表面的颜色有没有变化，如果颜色变淡或为灰白色，就说明盆土已经干燥，应当给其浇水；如果颜色深或为褐色，那么就说明盆土仍比较潮湿，暂时不必浇水。

指测法：就是把手指轻插进盆土2厘米左右深的地方感觉一下，如果觉得较为干燥或土质粗糙且坚硬，就说明盆土已经干燥，应马上浇水；如果稍觉得有点湿润、细腻、疏松，那么就说明盆土还较为潮湿，短时间内不用浇水。

捏捻法：就是以手指略捻一下花盆内的土，如果土壤呈现粉末状，就说明盆土已经干燥，需马上浇水；如果土壤呈现片状或团粒状，那么就说明盆土还较湿润，短时间内不必浇水。

掂重法：就是用手掂量一下花盆，如果比正常情况下轻许多，就说明盆土干了，需马上浇水。

观察花卉法：如果花草缺少水分，植株看上去就会了无生机，新生的枝叶会蔫垂，叶色比平常暗淡，或出现黄叶；如果恰处于花期，可能还会出现花朵凋落、萎蔫的情况。若花卉出现上面的情况，就说明盆花已缺少水分，需马上浇水。

上述几种方法只可判断出盆土干湿的大致状况，如果要精准得知盆土的干湿程度，可以买一支土壤湿度计。测试的时候，把湿度计插进盆土里，便能见到刻度上呈现出

"干燥"或"湿润"等字样，这样就可以很清楚地知道什么时候应该给花卉浇水了。

浇花用什么样的水好

根据所含盐类的多少，可以把水分成硬水与软水。硬水含有比较多的盐类，若用其浇灌花草，常常会令花草的叶片表面出现褐斑，影响美观，因此浇花适宜用软水。

在软水里，用雨水来浇灌花草最好。这是由于雨水是一种近于中性的水，不含有矿物质，且含有很多空气，非常适合用于浇花。如果条件允许，可以在雨季用雨水来浇花，这样有利于促进花草的同化作用，能延长花草的生长年限、增强花草的观赏性。特别是喜爱酸性土壤的花草，更适合用雨水浇灌。所以，在雨季应当多贮备一些雨水用来浇花。

在我国东北地区可以用雪水来浇花，效果也较好。可是应当留心的是，冰雪融化后应该放置到水温与室温接近的时候才能使用。

若无雨水或雪水，可以用河水或池塘中的水来浇花；如果没有河水或池水，也可以使用自来水，但必须先用桶或缸把自来水敞口存放一两天，待水里的氯气挥发后再浇花，这样做有利于花卉的生长。

不能用含有肥皂或洗衣粉的洗衣水来浇花，也不可使用有油渍的洗碗水。

仙人掌类等喜欢微碱性土壤的花草，不适合使用微酸性的剩茶水等来浇灌。

浇花水的水温也很重要。不管是夏天还是冬天，如果浇花水的温度和气温的温差大于5℃，就极易伤到花卉的根系。因此，应先把浇花用的水放在桶里或缸里晾晒一天，待水温与气温接近时再用为宜。

家中无人给花草浇水怎么办

若在种养花草期间碰上出差或外出旅行，家里没有人给其浇水时，该怎么办？夏天可以把盆花搬到室内，且浇够水；冬天可以把盆花搬到背阴且没有风的地方，以降低水分的蒸发量，还可以把盆花上的花及花芽（不管正开放还是没有开放）剪掉，以降低盆花营养的消耗量，同时在出行前浇足水。

此外，如果外出的时间比较久，我们可以用套盆法。这种方法常用于泥盆，如果花盆较小，可以把花盆置于大花盆里管理，在两个盆壁之间放进一些湿沙土，使水分经由沙土及小花盆的盆壁接连渗进盆里，以供给盆花水分。

也可先把盆花都放在塑料袋里，然后浇足水，再在塑料袋里放置两杯水，最后扎紧塑料袋的封口，便能15～20天不用浇水。然而需要注意的是，应该把大塑料袋放在有阳光的地方，同时忌阳光直射，以免袋里温度过高，造成花卉的茎叶烂掉。

肥料

花草在生长发育的过程中，最好能有数量适宜的肥料供应。适量的肥料相当于“营养添加剂”，可以改善花草的生长条件，促进其枝叶繁茂、花多色艳，使花草的品质与观赏性大大增强。

家庭养花常用什么肥

家庭种养花草时经常使用的肥料一般可以分成有机肥与无机肥两个大的类别。

有机肥

有机肥又可分为动物性有机肥与植物性有机肥。

动物性有机肥包含人类的粪尿，禽畜类的羽毛、蹄角及骨粉，鱼、肉、蛋类的抛弃不用部分等。

植物性有机肥包含豆饼和其他饼肥、芝麻酱的渣滓、中草药的残渣、酒糟、树木的叶子、各种野草、草木灰及绿肥等。

有机肥的长处是营养成分比较齐全，肥的效力持续时间较长，可以改善土壤结构，增强土壤的保水性、保肥性及透气性；其欠缺之处是肥的效力发挥比较缓慢，为迟效性肥料，且无法直接被根系摄取，一定要完全发酵腐熟之后才可以使用。在发酵期间，有机肥会产生很多热能，会损伤到植物的根系；与此同时，它还会放出氨气等有害气体，其恶臭的气味容易引来蝇蛆，使环境受到污染。如果沤制时没有充分腐熟，其中的各种细菌、病毒和寄生虫等都容易危害人体的健康。有机肥里的氮、磷、钾的含量和比例不能确定是否可以满足花草的生长所需，也不可用于无土培育的所有观赏花草。

无机肥

无机肥准确地说应当叫作化学肥，是指使用化学合成的方法制成的或由天然矿石经过加工而成的含有丰富的矿物质营养元素的肥料，通俗的叫法是化肥。

无机肥分为氮肥、磷肥及钾肥。氮肥包括尿素、碳酸铵、氨水、氯化铵、碳酸氢铵及硝酸钙等，能促使花草的枝叶生长旺盛；磷肥包括过磷酸钙、钙镁磷等，经常被用来做基肥添加剂，其肥效较为缓慢，而磷酸二氢钾和磷酸铵则是浓度较高的速效肥，而且含有氮及钾肥，能用来做追肥，可促使花艳果大；钾肥包括氯化钾、硫酸钾、硝酸钾、磷酸二氢钾等，其肥效都比较迅速，能用来做追肥，可令花木的枝干和根系生长得健康、茁壮。

无机肥营养成分含量较高、肥效比较迅速、干净卫生、便于施用等。但其肥分单一、肥性较猛、肥效持续时间短，除磷肥外，通常把无机肥用做追肥，或将无机肥和有机肥结合起来施用。

花肥的施用原则

家庭种养花草施肥的时候，在时期上和用量上都要合适，还需把握好季节与时间。通常来讲，在花卉的生长期内可以施用肥料，特别是叶色变淡变黄、植株纤弱的时候施肥最好；在苗期可以施用全素肥料，在花果期主要施用磷肥；而当花草处在休眠期时，则应该停止施用肥料。

冬天温度较低，植物生长减缓，大部分花草的生长受到阻碍，通常不必施肥；春秋两季恰是花草生长旺盛的时期，根系、茎、叶的生长，花芽的分化，幼果的充实，都需很多肥料，应该适度增施追肥；夏天温度较高，水分蒸发迅速，且是花草生长的鼎盛期，施用的追肥浓度宜小，可多追施几次。

户外栽植的植物光合作用较强，对营养的需求量较大，故需要较多的肥料，而生长在荫蔽处的植物所需要的肥料则相对较少；生长迅速、长势较强的植株需要的肥料较多，而长势较弱的植株需要的肥料较少。此外，应当根据各种花草要求的浓度，准确地调配肥料。

要薄肥勤施。如果施肥过多或过浓，就会产生肥害，令花草的枝叶变枯发黄，严重时还会导致全株死亡。尤其是呈粉状的化学肥料，注水稀释的倍数应当正好合适，防止造成肥害。

通常在傍晚施肥，正午前后不要施肥，避免由于正午土温较高而伤害根系。

把握“四多、四少、四不”原则，就是：植株黄且弱多施，萌芽之前多施，孕蕾多施，开花后多施；植株健壮少施，出芽时少施，开花时少施，雨季少施；植株徒长不施，新植不施，酷暑不施，休眠时不施。

怎样判断花草营养不良

缺钾：主要体现在老叶上。当双子叶植物缺少钾的时候，叶片上就会呈现出色彩相杂的缺绿区，之后沿叶片边缘及叶尖形成坏死区，叶片卷皱，最终变黑、焦枯。

缺钙：表现为顶芽受到损伤，致使根尖坏死、鲜嫩的叶片褪绿、叶片边缘卷皱焦枯，还会导致不能结果实或结实很少。

缺铁：症状是新生叶首先发黄，之后扩展至全株，且植株根茎的生长也遭到抑制。

缺硫：表现为植株叶片的颜色变浅，叶脉首先褪绿，叶片变得又细又长，植株低矮、弱小，开花延后，根部变长。

缺镁：症状和缺铁类似，但先由老叶的叶脉间发黄，逐渐扩展至新叶，新叶叶肉发黄，但叶脉依然为绿色，花朵变白。

缺硼：表现为鲜嫩的叶片褪绿，叶片肥大宽厚且皱缩，根系生长不良，顶芽及幼根生长点死亡，而且花朵和果实均过早凋落。

缺锰：症状是叶片褪绿，出现坏死斑。但应先排除细菌性斑点病、褐斑病等情况。

繁殖

播种繁殖

家中有自己播种繁殖的盆栽，着实可以为你迎来朋友们艳羡的目光。多年生植物很难通过播种繁殖，而且实验证明并非所有多年生植物都适合播种繁殖，而一年生植物播种繁殖基本都很容易。

如果你从未试过自己播种繁殖，最好先选择易成活的一年生植物，这样比较容易成功。但很多人都想尝试那些不易成活但充满趣味性的植物，如仙人掌、苏铁、蕨类植物（蕨类植物其实通过孢子繁殖的，并非真正的种子），以及特别受人喜爱的非洲紫罗兰。这些种子较难发芽，但或许正是由于具有挑战性，许多盆栽爱好者才会乐此不疲。

如何在育种盘中播种

1. 盘中装入松软的播种用土（含防腐剂）——堆肥土和泥炭土适用于多数种子，忌用一般的盆栽土。一般的盆栽土营养含量高，容易滋生细菌。

2. 用木板或硬纸板将土壤齐沿刮平，再用木板轻轻将土压实，保证土壤不会高出盘沿，确保土面平整。

3. 将种子均匀地撒到土上。可使用折叠的纸片帮助播种细小的种子。然后用手指轻轻将种子按入土中。

4. 除非种子较为细小，或明确指出播种后需要光照，通常播种后种子表面需要撒上一些盆栽土。原则上这层土不宜过厚，和种子的直径差不多就行了。一般用筛子筛土，既能保证厚度均匀，还不会有大块的土撒到盘子里。

5. 浇水时，可以使用带莲蓬头的洒水壶。也可以将盘子放到盛有水的盆中，让水从盘底渗入给植物补充水分。然后将盘子放到育种箱中，或用玻璃盖住。遵照播种说明上对光照、温度等的指示，保证植物有适宜的生长环境。

◎微型种子播种法

有些种子细小得像灰尘一样，很难播种。播种时，可以先将种子和少许银粉拌匀，然后用食指和拇指将混合物撒入育种盘。只要混合均匀，种子在盘中的分布就会比较均匀。银粉有助于判断播种是否均匀。

有些多年生植物生长缓慢，通过播种繁殖可能要等数年才能长成一定大小的植株。有温室或暖房的话，可以将多年生植物放在里面，等到长成大小合适的植株，再搬进室内作装饰。

种植大量植物可以使用育种盘播种，否则只需用花盆播种即可，因为花盆所占的空间较小。

移栽植物

幼苗长到一定大小，就可以移栽到其他的花盆或育种盘中，待大小合适时再单独种到花盆中。

移栽幼苗时用手提住叶子，不要提脆弱的茎干。移栽后可使用一般的盆栽土。

◎防止水珠凝结

育种盘内壁或用来盖盘子或花盆的玻璃上可能会有水珠凝结，凝结的水珠过大可能会砸伤正在生长的幼苗。加强栽培器通风或及时擦干玻璃可以防止这种现象发生。

如何在花盆中播种

1.在花盆中装入播种用土（含防腐剂），将土轻轻压实、压平整。

2.均匀播种。最简单的方法是用拇指和食指将种子均匀地撒到盆栽土中，就像平时烧菜时撒盐一样。除非种子很小，或有特殊说明，一般播完种后应撒上一层土，土的厚度和种子的直径差不多。

3.使用浸润法浇水。将花盆浸在盛有水的容器中，确保水面不超过花盆上缘。待盆栽土表面湿润后取出花盆，自然排出多余的水。该方法也适用于细小的种子。

4.将花盆放入暖箱中，或用玻璃盖住花盆。

▶波斯紫罗兰（Exacum Affine）是最易播种繁殖的室内盆栽植物之一。春季播种，夏秋季开花，或秋季播种，来年春季开花。

扦插枝条

大部分室内盆栽可以通过扦插枝条进行繁殖，有些植物放在水中就能生根，有些植物较难生根，需要使用生长素和栽培箱。

多数室内盆栽可以在春季通过扦插幼枝进行繁殖，而多数木本花卉可以迟些时候通过扦插已长成的枝条进行繁殖。

幼枝扦插

选择春季新抽芽的枝条，在变硬之前，将梢部剪下扦插。成熟枝条扦插步骤大致相同。

水中生根的枝条

幼枝通常都能在水中生根，尤其是较易扦插的植物，如鞘蕊花属和凤仙花属植物。

在果酱罐等容器中装满水，瓶口蒙上铁丝网或钻有洞的铝箔。将剪下的幼枝直接通过铁丝网或铝箔上的洞插入水中。

要保证容器中有足够多的水，待插条生根后，就可移入花盆，使用普通盆栽土种植了。但应至少一周内避免阳光直射，保证插条在盆中稳定生长。

▲凤仙花属植物

凤仙花属植物通常通过播种繁殖，当然也能通过扦插幼枝繁殖。凤仙花属植物生长期间可能会出现变种，最好定期剪下一些合适的插条。

▲天竺葵属植物

天竺葵属植物的插条很容易生根。马蹄纹天竺葵、菊叶天竺葵以及香叶天竺葵均可以通过扦插幼枝进行繁殖。

硬枝扦插的方法

1.在花盆中装入扦插用土（含防腐剂）或播种用土，轻轻压实。

2.选择本季新生枝条，在枝条变硬前，剪下10～15厘米做插条（小型植物可适当短些）。应该选择有一定韧性的插条。

3.以“节点”为切口，将枝条分为几段，用锋利的小刀削去“节点”以下的叶子，便于将枝条插入盆栽土中。

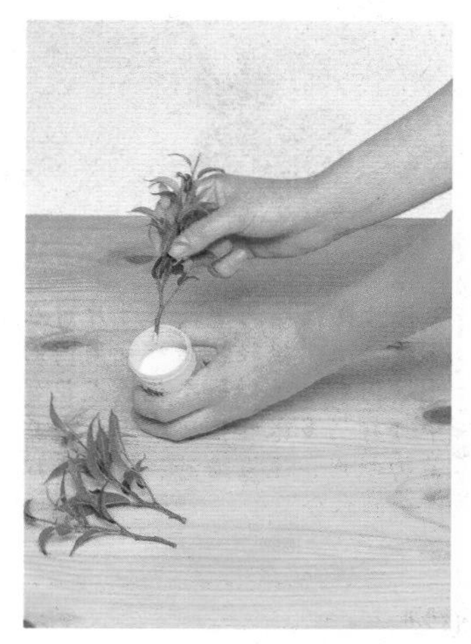

4.插条刀口处蘸取适量生根剂，若是粉末状的生根剂，要先将插条末端蘸湿。

5.用小铲子或铅笔在土中挖洞，放入插条至最底端叶子处。轻轻压实枝条周围的盆栽土。

6.浇水（水中加入真菌抑制剂可降低插条腐烂的风险），贴上标签，放到暖箱中。若无暖箱，可用透明塑料袋套住花盆，要确保袋子不碰到植物叶子。然后将植物放到光照充足的地方，但要避免阳光直射。

若暖箱或塑料袋内侧有水凝结，则要增强暖箱通风或将塑料袋翻过来，直到不再有水凝结为止。要保持盆栽土湿润。

一旦插条生根稳定，就可以移栽到更大的花盆中了。

◎促进生根的生长素

部分植物的插条不使用生长素也很容易生根，如凤仙花属和部分紫露草属植物。但某些植物的插条，尤其是硬枝插条不易生根，需要使用生根剂。生根剂有粉末和液体两种形态，既能促进插条生根，又能提高扦插植物的成活率。

扦插叶子

扦插叶子通常比扦插枝条更有趣，多数植物都可以通过这种方法繁殖，操作简单方便，下面将介绍几种常见的扦插方法。最为常见的通过扦插叶子繁殖的植物有非洲紫罗兰、观叶秋海棠属、扭果苣苔属以及虎尾兰属植物。

扦插叶子时要注意以下几点：有些叶子需要保留合适长度的叶柄便于扦插；有些叶子的叶片特别是叶脉受损处会长出新植株；有些叶片不必整张扦插到盆栽土（含防腐剂）上，将叶片切成方形的小块，单独扦插就可以成活。扭果苣苔属等植物的叶子又细又长，可以将叶片切成几段进行扦插。

叶面切片扦插法

1.用锋利的小刀或刀片，沿主叶脉将叶片切成宽约为3厘米的长条。

叶柄扦插法

1.选择健康的成熟叶子，用锋利的小刀或刀片，将叶片连同5厘米左右的叶柄割下。

2.在花盘或花盆中装入促进生根的盆栽土（含防腐剂），用小铲子或铅笔挖洞。

3.将叶柄插入洞中，将叶片留在土壤之上，轻轻按压叶柄周围的土壤固定叶子。一个花盘或花盆中可扦插多张叶子。水中加入真菌抑制剂，适当喷洒，注意排掉多余的水分。

4.放入暖箱或用透明塑料袋套住花盆。确保叶子不接触暖箱或塑料袋，定期除去凝结的水珠。

保证温暖湿润的生长环境，光照充足，避免阳光直射。一两个月后就会长出新植株，等到植株大小合适再进行移栽。

◎可以扦插叶子进行繁殖的植物

叶柄扦插的植物

秋海棠属（除蟆叶秋海棠）、皱叶椒草、非洲紫罗兰

叶面切片扦插的植物

蟆叶秋海棠

叶中脉扦插的植物

南美苦苣苔属、虎尾兰属①、大岩桐、扭果苣苔属

①若使用这种方法繁殖金边虎尾兰，长出的新植株没有斑叶。

2.将长条形叶片切成方形小叶片。

3.花盘中放入生根盆栽土（含防腐剂），然后将小叶片插入土中，确保原来靠近主叶脉的一边朝下。

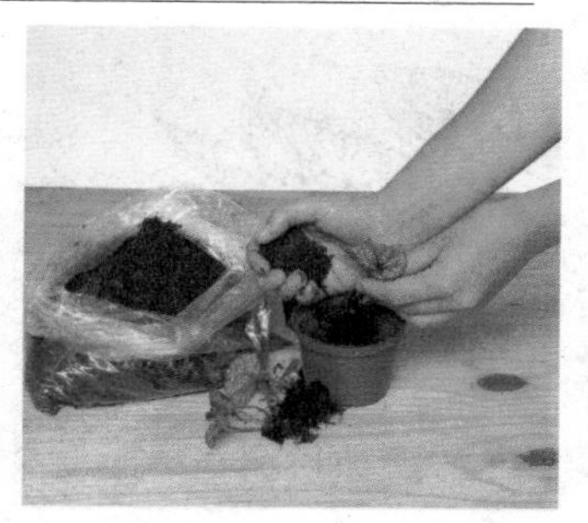

4.一两个月后，这些切片就会长成新植株。待生长稳定后再单独移栽到较大的花盆中。

中脉扦插法

◎叶面纵向切片扦插法

好望角苣苔属植物的繁殖。

将叶片放在坚硬的平面上，沿主叶脉两边纵向切割，去除主叶脉，只取净叶片。

将切好叶片的1/3左右插入盆栽土中。

1.最好选择生长旺盛的植物，剪下健康、未受损的叶片。

2.将叶片反过来放在坚硬、干净的平面上，如玻璃板上，切成宽度不超过5厘米的小段。

3.在花盘或较大的花盆中装入促进生根的盆栽土（含防腐剂），将叶片段插入土中大约2.5厘米左右。原来靠近中脉的一边朝下。叶片至少有1/3插入土中。

一段时间后，土中会长出新植株，等到大小合适、方便移栽时移到较大的花盆中。

整张叶片扦插法

1. 选择健康的叶片，从叶柄末端将整张叶片割下。

2. 去除整个叶柄。

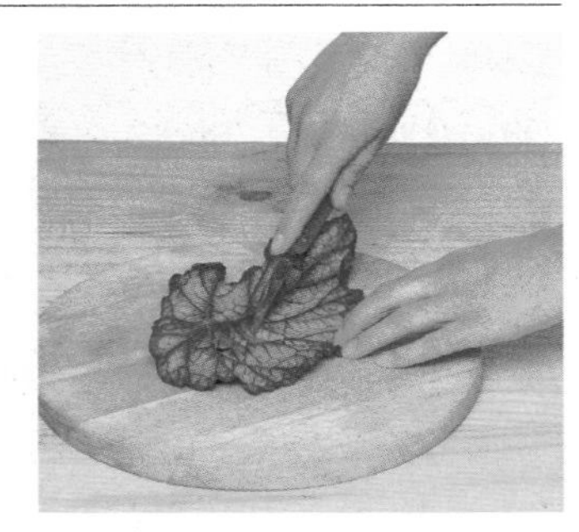

3. 用锋利的小刀或刀片，在叶片反面沿主叶脉和支脉将叶子割破。每隔大约 2.5 厘米划一刀。

4. 在育种盘中装入促进生根的盆栽土（含防腐剂），然后将叶片固定在土上，保证叶背与土壤接触。可用镀锌金属线做成 U 形针进行固定。

5. 也可使用小石块固定叶片。

6. 将育种盘放入暖箱中，或放在暖和、阳光充足的地方，但要避免阳光直射。注意保持盆栽土湿润。

一段时间后，叶片破损处就会长出新植株，生长稳定后可移到较大的花盆中。此时原来的叶片通常已经破碎，分离幼株非常方便；如果还有连在一起的纤维，可从叶片上割下新植株。

◀ 蝶叶秋海棠（Begonia rex）只能通过扦插整张叶片繁殖。

分株繁殖

分株繁殖是培育新植株最为迅速、简单的方法。该方法成活率高，适用范围广，枝叶茂密或成簇生长的植物都可以进行分株繁殖。

很多蕨类植物都能进行分株繁殖，如铁线蕨属、对开蕨属植物以及大叶凤尾蕨。竹芋属植物以及同类的肖竹芋属植物如枝叶茂密，也可以进行分株繁殖。其他能进行分株繁殖的还有花烛属和蜘蛛抱蛋属植物。

分离植物一小时前先给植物浇水。根系发达的植物，可以用锋利的小刀分离根团。

分株繁殖一般步骤

1. 将植物取出花盆。植株较大、根系较发达的话，可以将花盆倒置，轻轻敲打花盆壁，用手拿住植株靠近根部的位置，将植株取出。

2. 除去底部及侧面的多余盆栽土，露出一些根。

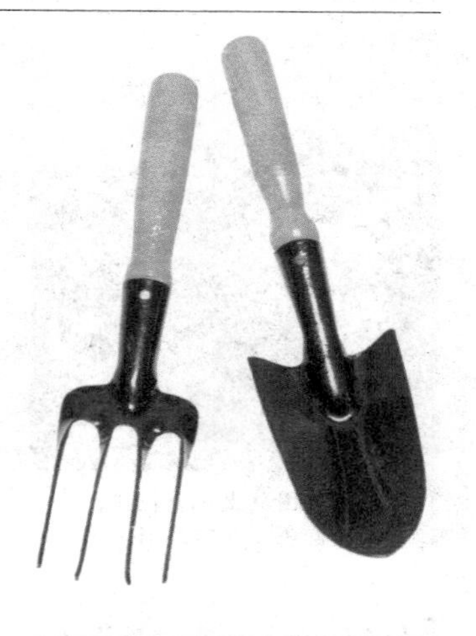

3. 先将整簇植物分成两份，也可视需要多分几份。

4. 分离根又粗又多的植物较为困难，如吊兰属。可先用园艺专用叉将缠绕的根部分离，再用锋利的小刀将根团分成几部分。

5. 使用较小的花盆和较好的盆栽土（含防腐剂）栽种分离出的长势较好的植物。必要时用小刀削去部分较大的根，但必须保证细小的须根完整无缺。

浇水后将植物放到光照充足的位置，避免阳光直射，直到植物生长稳定。

压条繁殖

压条适用于培育少量植物。普通压条法只适用于部分植物，要繁育主干底部枝叶所剩无几的菩提树的话，最好使用空中压条法。

普通压条法适用于枝条细长柔韧的攀缘植物或蔓生植物。可以在母株附近放上花盆，直接将枝条压到新盆盆栽土中。这种方法常用于培育常春藤和喜林芋属的新植株。

空中压条法常用于大型桑科植物，如橡皮树，当然也可以用于其他植物，如龙血树属植物。通常在枝条下方不长叶的部位进行压条，若枝条有部分老叶，可将老叶剪去。

普通压条法

1. 在母株周围放上几个花盆，装入适宜的盆栽土（含防腐剂）。

2. 选择较长且长势较好的新枝，尽量不要和其他枝条纠结，方便压条。

3. 将该枝条有“节”的部位埋在土中，并用金属丝固定。

4. 压条生根后——通常需要4周左右——开始抽新芽，此时可将压条从母株上剪下。将新生植株放到光照充足但无阳光直射的地方，浇水需特别小心，直到植物情况稳定、茁壮生长为止。

▶ 用普通压条法就能成功培育攀缘喜林芋 (Philodendron scanden) 的新植株。

空中压条法

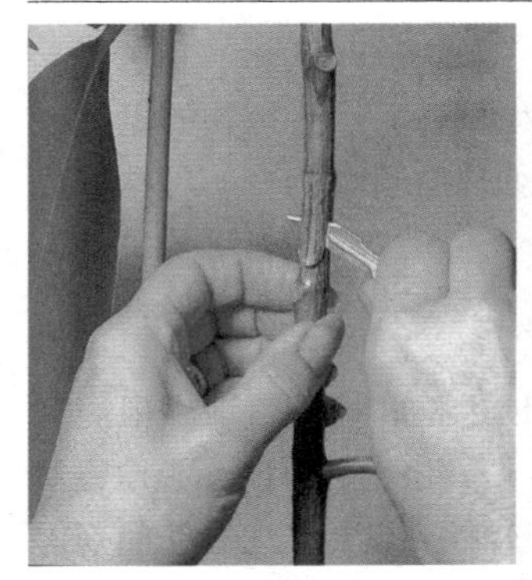

1. 准备一个透明塑料套，用透明胶带固定在即将压条的位置下方。用锋利的小刀或刀片在靠近节的部位划一个长约 2.5 厘米的切口。确保切口深度不超过枝条直径的 1/3，否则会导致主条断裂。

2. 用小毛刷将适量植物生长素刷到切口处，在切口中填入一些泥炭藓块。

3. 在切口处裹上更多泥炭藓块，卷起塑料套固定。

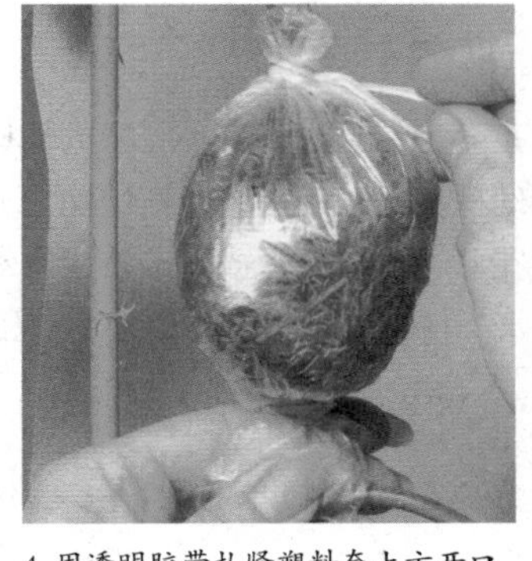

4. 用透明胶带扎紧塑料套上方开口。

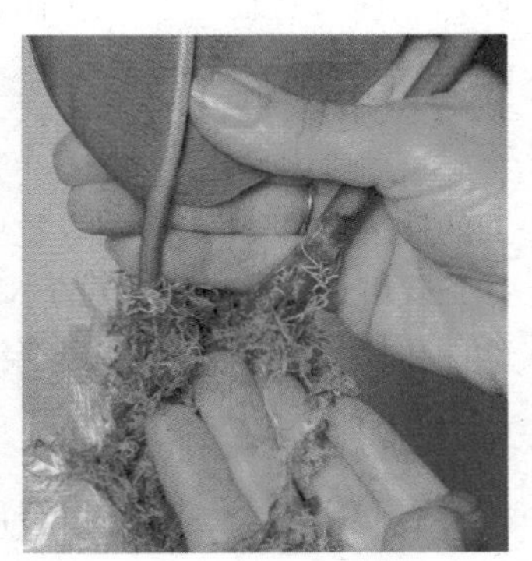

5. 经常查看泥炭藓是否湿润，切口处是否已经生根。

▲用空中压条法能培育这种橡皮树 (Ficus elastica“Robusta”) 的新植株。

6. 一旦可以透过塑料套明显看到新长出的植物根须，就可以从根须下方将枝条剪下并进行移栽。移栽时不要移除泥炭藓，只要稍微松动一下即可，因为此时植物根系还很娇嫩，泥炭藓最好多保留几周。

利用侧枝和幼株繁殖

这种方法最为简单方便，而且不会损伤原来的植株。

少数植物可用叶子繁殖——叶子上萌生的幼株遇土就会生根。另一些植物的走茎上会长出幼株，摘下这些幼株就能培育新植株。很多植物——如凤梨科植物——母株旁边会长出莲座状的短枝，分离这些短枝就可以培育新植株。

幼株

叶子上会长出幼株的多浆植物最常见的有两种：大叶落地生根和棒叶落地生根。这些幼株长到一定程度通常会脱落，在母株旁的盆栽土中扎根生长。松土后可以小心地将幼株单独移栽到其他花盆中，也可以在幼株脱落前直接取下，轻轻插到盆栽土（含防腐剂）中。其他能在母株上萌芽的植物，如芽子孢铁角蕨，也能用同样的方法培育新植株。

千母草叶子基部会长出幼株。从母株上剪下一片这样的叶子，剪去幼株周围多余的叶片，埋入盆栽土中，但不能将整个植株埋入，否则可能造成植株死亡。

走茎

有些室内盆栽，如虎耳草，走茎上会长出发育不完全的幼株。还有一些植物，如吊兰，弯曲的枝条末端会长出幼株。这些幼株都可以用来培育新植株，方法如下：在母株周围放上装有插条栽培土（含防腐剂）的小型花盆，用金属丝或发卡将生有幼株的走茎固定在花盆中，确保幼株和栽培土接触良好。适当浇水，待植株长出足够根须并开始生长后，分离幼株和母株。

侧枝

有些植物会长出侧枝，可分离新生侧枝单独种植——凤梨科植物通常通过这种方法进行繁殖。

多数附生的凤梨科植物（自然界中附生于树木或岩石上）开花后莲座状叶丛会枯死，枯死前叶子周围会长出大量侧枝。侧枝长到大小约为母株1/3时，就可以分离出来单独种

走茎

1. 吊兰细长弯曲的枝条末端会长出幼株，可用这些幼株繁殖新的吊兰植株。

2. 用金属丝将生有幼株的走茎固定在小型花盆中。

3. 植株生根情况良好并茁壮生长后可将幼株与母株分离。

侧枝

1. 凤梨科植物开花后，主花部位的叶子枯死前，周围会长出侧枝。侧枝高度长到母株1/3时就可以分离出来移栽到其他花盆中。

2. 侧枝一般徒手就能分离，也可以使用小刀。

3. 移栽侧枝。

4. 将侧枝周围的土压实，放到温暖湿润的地方，避免阳光直射。

植。分离时，有些侧枝可以直接用手掰开，较硬的可以用锋利的小刀分离。

菠萝等部分地面凤梨科植物，匍匐茎（短而与地面平行生长的茎）上会长出大量侧枝。可以从花盆中取出母株，在尽量不损伤母株的前提下剪下侧枝种植。

剪下的侧枝应立即移栽到花盆中，保证盆栽土湿润。将花盆放到光照充足但无阳光直射的地方，侧枝很快就会生根，之后只需像普通植株一样养护即可。

幼株

1. 棒叶落地生根叶子基部会长大量幼株。轻轻取下这些幼株，避免碰伤根部。

2. 将幼株种到排水良好的插条栽培土（含防腐剂）中，植株很快就会正常生长。

3. 大叶落地生根叶子边缘会长出幼株。取下生有幼株的整片叶子，培育新植株的方法与棒叶落地生根相同。

4. 成簇生长的植株较大后可单独移栽。

特殊的繁育技巧

特殊的繁育技巧包括茎扦插、叶芽扦插、仙人掌扦插和仙人掌嫁接。这几种繁育新植株的方法不常用，但对特定的植物却非常实用。

有些室内盆栽植物的茎又粗又直，如朱蕉属植物，龙血树属植物，以及花叶万年青属植物，可以通过茎扦插法繁殖。如果植物叶子大量脱落，枝条变得光秃秃的，就可以尝试这种繁殖方法。和压条法一样，此时最好是选用细长的茎梢。

空中压条不能繁育大量新植株，因此需要大面积繁殖时往往使用叶芽扦插。叶芽扦插还可用于单药花、龙血树属植物、麒麟叶属植物、龟背竹以及喜林芋属植物。

多数仙人掌科植物插条容易生根，扦插繁殖成功率很高。处理形状特殊的仙人掌以及这些仙人掌的针刺需要一些技巧。

有的仙人掌科植物（如仙人掌）长有圆形扁平的茎，可以从分杈处将茎割下作为插条。将插条放置约48小时直至切口处干燥。将粗沙和泥炭土混合制成盆栽土，插入插条。待插条生根并开始生长后移入普通的盆栽土（含防腐剂）中。

柱状仙人掌，可以将顶部5～10厘米切下作为插条。和处理圆形扁平插条一样，扦插前需放置至切口处干燥。

昙花等茎扁平的仙人掌科植物，可以切下大约5厘米的茎作为插条，扦插前处理方法和其他仙人掌科植物相同。

茎扦插

1. 将较粗的茎切成长为5～7.5厘米的几段，确保每段至少有一个节（两节之间长叶的部位）。

2. 通常都是将插条平放于花盆中，也可将插条垂直扦插到盆栽土中，露出一半，确保叶芽朝上。

叶芽扦插

1. 春季或夏季时选择新长的茎，将茎切成长为1～2.5厘米的几段，每段留一张叶一个叶芽。

◎“流血的伤口”

部分多浆植物，如大戟属植物，割破时伤口处会流出乳状汁液。发生这种情况时，可以将插条切口浸入温水几秒钟，直至不再有汁液流出为止。母株切口处可以用湿布包裹一段时间。有些植物汁液具有刺激性，注意不要接近眼睛或皮肤，以免产生过敏反应。

◎处理带刺仙人掌的方法

取放仙人掌插条时往往需要轻拿轻放，可以戴一双较厚的手套，但大多情况下针刺还是会刺穿手套。可以将报纸折成宽度约为2厘米的厚条，在纸条两端留出富余量当作“手柄”，这样就能轻易拿取插条。除了报纸，也可以使用柔韧的纸板，注意纸板不能太硬，以免碰伤仙人掌的刺。

2. 每段插条末端蘸取适量植物生长素，插入装有插条栽培土（含防腐剂）、高约 7.5 厘米的花盆中。

3. 将叶子卷起用橡皮筋固定，这样既能减少叶面水分蒸发，又能节省空间。如果任由枝叶铺展的话，可将多个花盆放在一起，这样也能节省空间。

4. 将花盆放在暖箱中，大约一个月后插条就会生根，此时可拿掉橡皮筋给新植株更多生长的空间。几周后将新植株移栽到普通盆栽土（含防腐剂）中。

仙人掌科植物扦插

1. 这样的仙人掌科植物或多浆植物扦插操作很简单，关键是选择大小合适的插条。

2. 将插条放置 48 小时左右直至切口干燥。

3. 如图所示，将插条插入盆栽土中，不需要使用植物生长素。

4. 柱状仙人掌一般只有一根茎，不太可能分杈。通常可切下顶部 5 ~ 10 厘米的茎作为插条。扦插前放置约 48 小时直至切口处干燥。

5. 长有扁平茎的仙人掌容易生根但不易取放，可以参考前文提到的处理带刺仙人掌的方法，取放其他带刺植物时也可用同样方法。

6. 图中的两种插条分别取自柱状仙人掌（左边花盆）和长有扁平茎的仙人掌（右边花盆）。

嫁接仙人掌有时只是出于兴趣，有时却是为了促进仙人掌开花，因为有的仙人掌嫁接在其他品种的仙人掌上能提前开花。而部分彩色仙人掌，如橙红色裸萼球属仙人掌，由于缺乏进行光合作用的叶绿素，只有嫁接到绿色仙人掌上才能存活。所有嫁接方法中，平接最为简单。

有些兰科植物长有假鳞茎（生长在盆栽土表面的鳞茎），可以单独分离出来培育成新植株。兰科植物也可以用分株法繁育新植株。

蕨类植物可以通过孢子繁殖：孢子形似极为细小的种子，但并非真正的种子。蕨类植物的植株和孢子是无性繁殖过程中的两个不同阶段。孢子萌发后，有性生殖过程开始，形成原叶体。原叶体为绿色，匍匐生长，形似叶片，雌雄同体。原叶体受粉后植株才开始生长。

繁育兰科植物

1. 兰科植物成簇生长，需进行分株。可以分离外缘植株进行移植。有些兰科植物长有假鳞茎（不长叶的老鳞茎），可以移植假鳞茎培育新植株。

2. 将分出的植株移栽到较大的花盆里，使用兰科植物专用盆栽土（含防腐剂）。移植假鳞茎的处理方法与此相同。

嫁接仙人掌

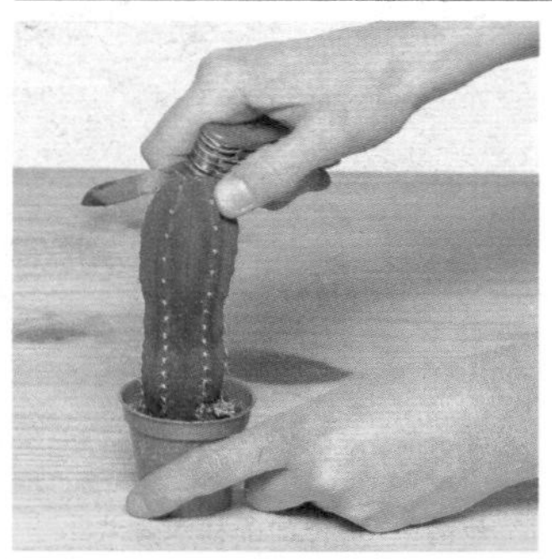

1. 用锋利的小刀削去砧木的顶部，形成一个平面。

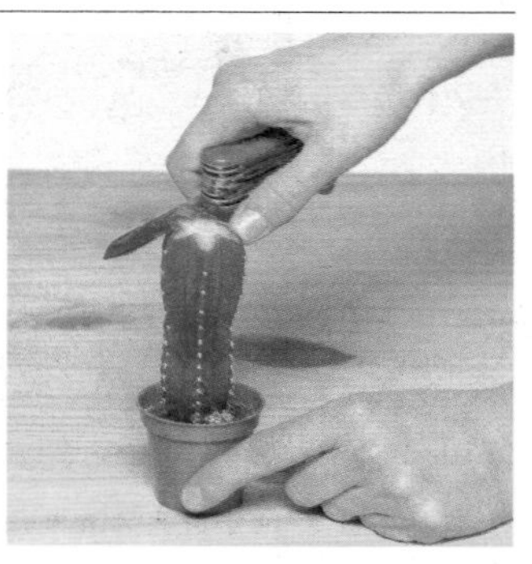

2. 用小刀略微修整砧木边缘。

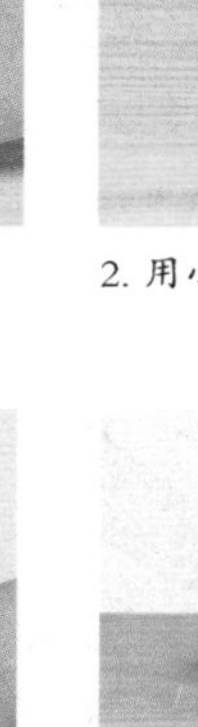

3. 切下需嫁接的仙人掌，同样修整切口边缘。

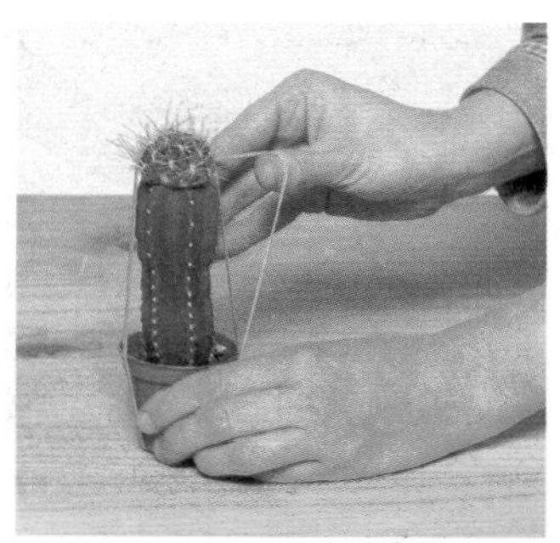

4. 进行嫁接。用橡皮筋箍住嫁接好的仙人掌和花盆的底部进行固定。

5. 贴上标签，放到温暖、光照充足的地方。嫁接部位长在一起后可去掉橡皮筋。

蕨类植物的孢子繁殖

1.选择较浅的花盆，装入含泥炭藓的盆栽土（泥炭土）。有时也可以在盆栽土上撒上一层薄薄的草木灰。轻轻将土壤压实压平整。

2.将孢子均匀撒入盆中。

3.用玻璃盖住花盆，放到盛有水（最好是雨水或软水）的托盘上。将花盆置于温暖昏暗的地方，确保盘内一直有水。

▲业余盆栽爱好者买到的孢子通常不纯，常常混杂有耐寒品种或热带品种。比如图中这种鸟巢蕨（Asplenium Nidus）就常常鱼目混珠，掺杂其中。想种植特定的某个品种，最好亲自收集孢子。

4.一个月左右，盆栽土表面会长出原叶体。此时一定要保持盆栽土湿润，也不要拿掉玻璃。

5.一两个月后，长出孢子体，就是平常见到的蕨类植株。此时可以拿掉玻璃，但仍需避免阳光直射。植株大小方便拿取时进行疏苗，将成簇植株移栽到育种盘中。

植株长到一定大小后，单独移植到大小合适的花盆中。

花卉的季节养护

春季花卉的养护要点

春季换盆注意事项

盆栽花卉如果栽后长期不换土、不换盆，就会导致根系拥塞盘结在一起，使土中营养缺乏，土壤性质变坏，造成植株生长衰弱，叶色泛黄，不开花或很少开花，不结果或很少结果。

如何做好春节盆花的换盆工作呢？首先要掌握好换盆的时间。怎样判断盆花是否需要换盆呢？

一般地说，盆底排水孔有许多幼根伸出，说明盆内根系已很拥挤，到了该换盆的时间了。

为了准确起见，可将花株从盆内磕出，如果土坨表面缠满了细根，盘根错节地相互交织成毛毡状，则表示需要换盆；若为幼株，根系逐渐布满盆内，需换入较原盆大一号的盆，以便增加新的培养土，扩大营养面积；如果花卉植株已成形，只是因栽培时间过久，养分缺乏，土质变劣，需要更新土壤的，添加新的培养土后，一般仍可栽在原盆中，也可视情况栽入较大的盆内。

多数花卉宜在休眠期和新芽萌动之前的3～4月间换盆为好，早春开花者，以在花后换盆为宜，至于换盆次数则依花卉生长习性而定。

许多一年、二年生花卉，由于生长迅速，一般在其生长过程中需要换2～3次盆，最后一次换盆称为定植。

多数宿根花卉宜每年换盆、换土一次；生长较快的木本花卉也宜每年换盆一次，如扶桑、月季、一品红等；而生长较慢的木本花卉和多年生草花，可2～3年换一次盆，如山茶、杜鹃、梅花、桂花、兰花等。换盆前1～2天不要浇水，以便使盆土与盆壁脱离。

换盆时将植株从盆内磕出（注意尽量不使土坨散开），用花铲去掉花苗周围约50%的旧土，剪除枯根、腐烂根、病虫根和少量卷曲根。

栽植前先将盆底排水孔盖上双层塑料窗纱或两块碎瓦片，既利于排水透气，又可防止害虫钻入。上面再放一层3～5厘米厚的破碎成颗粒状的炉灰渣或粗沙，以利排水。然后施入基肥，其上再放一层新的培养土，随即将带土坨的花株置于盆的中央，慢慢填入新的培养土，边填土边用细竹签将盆土反复插实（注意不能伤根），栽植深浅以维持在原来埋土的根茎处为宜。土面到盆沿最好留有2～3厘米距离，以利日后浇水、施肥和松土。

春初乍暖，晚几天再搬花

初春季节，乍暖还寒，天气多变，此时如将刚刚苏醒而萌芽展叶的花卉，或是正处于孕蕾期，或正在挂果的原产热带或亚热带的花卉搬入室外养护，遇到晚霜或寒流侵袭极易受冻害，轻者嫩芽、嫩叶、嫩梢被寒风吹枯或受冻伤；重者突然大量落叶，整株死亡。

所以，盆花春季出室宜稍迟些，宜缓不宜急。正常年份，黄河以南和长江中下游地区，盆花出室时间一般以清明至谷雨间为宜；黄河以北地区，盆花出室时间一般以谷雨到立夏之间为宜。

对于原产北方的花卉，可于谷雨前后陆续出室。对于原产南方的花卉，以立夏前后出室较为安全。根据花卉的抗寒能力大小选择出室时间，如抗寒能力强的迎春、梅花、蜡梅、月季、木瓜等，可于昼夜平均气温达15℃时出室；抗寒力较弱的米兰、茉莉、桂花、白兰、含笑、扶桑、叶子花、金橘、代代、仙人球、蟹爪兰、令箭荷花等，应在室外气温达到18℃以上时出室。

盆花出室需要一个适应外界环境的过程。在室内越冬的盆花已习惯了室温较为稳定的环境，不能春天一到，就骤然出室，更不能一出室就全天放在室外，否则容易受到低温或干旱风等的危害。

一般应在出室前10天左右采取开窗通风的方法，使之逐渐适应外界气温；也可以上午出室，下午进室；阴天出室，风天不出室。出室后放在避风向阳的地方，每天中午前后用清水喷洗一次枝叶，并保持盆土湿润，切忌浇水过多。遇到恶劣天气应及时进行室内养护。

浇花：不干不要浇，浇则浇透

早春浇水也要注意适量，不可一下子浇得过多。这是因为早春许多花卉刚刚复苏，开始萌芽展叶，需水量不多，再加上此时气温不高，蒸发量少，因此宜少浇水。

如果早春浇水过多，盆土长期潮湿，就会导致土中缺氧，易引起烂根、落叶、落花、落果，严重的也会造成整株死亡。

晚春气温较高，阳光较强，蒸发量较大，浇水宜勤，水量也要增多。

总之，春季给盆花浇水次数和浇水量要掌握“不干不浇，浇则浇透”的原则，切忌盆内积水。

春季浇水时间宜在午前进行，每次浇水后都要及时松土，使盆土通气良好。

我国某些地区，春季气候干燥，常刮干旱风，所以要经常向叶上喷水，宜增加空气的湿度。

施肥：两字关键“薄”“淡”

花卉在室内经过漫长的越冬生活，长势减弱，刚萌发的新芽、嫩叶、嫩枝或是幼苗，根系均较娇嫩，如果此时施浓肥或生肥，极易使花卉受到肥害，“烧死”嫩芽枝梢，因此早春给花卉施肥应掌握“薄”“淡”的原则。

早春应施充分腐熟的稀薄饼肥水，因为这类肥料肥效较持久，且可改良土壤。

施肥次数要由少到多，一般以每隔10～15天施一次为宜，春季施肥时间宜在晴天傍晚进行。

施肥时要注意以下几点：

（1）施肥前1～2天不要浇水，使盆土略干燥，以利肥效吸收。

（2）施肥前要先松土，以利肥液下渗。

（3）肥液要顺盆沿施下，避免沾污枝叶以及根茎，否则易造成肥害。

（4）施肥后次日上午要及时浇水，并适时松土，使盆土通气良好，以利根系发育。

对刚出苗的幼小植株或新上盆、换盆、根系尚未恢复以及根系发育不好的病株，此时不应施肥。

春季修剪，七分靠管

“七分靠管，三分靠剪”，是老花匠的经验之谈，说明了修剪的重要性。修剪一年四季都要进行，但各季应有所侧重。

春季修剪的重点是根据不同种类花卉的生长特性进行剪枝、剪根、摘心及摘叶等工作。对一年生枝条上开花的月季、扶桑、一品红等可于早春进行重剪，剪去枯枝、病虫枝以及影响通风透光的过密枝条，对保留的枝条一般只保留枝条基部2～3个芽进行短截。

例如早春要对一品红老枝的枝干进行重剪，每个侧枝基部只留2　3个芽，将上部枝条全部剪去，以促其萌发新的枝条。

修剪时要注意将剪口芽留在外侧，这样萌发新枝后树冠丰满，开花繁茂。对二年生枝条上开花的杜鹃、山茶、栀子等，不能过分修剪，以轻度修剪为宜，通常只剪去病残枝、过密枝即可，以免影响日后开花。

在给花卉修剪时，如何把握花卉修剪的轻重呢?

一般地讲，凡生长迅速、枝条再生能力强的种类应重剪，生长缓慢、枝条再生能力弱的种类只能轻剪，或只疏剪过密枝和病弱残枝。

对观果类花木，如金橘、四季橘、代代等，修剪时要注意保留其结果枝，并使坐果位置分布均匀。

对于许多草本花卉，如秋海棠、彩叶草、矮牵牛等，长到一定高度，将其嫩梢顶部摘除，促使其萌发侧枝，以利株形矮壮，多开花。

茉莉在剪枝、换盆之前，常常摘除老叶，以利促发新枝、新叶，增加开花数目。另外，早春换盆时应将多余的和卷缩的根适当进行疏剪，以便须根生长发育。

立春后的花卉养护

每年立春过后，雨水将至，在这段时间里，许多花木经过严冬休眠，有的在萌动，有的在返青，有的将渐渐长出嫩芽。而到清明之前的这一时段里，又是冬春之交，气候冷暖多变，因此，这时养好各种盆花，对其今后生长开花关系很大。

对畏寒喜暖的花木，应做好防寒保暖工作，如米兰、九里香、茉莉、木本夜来香、含笑、铁树、棕竹、橡皮树、昙花、令箭荷花、仙人球及众多热带观叶植物，它们多数还处在休眠时期，要继续防寒保暖。翻盆可在清明以后进行，否则有被冻坏的危险。

对正在开花或尚处在半休眠状态的盆花，如茶花、梅花、春兰、君子兰、迎春、金橘、杜鹃、吊兰、文竹、四季海棠等，应区别对待。

正在开花或处于赏果时期的花木，可待花谢果落之后翻盆换土；其他处于半休眠状态的盆花可到3月底前再翻盆，此时只需一般的养护即可。

对御寒能力较强、已开始萌动的花木，如五针松、罗汉松、真柏等松柏类盆景和六月雪、石榴、月季等花木，如果已栽种二三年，盆已过小，此时可开始翻盆换土。

用土上除五针松、真柏等需要一定数量的山泥外，其他均可用疏松肥沃的腐殖土。结合翻盆还可修去一部分长枝、病枝和枯根等，以利于花卉保持较好的株形。

春季花卉常见病虫害

春季是花卉病虫害的高发期。这也是养花人最为焦虑的季节。在春季不少花卉都可能受到蚜虫危害，最常受此伤害的花卉有扶桑、月季、金银花等。而且，这种病虫害非常适应春季的气候，它会随着温度的逐渐回暖而日益增多。不少养花人都会发现自己的花卉受到损害，而且会持续相当长一段时间。这时，可以考虑喷洒40%的氧化乐果或50%的亚胺硫磷，兑水1200～1500倍杀虫，还可以使用中性洗衣粉加入70～100倍水喷洒到花卉上。

在仲春时节，茉莉、文竹、大丽花等这些花卉还可能会受到红蜘蛛的危害。尤其是从4月上旬开始，红蜘蛛活动开始活跃，为了防治红蜘蛛，要多给花卉搞清洁卫生，多用清水冲洗叶子的正、背面或者喷一些面糊水，过1 2天再用清水冲洗掉。

白玉兰、月季、黄杨、海桐等花卉在春季很容易受到介壳虫危害。这就需要养花人仔细观察，看花卉是否有虫卵，可喷洒40%的氧化乐果，兑水1000～1500倍进行防治。

春季气温逐步升高，如果气温已经达到20℃以上，并且土壤湿度较大时，一些新播种的或去年秋季播种的花卉及一些容易烂根的花卉，极容易发生立枯病。这时可以在花卉播种前，在土壤中拌入70%的五氯硝基苯。另外，小苗幼嫩期要控制浇水，防止土壤过湿。对于初发病的花卉，可以浇灌1%的硫酸亚铁或200～400倍50%的代森铵液，按每平方米浇灌2 4千克药水的比例酌情浇灌盆花。

在春季，淅沥沥的小雨会给人滋润的感受，但也会引发养花人的担忧。因为春季雨后容易发生玫瑰锈病，为了防治这种病，养花人要注意观察，及时将玫瑰花上的黄色病芽摘掉烧毁，消灭传染病源；如果发现花卉染病，可在发病初期用15%的粉锈宁700～1000倍液进行喷杀。

清明节时管养盆花的方法

每年清明时节，天气逐步变暖，许多花木进入正常生长期，家庭养护盆花又将进入一个花事繁忙的季节。

对一些原先放在室内过冬的喜暖畏寒盆花，随着天气转暖，可放到室外去养护，但在移出室外时，仍需注意“逐步”二字。如白天先打开窗户数天，或先放到室外1～2个小时，逐日延长放置室外的时间，使其逐步适应外界的自然环境，一星期后就可完全放在室外了。

同时，需翻盆换土的花卉，此时可以进行；不翻盆换土的花卉，可进行整枝、修剪、松土，并追肥1～2次，以氮肥为主，可为枝叶提供生长所需的营养。

对耐寒盆花，有的已萌发新芽，有的已长出枝叶，有的将进入生长旺期。对上述不同生长阶段的盆花，有的可进行一次整枝修剪，去除枯枝残叶，使之美观；有的可通过松土，追施肥料1～2次（每10天左右施一次）；有的仍可继续翻盆换土，但要注意去除少量旧土与老根，不能损伤嫩根。

对茶花、杜鹃花、蜡梅、君子兰等名贵花木，花已谢的花卉，除君子兰外，都应放到室外去养护，并同时注意适当追施肥料。在施肥时，要宁淡勿浓，且应按盆花大小和生长状况而定，尤其在施入化肥时要注意浓度，以防肥害。对各类杜鹃花，均应待花谢后再施肥。

还有，对橡皮树、铁树、棕竹等畏寒观叶植物，也可逐步出室，管养方法与米兰等同。但是，对一些热带观叶植物，如散尾葵、发财树、巴西木、绿萝以及其他各种花叶万年青等，为了安全起见，宜在平均气温达15℃以上时出室。

春季养花疑问小结

谚语“春分栽牡丹，到老不开花”有道理吗

牡丹是深受国人喜爱的观赏花卉。牡丹的繁殖方法主要有播种法、分株法、嫁接法和压条法。通常多用分株法繁殖，它的优点是第二年就能开花，新株的寿命也长。

牡丹分株后保证生长良好的关键是掌握好分株的时间。牡丹不能像大多数花卉那样在春季分株。因为春季气温逐渐上升，牡丹萌动、生长很快，在不到两个月的时间内，就要长成新梢并孕蕾、开花，在这一阶段需要消耗大量的水分和养分，而根系因分株受到的损伤还未恢复，不能充分供应茎叶生长所需的养分和水分，只能消耗根内原来储存的营养物质。这样一来，反而减缓了根部损伤的恢复。所以，根系和茎叶都会生长衰弱，不仅不能开花，甚至无法成活，所以“春分栽牡丹，到老不开花”这句话说得很有道理。

牡丹宜在秋季分株，因为牡丹的地上部分生长迟缓，消耗养分较少，有利于根部损伤的恢复，能在上冻前长出多数新根。到第二年春季，新株就能旺盛地生长。分株的最佳时间为9月上旬至10月上旬，准确地说，应该在秋分前后。

哪些花卉宜在春季繁殖

一般花卉均适宜在春季进行播种、分株、扦插、压条、嫁接等。

（1）草本盆花。如文竹、秋海棠、大岩桐、报春花等，多于早春在室内盆播育苗；一年生草花，如凤仙花、翠菊、一串红、五色椒、鸡冠花、紫茉莉、虞美人等，可于清明前后盆播，也可在庭院种植。

（2）球根花卉。如大丽花、唐菖蒲、晚香玉、美人蕉、百合、石蒜等一般均用分球法繁殖，在有霜的地区，宜在晚霜过后栽植。

（3）某些株丛很密而根际萌蘖又较多者，或具有匍匐枝、地下茎的种类。如玉簪、鸢尾、文殊兰、珠兰、丝兰、龙舌兰、君子兰、万年青、荷包牡丹、马蹄莲、天门冬、木兰、石榴、文竹、吊兰等均可在早春进行分株繁殖。

（4）大多数盆花，在早春可剪取健壮的枝或茎（如扶桑、月季、茉莉、梅花、石榴、洋绣球、菊花、倒挂金钟、金莲花、天竺葵、龟背竹、变叶木、龙吐珠、五色梅、樱花、迎春、仙人掌、贴梗海棠、丁香、凌霄等）、根（如宿根福禄考、秋牡丹、芍药、锦鸡儿、紫薇、紫藤、文冠果、海棠等）、叶（如蟆叶秋海棠、虎尾兰、大岩桐等）进行扦插繁殖。

（5）有些花卉如蜡梅、碧桃、西府海棠、桂花、蔷薇、玉兰等，可用枝接法进行繁

殖。枝接一般宜在早春树液刚开始流动、发芽前进行。

（6）枝条较软的花木，如夹竹桃、桂花、八仙花、南天竹等，可采用曲枝压条法；枝条不易弯曲的花木，如白兰、含笑、茶花、杜鹃、广玉兰等则可用高枝压条法进行繁殖。

夏季花卉的养护要点

花儿爱美，炎炎夏日也要防晒

阳光是花卉生长发育的必要条件，但是娇嫩的鲜花也怕烈日暴晒。尤其是到了盛夏季节，也需移至略有遮阴处。

一般阴性或喜阴花卉，如兰花、龟背竹、吊兰、文竹、山茶、杜鹃、常春藤、栀子、万年青、秋海棠、棕竹、南天竹、一叶兰、蕨类以及君子兰等，夏季宜放在通风良好、荫蔽度为50%～80%的环境条件下养护，若受到强光直射，就会造成枝叶枯黄，甚至死亡。

这类花卉夏季最好放在朝东、朝北的阳台或窗台上；或放置在室内通风良好的具有明亮散射光处培养；也可用芦苇或竹帘搭设遮阴的棚子，将花盆放在下面养护，这样可减弱光照强度，使花卉健康成长。

降温增湿，注意通风

花卉对温度都有一定的要求，比如不同花卉由于受原产地自然气候条件的长期影响，形成了特有的最适、最高和最低温度。对于多数花卉来说，其生育适温为20℃～30℃。

中国多数地区夏季最高气温均可达到30℃以上，当温度超过花卉生育的最高限度时，花卉的正常生命活动就会受阻，会造成花卉植株矮小、叶片局部灼伤、花量减少、花期缩短。许多种花卉夏季开花少或不开花，高温影响其正常生育是一个重要原因。

原产热带、亚热带的花卉，如含笑、山茶、杜鹃、兰花等，长期生长在温暖湿润的海洋性气候条件下，在其生育过程中形成了特殊的喜欢空气湿润的生态要求，一般要求空气湿度不能低于80%。

若能在养护中满足其对空气湿度的要求，则生育良好，否则就易出现生长不良、叶缘干枯、嫩叶焦枯等现象。

在一般家庭条件下，夏季降温增湿的方法，主要有以下四种。

喷水降温

夏季在正常浇水的同时，可根据不同花卉对空气湿度的不同要求，每天向枝叶上喷水2～3次，同时向花盆地面洒水1～2次。

铺沙降温

为了给花卉降温，可在北面或东面的阳台上铺一厚层粗沙，然后把花盆放在沙面上，夏季每天往沙面上洒1～2次清水，利用沙子中的水分吸收空气中的热量，即可达到降温增湿的目的。

水池降温

可用一块硬杂木或水泥预制板，放在盛有冷水的水槽上面，再把花盆置于木板或水泥板上，每天添一次水，水分受热后不断蒸发，既可增加空气湿度，又能降低气温。

通风降温

可将花盆放在室内通风良好且有散射光的地方，每天喷1～2次清水，还可以用电扇吹风来给花卉降温。

施肥：薄肥勤施

花卉夏季施肥应掌握“薄肥勤施”的原则，不要浓度过大。一般生长旺盛的花卉约每隔10～15天施一次稀薄液肥。施肥应在晴天盆土较干燥时进行，因为湿土施肥易烂根。

施肥时间宜在渐凉后的傍晚，在施肥的第二天要浇一次水，并及时进行松土，使土壤通气良好，以利根系发育。施肥种类因花卉种类而异。

盆花在养护过程中若发现植株矮小细弱，分枝小，叶色淡黄，这是缺氮肥的表现，应及时补给氮肥；如植株生长缓慢，叶片卷曲，植株矮小，根系不发达，多为缺磷所致，应补充以磷肥为主的肥料。

如果叶缘、叶尖发黄（先老叶后新叶）进而变褐脱落，茎秆柔软易弯曲，多为缺钾所致，应追施钾肥。

修剪：五步骤呈现优美花形

有些花卉进入夏季以后常易出现徒长，影响花卉开花结果。为保持花卉株形优美花多果硕，应及时对花卉进行修剪。

花卉的夏季修剪包括摘心、抹芽、除叶、疏蕾、疏果等。

摘心

一些草花，如四季海棠、倒挂金钟、一串红、菊花、荷兰菊、早小菊等，长到一定高度时要将其顶端掐去，促其多发枝、多开花。一些木本花卉，如金橘等，当年生枝条长到约15～20厘米时也要摘心，以利其多结果。

抹芽

夏季许多花卉常从茎基部或分枝上萌生不定芽，应及时抹除，以免消耗养分，扰乱株形。

除叶

一些观叶花卉应在夏季适当剪掉老叶，促发新叶，还能使叶色更加鲜嫩秀美。

疏蕾、疏果

对以观花为主的花卉，如大丽花、菊花、月季等应在夏季疏除过多的花蕾；对观果类花卉，如金橘、石榴、佛手等，当幼果长到直径约1厘米时要摘掉多余幼果。此外，对于一些不能结子或不准备收种子的花卉，花谢后应在夏季剪除残花，以减少养分消耗。

整形

对一品红、梅花、碧桃、虎刺梅等花卉，常在夏季把各个侧枝做弯整形，以增强花卉的观赏效果。

休眠花卉，安全度夏

在夏季养护管理中，必须掌握花卉的习性，精心管理，才能使这些花卉安全度夏。

夏季休眠的花卉主要是一些球根类花卉。球根花卉一般为多年生草本植物，即地上部分每年枯萎或半枯萎，而地下部球根能生活多年。

然而在炎热的夏季，有些球根花卉和一些其他的花卉，生长缓慢，新陈代谢减弱，以休眠的方式来适应夏季的高温炎热，如秋海棠、君子兰、天竺葵等。休眠以后，叶片仍保持绿色的称为常绿休眠；而水仙、风信子、仙客来、郁金香等花卉，休眠以后，叶片脱落，称为落叶休眠。

通风、喷水

入夏后，应将休眠花卉置于通风凉爽的场所，避免阳光直射，若气温高时，还要经常向盆株周围及地面喷水，以达到降低气温和增加湿度的目的。

浇水量应合适

夏眠花卉对水分的要求不高，要严格控制浇水量。若浇水过多，盆土过湿，花卉又处于休眠或半休眠状态，根系活动弱，容易烂根；若浇水太少，又容易使植株的根部萎缩，因此以保持盆土稍微湿润为宜。

雨季进行避风挡雨

由于夏眠花卉的休眠期正值雨季，如果植株受到雨淋，或在雨后盆中积水，极易造成植株的根部或球根腐烂而引起落叶。因此，应将盆花放置在能够避风遮雨的场所，做到既能通风透光，又能避风挡雨。

夏眠花卉不要施肥

对某些夏眠的花卉，在夏季，它们的生理活动减弱，消耗养分也很少，不需要施肥，否则容易引起烂根或烂球，导致整个植株枯死。

此外，在仙客来、风信子、郁金香、小苍兰等球根花卉的块茎或鳞茎休眠后，可将它们的球茎挖出，除去枯叶和泥土，置于通风、凉爽、干燥处贮存（百合等可用河沙埋藏），等到天气转凉，气温渐低时，再行栽植。

花卉夏季常见病虫害

在夏季，气温高、湿度大的气候环境下，花卉易发生病虫害，此时应本着“预防为主，综合防治”和“治早、治小、治了”的原则，做好防治工作，确保花卉健壮生长。

花卉夏季常见的病害主要有白粉病、炭疽病、灰霉病、叶斑病、线虫病、细菌性软腐病等。夏季常见的害虫有刺吸式口器和咀嚼式口器两大类害虫。前者主要有蚜虫、红蜘蛛、粉虱、介壳虫等；后者主要有蛾、蝶类幼虫、各种甲虫以及地下害虫等。

夏季气温高，农药易挥发，加之高温时人体的散发机能增强，皮肤的吸收量增大，故毒物容易进入人体而使人中毒，因此夏季施药，宜将花盆搬至室外，喷施时间最好在早晨或晚上。

夏季养花疑问小结

夏季盆花浇水应该注意什么

夏季天气炎热，盆花水分散失快，浇水成为盆花管理的重要工作之一。为满足盆花的水分需要，又不能因浇水时间和方法不当而影响花卉的生长和欣赏，浇水时应注意以下五个问题。

1.忌浇“晴午水”

夏日中午酷热，盆土和花株温度都很高，若在此时浇水，花盆内骤然降温，会破坏植株水分代谢的平衡，使根系受损，造成花株萎蔫，影响花卉的正常生长，使其观赏价值大大降低。因此，盆花夏季浇水应在清晨或傍晚进行。

2.忌浇“半截水”

夏季给花浇水要浇透，若每次浇水都不浇透，浇水虽勤，同样会因根部吸收不到水分而影响正常生长。长期浇半截水，还会导致根系部分土壤板结，不透气而影响花卉生长，或因根系干枯而导致整株死亡。

3.忌浇“漏盆花”

盆花浇水要恰到好处，浇到盆底根系能吸收到水分为佳。若每次都浇漏盆水，会使盆内养分顺水漏走，导致花株因缺养分而萎黄。为了恰到好处地浇水，可分次慢浇，不透再浇，浇透为止。

4.忌浇“漫灌水”

若因走亲访友，或出差旅游，造成盆花过于失水而萎蔫，回来后，也不可立刻漫灌大水。因为这种做法会使植物细胞壁迅速膨胀，造成细胞破裂，严重影响盆花的正常生长。正确的做法是对过于干旱的盆花进行叶面喷水，待因干旱萎黄的盆花恢复正常状态后，再循序渐进地浇水。

5.忌浇“连阴水”

如果遇到连续阴雨天气，则应该停止给盆花浇水。因为哪怕是绵绵细雨，也能满足盆花的生理需要。若认为雨量过小而仍按常规给盆花浇水，往往会因盆土过湿而导致烂根，使整株花卉受重创或死亡。

在雨季，花卉如何养护

我国属于季风性气候，夏季有一个比较长的雨季，在雨季期间的管理也是盆花管理中的一个重要环节。在这一时期的管理中应该注意以下问题。

1.防积水

置于露天的盆花，雨后盆内极易积水，若不及时排除盆土水分易造成根部严重缺氧，对花卉根系生长极为不利，特别是一些比较怕涝的品种，如仙人掌类、大丽花、鹤望兰、君子兰、万年青、四季海棠以及文竹、山茶、桂花、菊花等，应在不妨碍其生长的情况下，可在雨前先将盆略微倾斜。一般不太怕涝的品种，可在阵雨后将盆内积水倒出。如遭到涝害时，应先将盆株置于阴凉处，避免阳光直晒。待其恢复后，再逐渐移到适宜的地点进行正常管理。

2.防雨淋

秋海棠、倒挂金钟、仙客来、大岩桐、非洲菊等花卉会在夏季进入休眠或半休眠状态，盆土不能过湿；有的叶片或花芽对水湿非常敏感，叶面不能积水，若常受雨淋，容易出现烂根和脱叶，因此，下雨时要将其置于避雨处或进行适当遮挡。

3.防倒伏

一些高株或茎空而脆的品种，如大丽花、菊花、唐菖蒲、晚香玉等遇暴风雨易倒伏折断，因此，在大雨来临前要将盆株移到避风雨处，并需提前设立支架，将花枝绑扎固定。

4.防窝风

雨季气温高空气湿度大，若通风不良，植株极易受病虫危害导致开花延迟，影响授粉结果。因此，要加强通风。若发现花卉遭受蚜虫、红蜘蛛或出现白粉病、黑斑病等病虫害，应及时采取通风措施，并用适当方法进行除治。

5.防徒长

雨季空气湿度大，加之连续阴天光照差，往往造成盆花枝叶徒长。因此，对一些草本、木本花卉可控制浇水次数和浇水量（俗称扣水），以促使枝条壮实。

6.防温热

盆栽花木在炎热天气下遇暴风雨，最好在天晴之后用清水浇一次，以调节表层土壤和空气的温度，减轻湿热对植物的不良影响。

秋季花卉的养护要点

凉爽秋季，适时入花房

进入秋季之后，天气开始变凉，但是有时阳光依然强烈，所以有“秋老虎”的说法，这对花卉而言也是个威胁，所以在初秋时节，花卉的遮阴措施依然要进行，不能过早拆地除遮阴帘，只需在早晨和傍晚打开帘子，让花卉透光透气即可，到了9月底10月初再拆除遮阴物也不迟。

到了深秋时节，气温往往会出现大幅降温的情形，有些地区甚至出现霜冻，此时花卉的防寒成为重要工作，应随时注意天气预报，及时采取相应措施。北方地区寒露节气以后大部分盆花都要根据抗寒力大小陆续搬入室内越冬，以免受寒害。

秋季花卉入室时间要灵活掌握，不同花卉入室时间也有差异。米兰、富贵竹、巴西木、朱蕉、变叶木等热带花木，俗称高温型花木，抗寒能力最差，一般常温在10℃以下，即易受寒害，轻则落叶、落花、落果及枯梢，重则死亡。所以此类花木要在气温低于10℃之前就搬进房内，置于温暖向阳处。天气晴朗时，要在中午，开窗透气，当寒流来时，可以采用套盆、套袋等保暖措施。当温度过低时，要及时采取防冻措施。

对于一些中温型花卉，比如康乃馨、君子兰、文竹、茉莉及仙人掌、芦荟等，在5℃以下低温出现时，要及时搬入房内。天气骤冷时，可以给花卉戴上防护套。

山茶、杜鹃、兰花、苏铁、含笑等花卉耐寒性较好，如果无霜冻和雨雪，就不必急于进房。但如果气温在0℃以下时，则要搬进室内，放在朝南房间内，也可完好无损地渡过秋冬季节。而对于耐寒性较强的花卉可以不必搬进室内，只要将其置于背风处即可。这些花卉一旦遇上严重霜冻天气，临时搭盖草帘保温即可。五针松、罗汉松、六月雪、海棠等花卉都属此类，它们是典型的耐寒花卉。

入室后，要控制花卉的施肥与浇水，除冬季开花的君子兰，仙客来、鹤望兰等在早春开花的花卉之外，一般1～2周浇一次水，1～2月施一次肥或不施肥，以免肥水过足，造成花木徒长，进而削弱花卉的御寒防寒能力。

施肥：适量水肥，区别对待

秋季是大多数花卉一年中第二个生长旺盛期，因此水肥供给要充足，才能使其茁壮生长，并开花结果。到了深秋之后，天气变冷，水、肥供应要逐步减少，防止枝叶徒长，以利提高花卉的御寒能力。

对一些观叶类花卉，如文竹、吊兰、龟背竹、橡皮树、棕竹、苏铁等，一般可每隔半个月左右施一次腐熟稀薄饼肥水或以氮肥为主的化肥。

对一年开花一次的梅花、蜡梅、山茶、杜鹃、迎春等应及时追施以磷肥为主的液肥，以免养分不足，导致第二年春季花小而少甚至落蕾。盆菊从孕蕾开始至开花前，一般宜每周施一次稀薄饼肥水，含苞待放时加施1～2次0.2%磷酸二氢钾溶液。

盆栽桂花，入秋后施入以磷为主的腐熟稀薄饼肥水、鱼杂水或淘米水。对一年开花多次的月季、米兰、茉莉、石榴、四季海棠等，应继续加强肥水管理，使其花开不断。

对一些观果类花卉，如金橘、佛手、果石榴等，应继续施2～3次以磷、钾肥为主的稀薄液肥，以促使果实丰满，色泽艳丽。

对一些夏季休眠或半休眠的花卉，如仙客来、倒挂金钟、马蹄莲等，初秋便可换盆换土，盆中加入底肥，按照每种花卉生态习性，进行水肥管理。

北方地区10月份天气已逐渐变冷，大多数花卉就不要再施肥了。除对冬季或早春开花以及秋播草花等可根据实际需要继续进行正常浇水外，对于其他花卉应逐渐减少浇水量和浇水次数，盆土不干就不要浇水，以免水肥过多导致枝叶徒长，影响花芽分化和降低花卉抗寒能力。

修剪：保留养分是关键

从理论上讲，入秋之后，平均气温保持在20℃左右时，多数花卉常易萌发较多嫩枝，除根据需要保留部分枝条外，其余的均应及时剪除，以减少养分消耗，为花卉保留养分。对于保留的嫩枝也应及时摘心。例如菊花、大丽花、月季、茉莉等，秋季现蕾后待花蕾长到一定大小时，仅保留顶端一个长势良好的大蕾，其余侧蕾均应摘除。又如天竺葵经过一个夏天的不断开花之后，需要截枝与整形，将老枝剪去，只在根部留约10厘米高的桩子，促其萌发新枝，保持健壮优美的株形。

菊花进行最后一遍打头，同时多追肥，到花芽出现后随时注意将侧芽剥去，以保证顶芽有足够养分。而对榆、松、柏树桩盆景来说，秋季是造型、整形的重要时机，可摘叶攀扎、施薄肥、促新叶，叶齐后再进行修剪。

播种：适时采播

采种

入秋后，如半支莲、茑萝、桔梗、芍药、一串红等，以及部分木本花卉，如玉兰、紫荆、紫藤、蜡梅、金银花、凌霄等的种子都已成熟，要及时采收。

采收后及时晒干，脱粒，除去杂物后选出籽粒饱满、粒形整齐、无病虫害并有本品种特征的种子，放入室内通风、阴暗、干燥、低温（一般在1℃～3℃）的地方贮藏。

一般种子可装入用纱布缝制的布袋内，挂在室内通风低温处。但切忌将种子装入封严的塑料袋内贮藏，以免因缺氧而窒息，降低或丧失发芽能力。

对于一些种皮较厚的种子如牡丹、芍药、蜡梅、玉兰、广玉兰、含笑、五针松等，采收后宜将种子用湿沙土埋好，进行层积沙藏，即在贮藏室地面上先铺一层厚约10厘米的河沙，再铺一层种子，如此铺3～5层，种子和湿河沙的重量比约为1：3。沙土含水量约为15%，室温为0℃～5℃，以利来年发芽。

此外，睡莲、王莲的种子必须泡在水中贮存，水温保持在5℃左右为宜。

及时秋播

二年生或多年生作1～2年生栽培的草花，如金鱼草、石竹、雏菊、矢车菊、桂竹香、紫罗兰、羽衣甘蓝、美女樱、矮牵牛等和部分温室花卉及一些木本花卉，如瓜叶菊、仙客来、大岩桐、金莲花、荷包花、南天竹、紫薇、丁香等，以及采收后易丧失发芽力的非洲菊、飞燕草、樱草类、秋海棠类等花卉都宜进行秋播。牡丹、芍药以及郁金香、风信子等球根花卉宜于仲秋季节栽种。盆栽后放在3℃～5℃的低温室内越冬，使其接受低温锻炼，以利来年开花。

秋季花卉病虫害的防治

秋季虽然不是病虫害的高发期，但也不能麻痹大意，比如菜青虫和蚜虫是花卉在秋季易发的虫害。在秋季香石竹、满天星、菊花等花卉要谨慎防治菜青虫的危害，菊花还要防止蚜虫侵入，以及发生斑纹病。

非洲菊在秋季容易受到叶螨、斑点病等病虫害。月季要防止感染黑斑病、白粉病。香石竹要防止叶斑病的侵染。

桃红颈天牛是盆栽梅花、海棠、寿桃、碧桃等花卉在秋季容易受到侵害的虫害之一。如果发现花卉遭受桃红颈天牛的侵害，可以通过施呋喃丹颗粒进行防治。但要注意：呋喃丹之类药物只适用于花卉，对果蔬类植物并不适用。如果使用也需要按严格的剂量规定，不能随意喷洒，以免威胁人体健康。

总之，秋季花卉的病害应该以预防为主，注意通风，降低温室内空气湿度，增施磷钾肥，以提高植株抗病能力。

秋季养花疑问小结

为什么花卉要在秋天进行御寒锻炼

御寒锻炼就是在秋季气温下降时将花卉放置在室外，让其经历一个温度变化过程，在生理上形成对低温的适应性。

御寒锻炼主要是针对一些冬季不休眠或半休眠的花卉而言的，冬季休眠的花卉不需要进行御寒锻炼。

具体方法是在秋季未降温前将花卉放置在室外，让其适应室外的环境。在室外温度自然下降时，不要将其搬回室内，让其在气温的逐步下降中适应较低的温度。在进行御寒锻炼时应注意以下四点。

（1）气温下降剧烈时，应将花卉搬回室内，防止气温突降对其造成伤害。

（2）下霜前应将花卉搬至室内，遭霜打后叶片易出现冻伤。

（3）抗寒锻炼是有限度的。植物不可能无限度地适应更低的温度，抗寒锻炼也不可能使花卉突破自身的防寒能力，经过抗寒锻炼的花卉只是比没经过抗寒锻炼的花卉稍耐冻一些。

（4）不是每种花卉都能进行抗寒锻炼，如红掌、彩叶芋等喜高温的花卉在秋季气温未下降前就应移至室内培养。

观叶花卉如何进行秋季养护

（1）增加光照。在室外遮阴棚下生长的观叶花卉，可以适当地除去部分遮阴物，放置在室内越夏的观叶花卉可以移至光照合适处。

（2）肥水要充足。秋季观叶花卉长势旺盛，应施以氮肥为主的肥料（如腐熟的饼肥液等），肥料充足，叶片才会繁茂有光泽。由于观叶花卉的叶片多，水分蒸发量极大，浇水也应及时，缺水易使花卉下部的老叶枯黄脱落，形成“脱脚”。因秋季空气干燥，浇水的同时还要向其四周洒水，洒水可提高空气湿度，保持叶片的光泽度，防止叶缘枯焦。

（3）秋末养护措施的变化。秋末室外气温逐步降低，要停止施氮肥，适当灌施2～3次磷、钾肥，以利于养分积累和提高抗寒性。

由于气温低时花卉耗水量不大，应减少浇水次数，使盆土偏干。少浇水不仅可以预防根部病害，还可以提高花卉的抗寒力。

株形较大的观叶花卉如铁树可在室外用防寒物包裹越冬，不能在室外越冬的观叶花卉如榕树可修剪后移入室内，以免挤占过多的空间。

观叶花卉还应定期喷药，防治病虫害的侵染。

冬季花卉的养护要点

寒冬腊月，防冻保温

各种花卉的越冬温度有所不同。花卉的生长都是有温度底线的，尤其是在寒冷的冬季，要采取合理的保暖措施。

有些花卉要在冬季进入休眠期，让这些花卉顺利越冬，就要控制室内温度在5℃左右。另外，如有需要，用塑料膜把花卉植株包裹起来放到阳台的背风处，也可以安全过冬。比较常见的此类花卉有石榴、金银花、月季、碧桃、迎春等。

对于那些在冬季处于半休眠状态的花卉，如夹竹桃、金橘、桂花等，越冬时要把室内温度控制在0℃以上，这样可以确保其安全过冬。

对于一些对寒冷抵抗能力较差的花卉，比如米兰、茉莉、扶桑、凤梨、栀子花等，则要求室内温度在15℃左右，如果温度过低，就会导致花卉被冻死。而像四季报春、彩叶草、蒲包花等草本花卉，室温要保持在5℃～15℃之间。

对于文竹、凤仙、天竺葵、四季海棠等多年生草本花卉，室内温度应该保持在10℃～20℃。榕树、棕竹、橡皮树、芦荟、鹅掌木、昙花、令箭等，最低室温宜在10℃～30℃。芦荟冬天最低温度不能低于2℃。君子兰在冬季生长的适宜温度是15℃～20℃。

水生花卉如何越冬呢？冬天零下的温度，水结冰是否会危害到水生花卉的安全呢？要让水生花卉安全过冬，应该在霜冻前及时把水放掉，将花盆移至地窖或楼道过厅，温度保持在5℃为宜，盆土干燥时要合理喷水，加以养护。如荷花、睡莲、凤眼莲、萍蓬莲等水生类花卉均需要采取以上保护措施，方可安全越冬。

适宜光照，通风换气

花卉到了初冬，要陆续搬进室内，在室内放置的位置要考虑到各种花卉的特性。通常冬、春季开花的花卉，如仙客来、蟹爪兰、水仙、山茶、一品红等和秋播的草本花卉，如香石竹、金鱼草等，以及喜强光高温的花卉，如米兰、茉莉、栀子、白兰花等南方花卉，均应放在窗台或靠近窗台的阳光充足处。

喜阳光但能耐低温或处于休眠状态的花卉，如文竹、月季、石榴、桂花、金橘、夹竹桃、令箭荷花、仙人掌类等，可放在有散射光的地方；其他能耐低温且已落叶或对光线要求不严格的花卉，可放在没有阳光的较阴冷之处。

需要注意的是，不要将盆花放在窗口漏风处，以免冷风直接吹袭受冻，也不能直接放在暖气片上或煤火炉附近，以免温度过高灼伤叶片或烫伤根系。

另外，室内要保持空气流通，在气温较高或晴天的中午应打开窗户，通风换气，以减少病虫害的发生。

施肥、浇水都要节制

进入冬季之后，很多花卉进入休眠期，新陈代谢极为缓慢，相对应的，对肥水的需求也就大幅减少了。这是很正常的现象。花卉和人一样经过一年的努力同样需要休养生息。除了秋、冬或早春开花的花卉以及一些秋播的草本盆花，根据实际需要可继续浇水施肥外，其余盆花都应严格控制肥水。处于休眠或半休眠状态的花卉则应停止施肥。盆土如果不是太干，则不必浇水，尤其是耐阴或放在室内较阴冷处的盆花，更要避免因浇水过多而引起花卉烂根、落叶。

梅花、金橘、杜鹃等木本盆花也应控制肥水，以免造成幼枝徒长，而影响花芽分化和减弱抗寒力。多肉植物需停止施肥并少浇水，整个冬季基本上保持盆土干燥，或约每月浇一次水即可。没有加温设备的居室更应减少浇水量和浇水次数，使盆土保持适度干燥，以免烂根或受冻害。

冬季浇水宜在中午前后进行，不要在傍晚浇水，以免盆土过湿，夜晚寒冷而使根部受冻。浇花用的自来水一定要经过1～2天日晒才能使用。若水温与室温相差10℃以上很容易伤根。

格外留心增湿、防尘

北方冬季室内空气干燥，极易引起喜空气湿润的花卉叶片干尖或落花落蕾，因此越冬期间应经常用接近室温的清水喷洗枝叶，以增加空气湿度。另外，盆花在室内摆放过久，叶面上常会覆盖一层灰尘，用煤炉取暖的房间尤为严重，既影响花卉的光合作用，又有碍观赏，因此要及时清洗叶片。

畏寒盆花在搬入室内时，最好清洗一下盆壁与盆底，防止将病虫带入室内。发现枯枝、病虫枝条应剪去，对米兰、茉莉、扶桑等可以剪短嫩枝。进室后，在第一个星期内，不能紧关窗门，应使盆花对由室外移至室内的环境变化进行适应，否则易使叶变黄脱落。

如室温超过20℃时，应及时半开或全开门窗，以散热降温，防止闷坏盆花或引起徒长，削弱抗寒能力。

如遇室温降至最低过冬温度时，可用塑料袋连盆套上，在袋端剪几个小洞，以利透气调温，并在夜间搬离玻璃窗。

遇暖天，不能随意搬到室外晒太阳或淋雨，以防花卉受寒受冻。

冬季花卉常见病虫害

冬季气温急剧降低，花卉抗寒能力弱或者下降就会容易发生真菌病害，如灰霉病、根腐病、疫病等。

为了保证植株强健，提高其抗寒能力，就要降低盆土湿度，并辅之以药剂。冬季虫害主要是介壳虫和蚜虫。当然，冬季病虫害相对较少，这时候要做好防护工作。在冬季可以在一些花卉的枝干上，涂白不仅能有效地防止冬季花木的冻害、日灼，还会大大提高花木的抗病能力，而且还能破坏病虫的越冬场所，起到既防冻又杀虫的双重作用。

配制涂白剂方法是把生石灰和盐用水化开，然后加入猪油和石硫合剂原液充分搅拌均匀便可。同时要注意，生石灰一定要充分溶解，否则涂在花卉枝干容易造成烧伤。

冬季养花疑问小结

冬季哪些花卉应该入室养护

冬季温度低于0℃的地区，室内又没有取暖设施的，室内温度一般只能维持在0℃～5℃。这类家庭可培养一些稍耐低温的花卉，如肾蕨、铁线蕨、绿巨人、朱蕉、南洋杉、棕竹、洒金、桃叶珊瑚、花叶鹅掌柴、袖珍椰子、天竺葵、洋常春藤、天门冬、白花马蹄莲、橡皮树等。

室内温度如维持在8℃左右，除可培养以上花卉外，还可以培养发财树、君子兰、巴西铁、鱼尾葵、凤梨、合果芋、绿萝等。

室内温度如维持在10℃以上，还可培养红掌、一品红、仙客来、瓜叶菊、鸟巢蕨、花叶万年青、变叶木、散尾葵、网纹草、花叶垂椒草、爵床、紫罗兰、报春花、蒲包花、海棠等。这些花卉在10℃以上的环境中能正常生长，此时最好将花卉置于有光照的窗台、阳台上培养，以保证充足的光照，盆土见干后浇透，不能缺水。浇水的同时应注意洒水以补充室内的空气湿度。少量施肥，并应以液态复合肥为主。

花卉病虫害防治

植物虫害

无论是刚开始种植室内盆栽的新手，还是经验丰富的人，甚至是专业人员，都不能保证所种的植物永远不发生虫害。蚜虫等害虫会对各种植物带来危害，有些害虫则更具针对性，是某些植物的大敌，或者在特定环境下才会侵害植物。一旦虫害发生，应该迅速采取有效措施消除虫害。

害虫大致可以分为三类。发现虫害时如果你不能马上识别是什么害虫，可以先根据以下内容判断害虫属于哪一类，再采取相应的措施除虫。

▲蚜虫

蚜虫是最常见也最令人头痛的害虫，不过一经发现尽快采取行动很容易控制。

▲粉虱

粉虱看上去像白色的小飞蛾，搬动患病植物时常会扬起一阵粉尘。粉虱很小，但会逐渐影响植物生长，受感染植物的症状可见图中的菜豆属植物。

▲红蜘蛛

红蜘蛛甚小，要用放大镜才能看到，但是其危害不容小视。图中是生红蜘蛛的八角金盘，可见后果有多严重。

▲粉蚧

粉蚧行动迟缓，繁殖速度比蚜虫慢，却仍会影响植物生长，而且会造成大面积虫害。

吸汁害虫

蚜虫是最常见也最令人头痛的害虫。它们通常多批轮番上阵侵害植物，因此成功消灭一批蚜虫后仍然不能放松警惕。

蚜虫等吸汁害虫，不仅对植物造成直接损害，还会影响植物将来的生长。植物花苞或芽苞受蚜虫之害，长出的花或叶会变形。蚜虫吸食叶脉中相当于植物血液的汁液时，可能会将病毒传染给其他植物。因此需要认真对付，最好在蚜虫大量繁殖前采取措施。

粉虱看上去像小飞蛾，一碰到就会扬起一阵粉尘。粉虱的蛹（幼虫）绿色偏白，形似鳞片，在孵化前转为黄色。

红蜘蛛不容易察觉，通常只能看到它们所结的精细的网，或者只能发现受害的植物叶子变黄、出现斑点。

防治方法：几乎所有用于室内盆栽的杀虫剂都能控制蚜虫，可以选择操作方便、药效时间合适的杀虫剂。也可以购买专杀蚜虫的杀虫剂，这种杀虫剂对益虫无害，因此你不必担心会影响授粉昆虫或一些害虫天敌的生长。多数药性强的杀虫剂不适合在室内使用，可以将植物搬到室外喷洒。也可以经常使用药性较弱、药效较短的杀虫剂——这些杀虫剂常以除虫菊酯等天然杀虫物质为主要成分。

内吸式杀虫剂药效长达数周，在室内使用很方便，可以用水稀释后浇到盆栽土中，也可以装在渗漏器中插入盆栽土使用。

粉虱等害虫需要重复使用普通的触杀式杀虫剂，千万不能使用一两次就觉得万事大吉了。

红蜘蛛不喜欢潮湿的环境，杀虫后可以经常给植物喷雾，这样既有助于植物生长，又能防止红蜘蛛再生。

粉蚧和其他较难杀灭的吸汁害虫，可以用棉签蘸取酒精，擦拭害虫感染的叶片表面。因为这类害虫具有能抵挡多数触杀式杀虫剂的蜡制外壳，而酒精能破坏这层外壳。除此以外，也可以使用能进入植物汁液的内吸式杀虫剂。

食叶害虫

一旦叶子出现虫洞，食叶害虫就暴露无遗了。食叶害虫体型普遍较大，容易看到，要控制也相对容易一些。

防治方法：毛毛虫、蛞蝓和蜗牛等较大的害虫，可以直接下手捉（若叶片受害严重则需剪掉整张叶片），因此室内种植时无需使用杀虫剂，温室里可以使用毒饵（家中有宠物的话用花盆碎片盖住毒饵，防止宠物误食）诱杀这些害虫。

蠼螋等晚上才出来觅食的害虫较难处理，可以使用专门的家用杀虫粉末或喷雾，在

▲毛毛虫的危害

花园和室内的植物都可能长毛毛虫，图中的木麒麟属植物正受毛毛虫侵袭。

▲生物防治法

又名智利小植绥螨，可用来控制红蜘蛛。如图所示，将寄生有捕食螨的叶片放到室内盆栽上。

▲线虫和象鼻虫幼虫

目前针对象鼻虫幼虫可以用微型寄生性线虫进行生物防治，将其与水混合后浇到盆栽土中。图中的仙客来正在用该法处理。

▲葡萄象牙虫幼虫

葡萄象牙虫幼虫啃噬植物根部，植物枯萎时才能被发现，因此很令人头痛。

▲内吸式杀虫剂

如图所示特殊的渗漏器缓慢释放内吸式杀虫剂，供植物根部吸收，对付吸式害虫药效可达数周。

▲蚜虫防治

将植物的叶子浸入水中，轻轻晃动，可防止蚜虫等害虫大量滋生。

植物周围喷洒。

根部害虫

啃食根部的害虫很可能要到植物枯死时才会被察觉，但那时为时已晚，这就是此类害虫最令人头痛的地方。某些蚜虫及象鼻虫等害虫的幼虫，都属于这一类。植物出现病态，如果能排除浇水不当的原因，而且植物地上部分也没有发现害虫，就基本可以确定是根部害虫在作祟。这时，可以将植物取出花盆，抖落盆栽土，查看植物根部。若有虫卵或害虫，这可能就是引起上述情况的原因；若无害虫但根稀少或出现腐烂现象，则植物很可能感染了真菌。

防治方法：取出植物抖动根部进行检查，若有害虫，重新移植前先将根部浸到溶有杀虫剂的溶液中，杀灭害虫，然后用溶有杀虫剂的溶液将盆栽土浇透，预防害虫卷土重来。

植物病害

病害会影响植物外观，甚至可能导致植物死亡，因此必须认真对待。植物感染真菌，只摘除受感染叶片不能有效控制病情，最好尽快施用杀菌剂。植物感染病毒，最好将植株扔掉，以免病毒扩散，感染其他植物。

有时，不同真菌感染表现出的症状非常相似，很难准确判断，但这并不妨碍控制真菌感染，因为用于控制常见病症的杀菌剂几乎对所有真菌感染都能起作用——当然，不同的杀菌剂对不同病症的效果也有差异。使用前需仔细阅读标签上的使用说明，确定这种杀菌剂对哪一种病害最有效。

▲叶面斑点

各种真菌感染可能导致叶片出现斑点。只有少数叶片感染的话，只需摘除受感染的叶片，并给植物喷洒杀菌剂。

叶面斑点

各种不同的真菌和细菌都能导致植物叶面出现斑点。如果受感染的叶片表面出现黑色小斑点，可能是感染了结有孢子的真菌，此时可以使用杀菌剂。如果叶面未出现黑色小斑点，可能是细菌感染，使用杀菌剂也会有些效果。

防治方法：剪除受感染的叶片，用溶有内吸式杀菌剂的水喷洒植物，天气好的话可增强通风。

腐根

健康的植物突然枯萎很可能是由根部腐烂引起的，主要表现为：叶片卷曲、变黄变黑，然后整株植物枯萎。腐根一般是浇水过多导致的。

防治方法：根部腐烂通常没有挽救措施。若是情况不太严重的话，尽量降低盆栽土湿度或许可以控制病情。

烟霉病

烟霉病通常发生在叶片背面，有时也会长在叶片正面，看上去像成片的炭灰，对植物健康不会有直接危害，但会影响植物外观。

防治方法：烟霉以蚜虫和粉虱分泌的“蜜露”（排泄物）为食，只要消除这些害虫断绝烟霉的食物来源，烟霉自然就会消失。

▲由真菌引起的病害

葡萄孢菌通常长在已死亡或受损的植物上，也可能是由通风不足引起的。

霉病

植物霉病分为很多种，最常见的是粉状霉病。病症为叶片上出现白色粉状积垢，好像撒了一层面粉。开始时霉菌只感染一两块区域，但会逐渐蔓延开来，很快就能感染整株植物。秋海棠属植物最易感染霉病。

防治方法：尽早摘除受感染的叶片，使用真菌抑制剂防止病情扩散。增强通风，降低植物周围的空气湿度——直到病情得到基本控制为止。

▲烟霉

烟霉属于真菌，以蚜虫和其他吸汁害虫分泌的含糖排泄物为食。烟霉病对植物危害不大，但会影响植物外观。只要将上述害虫消除，烟霉病自然就会消失。

▲霉病

室内盆栽植物可能感染的霉病有很多种，秋海棠属植物最易感染霉病。一旦植株病情严重，就很难采取措施控制。杀菌剂可以用于早期防治。

病毒感染

植物感染病毒的主要症状有：生长停滞或变形，观叶植物的叶片或观花植物的花瓣上会出现异常的污斑。病毒可以通过蚜虫等吸汁害虫传播，也可以经未消毒的剪切插条的小刀携带传播。

目前并无有效措施控制植物病毒感染，除了需要病毒形成斑叶的部分斑叶植物，其他植物一旦感染，最好将植株扔掉，以免感染其他植物。

▲杀菌剂的使用方法

需要使用杀菌剂的话，可以选择室外植物专用的药剂，加水稀释后，喷洒受害植物。

长势不良

在植物的生长过程中，并非所有问题都是由病虫害引起的，有时低温、冷风或营养不良等原因也会导致植物出现问题。

只有仔细检测才能发现导致植物长势不良的真正原因。以下所列举的一些常见问题有助于你在某种程度上确定主要原因，不过需要特别留心其他可能的原因——如是否移动过植物，浇水是否适量，温度是否适宜，利用供暖设备调高温度的同时是否注意增加湿度并增强通风。集中各种可能因素，锁定直接原因，并采取相应措施避免以后出现同样的问题。

▲植物缺乏打理

图中的植物很明显缺乏打理，而且营养不良。这样的植物最好扔掉。

温度

多数室内盆栽能抵抗霜冻温度以上的低温，但却不能适应温度骤变或冷风。

低温可能引起植物落叶。冷天没有及时移回室内，或在搬运途中受冻的植物，通常都会出现这种现象。叶片皱缩或变得透明，植物可能冻伤很严重。

冬季温度过高也不好，可能会导致大叶黄杨等耐寒植物落叶或引起未成熟的浆果脱落。

光照

有些植物需要强度较高的光照，光照不足，叶子和花柄就会因向光生长而偏向一边，而且植物茎干会变得细长。这种情况发生时，如果无法提供充足的光照，可以每天将花盆旋转45°（可在花盆上标记接受光照的部位），以便植物各个部位都可以接受充足的光照。

充足的光照有利于植物生长，但阳光直接和透过玻璃照射植物却会灼伤叶子——灼伤部位会变黄变薄。雕

▲浇水过多的影响

植物下部叶子变黄通常是由浇水过多引起的，冬季低温也可能导致这一现象的发生。

▲日照引起的叶子灼伤

有些植物不适应强光，透过玻璃加强的阳光很可能会灼伤叶子。

▲气雾剂引起的叶子灼伤

气雾剂可能导致叶子灼伤（室内盆栽专用杀虫剂使用不当也会导致这样的情况）。图中的花叶万年青属植物使用气雾杀虫剂时距离太近，以致叶片灼伤，大量脱落。

▲空气干燥的影响

干燥的空气会影响多数蕨类植物的生长。图中的铁线蕨表现出环境干燥的症状。

花玻璃像凸透镜一样具有聚光作用，灼伤更为严重。

湿度

干燥的空气可能导致娇嫩的植物叶尖泛黄，叶片变薄。

浇水

浇水不当会导致植物枯萎，这包括两种情况：若盆栽土摸起来很干，可能是缺水引起的；若盆栽土潮湿，花盆托盘中仍有水，则可能是浇水过多引起的。

施肥

植物缺肥可能导致叶片短小皱缩、缺乏生机，液体肥料可迅速解决这一问题。柑橘属和杜鹃属等植物种在碱性盆栽土中，会出现缺铁现象（叶子泛黄），用含有铁离子的螯合剂（多价螯合）施肥，移植时使用欧石南属植物专用盆栽土（尤其是专为

▲植物缺水

图中的山牵牛属植物表现出典型的缺水症状。若盆栽土干燥，就更能证明植物缺水。此时可将花盆浸在盛有水的盆中，持续几小时，直到盆栽土完全湿润为止。泥炭土干透后容易板结，很难浇透，在水中加入几滴温和的洗涤剂有助于泥炭土恢复吸水的功能。

▲花蕾脱落

根部干燥、浇水过多或刚长出花蕾就移动植物都有可能引起花蕾脱落。

不喜欢石灰的植物设计的盆栽土），可以大大缓解这一症状。

花蕾脱落

花蕾脱落通常是由盆栽土或空气干燥引起的，花蕾刚形成时，挪动或晃动植物也会出现这一现象。如蟹爪兰，花蕾形成后挪动植株，由于不适应，很容易导致花蕾大量脱落。

枯萎现象

一旦植物出现枯萎或倒伏的情况，首先应找出原因，然后尽快急救让植物恢复正常。

植物出现枯萎或倒伏现象属于比较严重的问题，不注意的话，植物很可能会死亡。植物枯萎的原因通常有三个：

* 浇水过多
* 缺水
* 根部病虫害

前两种原因导致的枯萎通常很容易判断：若盆栽土又硬又干，可能是缺水；若托盆中还有水，或盆栽土中有水渗出，很可能是浇水过多。

若不是这两种原因，可以检查植物基部。若茎呈黑色且已腐烂，很可能是感染了真菌，这种情况下，最好将植物扔掉。

干枯植物的急救措施

1. 如果植物叶子像图中一样打卷儿，很可能是由盆栽土过于干燥引起的。但也不能下定论，最好先摸一摸盆栽土，因为浇水过多也会引起叶子卷曲。

2. 若确定是由缺水引起的，可将花盆浸在盛有水的容器中，直到水中不再冒气泡为止。

3. 几小时后植物才能恢复正常。经常给植物喷水雾能加速枯萎植物复原。

4. 植物恢复正常后，从水盆中取出，在阴凉处至少放置一天。

若上述原因都不是，可以将植物取出花盆，抖落根部盆栽土，若根部松软呈黑色，且已腐烂的话，可能是根部发生了病害。另外，查看根部是否有虫卵或害虫，某些甲虫如象鼻虫的幼虫也可能引起植物枯萎。

根部病虫害的急救

根部腐烂严重的话很难恢复原状，不过可以用稀释后的杀菌剂浇透盆栽土，数小时后用吸水纸吸去多余水分。若根系受损严重，尽量去除原来的盆栽土，使用经消毒的新盆栽土，移植植物。

某些根部害虫，用杀虫剂浸泡盆栽土就可以消灭，但深红色的象鼻虫幼虫和其他一些难缠的根部害虫很难控制。这种情况下，可以抖动植物根部，撒上粉末杀虫剂，然后将植物移植到经消毒的新盆栽土中。病害不严重的话，移植后只要植物重新生长，就能存活。

浇水过多植物的急救

1. 先将植物取出花盆。若不易取出，可捏住植物靠近根部的地方，将花盆倒置，轻轻敲打花盆壁。

2. 在根团上包上几层吸水纸，吸收盆栽土中多余水分。

3. 包上更多吸水纸，将植物放在较为暖和的位置。若仍有水渗出，定期更换吸水纸。

4. 直到盆栽土湿度合适，才能将植物移植到花盆中，一周后再适当浇水。

◎植物枯萎的其他原因

其他原因也可能引起植物枯萎。

夜晚的低温，尤其是冬季夜晚的低温，可能引起植物枯萎，昼夜温差较大的话更容易出现这一现象。

透过窗玻璃直射的灼人强光会导致很多植物枯萎。这种情况发生时，将植物搬到阴凉处通常就能恢复正常。

空气干热也会引起某些植物枯萎，如娇嫩的蕨类植物。

养花无忧的N个窍门

花草摆放有窍门

有的花草买来没多久就萎蔫掉叶，造成这种状况的原因有很多，其中主要原因是摆放场所不合适。大部分盆栽植物不宜放在阳光下直接照射，宜将花草摆放在窗边，使之接受明亮的散射光。冬季不宜摆放在暖气或空调旁边，有暖气的房间空气干燥，要经常向叶面喷水，还要尽量让花草接受暖暖的日光浴。如果在窗台上养花，在盆下放上一个反射光强的金属薄片或镜子，可反射阳光给盆花，有利于植物生长。

北面房间其实也能养好花草

北面房间没有充足的阳光，但其实同样可以养好很多花草，前提是选择合适的植物种类，如怕光喜阴的蕨类植物，或对环境要求不高的植物。

受冻盆花怎样复苏

春寒时节，盆花在室外会冻僵。遇到这种情况，可立即将盆花用吸水性较强的废报纸连盆包裹三层，包扎时注意不要损伤盆花枝叶，并避免阳光直接照射。这样静放一天，可使盆花温度逐渐回升。经此处理后，受冻盆花可以渐渐复苏。

花卉营养土配制 DIY

配制花卉营养土的材料主要有：山区黑壤土、腐叶土、泥炭土、河沙（或素沙土）、木屑（或锯末）、腐叶（粉碎）、松针（粉碎）等。配制花卉营养土时所选材料数量按体积比进行选料。

中性花卉营养土的配制

以黑壤土3份、腐叶土3份、泥炭土2份、腐叶1份、松针1份混合，适用于栽培大多数花卉。

酸性花卉营养土的配制

取落叶松林下的表土5份、落叶2份、泥炭土2份、河沙1份混合，适用于南方酸性土花卉，如山茶、杜鹃、米兰、金橘、茉莉、栀子花等。野外有蕨类植物生长的地方，土壤就是酸性的。

“仙人掌土”的配制

取园土3份、腐叶土3份、河沙4份混合，适用于仙人掌科植物和肉质植物的栽培。

果皮可中和碱性盆土

南方的一些花卉，在北方盆栽不易成活或开花，这是因为盆土碱性过大的缘故。中和碱性土的办法有多种，家庭盆栽有个简易方法，即将削下的苹果皮及苹果核用冷水浸泡，经常用这种水浇花，可逐渐减轻盆土的碱性，利于某些植株的生长。

买回来的花草要多久修剪一次

修剪花草除了保持株型美观外，也有助于花草储存多余的养分，避免浪费。观叶植物一般枝叶生长迅速，可随时进行修剪。观花植物则要注意修剪时间，如花草幼苗摘心有利于侧枝的生长，增加花蕾数量。如果花蕾多，要适当进行疏蕾，摘掉一些弱枝，使花大而肥硕。凋零的花，要及早剪除，避免浪费养分，还可延长花期。木本落叶盆栽，一般于落叶后或萌芽前进行修剪，不要过度修剪整枝，如果剪口比较大，则用切口胶涂抹，以免引起花木萎缩。

如何判断花草是否应该换盆了

花草停止生长，或感觉很拥挤，生长状况不佳时，就要考虑换盆了，因为此时植物根部受阻，无法伸展，浇水不易渗入，土壤空气流通也不佳。

如何成功换盆或移栽

换盆时，先在新盆底部铺好瓦片和纱网，再放入粗粒土及少许培养土，然后将植物根部最外围的旧土剥落，但要留三分之一，将植物放入新盆中，边加土边摇盆，最后轻压表土，避免有细缝产生，将盆栽置阴凉处，浇水至从盆底流出，待到新芽长出后则表明换盆成功了。

3

第三章

家庭养花发现之旅

容易栽种的常绿植物

常绿植物容易成活，省心省力，因此是室内盆栽的主角。大多数常绿植物都有很强的生命力，将其安置在室内任何位置都能茁壮成长。下面就推荐几种生命力强，又能让人眼前一亮的常绿植物。

叶面有蜡质的常绿植物，如龙血树属植物、八角金盘属植物、榕属植物、鹅掌柴属植物、喜林芋属植物等，既可以单独作装饰，也可以搭配其他植物使用。搭配种植其他叶子质感不同的观叶植物或观花植物，可以使室内盆栽形式多样，色彩斑斓。但是不论是生有纸质叶还是羽状复叶的植物，都不如常绿植物长势喜人。这就是选择生命力较强的常绿植物作为室内盆栽基础的原因。

▲橡皮树（Ficus elastica）风靡一时，现在仍是室内盆栽的不错选择。

室内“树木”

即便非常普通的房间，只要摆放一棵袖珍版的大型常绿植物，也会显出别样的特色和风格。自然界中大多数常绿植物植株高大，受空间局限，它们并不适合用作室内盆栽。选择室内盆栽时必须考虑房间大小，并保证所选植物不会长得太快，否则原来的空间就无法容纳它了。

考虑到这一点，大型棕榈是理想之选，当然多数榕属植物也很合适，如风靡一时的橡皮树。有些人觉得橡皮树

▲琴叶榕（Ficus lyrata）纵向生长迅速，轻而易举就可顶到天花板。

▲象脚丝兰（Yucca elephantipes）当之无愧是最受喜爱的室内盆栽植物，它引人注目，生命力极强，寿命可长达数年。

▲攀缘喜林芋（Philodendron scandens）为蔓生植物，可沿着布满干苔藓的杆子攀缘。

▲喜林芋属植物的叶子

喜林芋属植物种类繁多，叶片形状各异，收集这些不同的叶片制作标本能为盆栽艺术增添趣味性。

▲龟背竹 (Monstera deliciosa) 外形引人注目，叶片宽大，形状独特，能长成大型植株。

▲蜘蛛抱蛋 (Aspidistra elatior) 生命力极强，用心打理，能长成雅致的观叶植物。有各种斑叶品种。

▲菜豆属植物 (Radermachera) 耐寒，羽状复叶，叶面有蜡质，在常绿植物中显得很特别。

平凡无奇，不招人喜欢，其实它有不少斑叶品种，观赏性是非常强的。如果你不喜欢斑叶植物，通体翠绿的大叶橡胶榕是个不错的选择，不过，你需要注意的是绿叶品种比斑叶品种长势迅猛。大叶橡胶榕枝干细长，如果不想让它长太高，可在株高约1.5～1.8米时，对较长的枝条做打顶处理，促进植株分杈。

其他可用作室内盆栽的榕属植物还有琴叶榕（叶片宽大，形状奇特）、孟加拉榕（叶片上的绒毛让它看起来不像其他植物那样充满生机），以及目前颇受青睐的垂叶榕。垂叶榕树干挺拔，树冠宽大，枝条下垂，特别漂亮，还有不少漂亮的斑叶品种，如“星光”垂叶榕。

▲绿萝（Scindapsus aureus）攀缘植物，图为绿萝的变种金叶绿萝。

枝叶繁茂的盆栽植物包括鹅掌藤、辐叶鹅掌藤，均生有掌状复叶。

合理安置生命力顽强的植物

走廊或后门附近温度较低或风较大的地方，可以选择叶面有蜡质的常绿观叶植物，只有这些植物才能抵御霜冻和冷风。

八角金盘是一种蜡质叶的常绿植物，其叶片形同手掌（如果不喜欢普通的绿叶品种，还可以选择斑叶品种）。说到八角金盘，不得不提五角金盘。五角金盘由八角金盘和常春藤杂交而成，既可像灌木一样在春天插枝种植，也可任其攀缘而上展现常春藤的特点。

其他可供选择的此类植物还有青木和黄杨的斑叶变种，其中黄杨的斑叶变种包括大叶黄杨、金心黄杨和狭叶黄杨。

如果你想种植生命力比较强的攀缘植物或蔓生植物，常春藤是理想之选。根据叶子的形状、大小、颜色，常春藤可以分成许多不同的品种。

高贵典雅的棕榈树

棕榈树是高贵典雅的象征，用作室内盆栽能让你的居室品位不俗。看到棕榈树，就会让人想起豪华大酒店摆着钢琴和棕榈盆景的大厅，甚至会让人想起后现代主义的室内装潢风格。

多数棕榈树生长缓慢，因而大型棕榈树通常价格不菲。不过千万别因此放弃种植棕榈树，只要条件适宜，幼小的棕榈植株也会慢慢长大。

并非所有棕榈树都会长成大型植株，很多小型棕榈树适合作桌面摆设或放在基架上装点重要场合，一些更小的棕榈植株甚至只需种在小花盆内。你可以根据不同的需要挑选大小合适的棕榈树。

棕榈树科学种植法

人们通常认为所有棕榈树都喜光喜旱，其实这是一个很大的认识误区。在自然界中，棕榈树能适应各种不同的气候条件。但是作为室内盆栽植物，当然不需要它与环境作斗争，而是会为它创造良好的生长环境，使其长势良好，枝繁叶茂，无病虫害。因而，需注意以下几点：

（1）冬季置于阴凉处，但温度不得低于10℃。

（2）避免阳光直射，植株日照不足的情况除外（很少有棕榈树需阳光照射）。

（3）确保土壤渗水性良好（渗水性差会引发一系列问题）。

（4）尽量避免移栽，除非原有花盆束缚了棕榈根须的伸展。若需移栽，须确保新盆

◀ 华盛顿扇叶葵 (Washingtonia palm) 蒲扇似的叶子惹人喜爱。

◎异常情况及可能原因

* 空气干燥通常会引起叶尖枯黄，缺水或低温也可能导致这一症状。

* 浇水过多或气候寒冷可能会导致叶面长褐斑。一旦出现这种情况，应立即剪去病变叶片。

* 缺水很可能引起叶片发黄，缺肥也会导致这一症状。

* 若只有靠近根部的少数叶片发黄，则属于正常现象。

◎如何选择棕榈树

高大、生长缓慢的棕榈

欧洲扇棕：可种于室外，轻微霜冻不会影响生长发育。如种于室内，应选择阴凉处。

平叶棕和富贵椰子：过去常用于庭院种植，耐阴性强，但生长缓慢。

加那利海枣：喜光（但应避免阳光直射，否则容易导致叶片灼伤），夏季可摆在天井做装饰，冬季可置于凉爽的室内，室温不宜低于7℃。

易成活、适合案头摆放的棕榈

袖珍椰子：植株小巧，可种在花盆中。花很小，不易察觉。

难成活但值得一试的棕榈

椰子：树干顶部会结一种大型果实，与其他棕榈树相比，显得与众不同。幼株高度也可达1.8米，因而不适宜室内栽种。

凤尾棕：生长缓慢，也可种在花盆中。

▲袖珍椰子 (Chamaedorea elegans) 易成活，植株矮小，适合案头摆放。

中的盆栽土被压实了。

（5）春夏季充分浇水，冬季尽量少浇水。

（6）经常向植株喷雾，定期用海绵清洁叶面。

（7）忌用气雾型叶面光亮剂擦拭叶面。

▲枯黄棕榈叶处理法

基部棕榈叶难免会变黄枯死，从近根部剪掉枯死的枝叶，整株棕榈仍能保持生机（左图）。修枝剪（专用于修剪植物枝叶的剪刀）适用于多数植物，叶片较硬的植株可用锯子修剪。如果只有叶尖枯黄，可用剪刀剪去枯黄部分，注意避免碰伤叶片健康部分（右图）。

▲白摩尔荷威棕 (Howeia belmoreana)，又名富贵椰子。

▲椰子 (Cocos nucifera) 植株高大，不适合室内栽种。

色彩斑斓的斑叶植物

各种各样的斑叶植物不论是置于昏暗角落还是明亮窗台，都能为你的居室带来一抹亮色或一种异国情调。与观花植物不同，斑叶植物一年四季都能保持色彩斑斓的状态。

▲蝶叶秋海棠(Begonia rex)叶片颜色因植株而异，所有斑叶都非常漂亮，算得上引人注目的观叶植物。

斑叶植物进化形成的原因有很多，要想让斑叶植物长势良好、斑叶漂亮，就必须了解两个最主要的原因。

多数室内摆放的斑叶植物最初生长在林中空地或边缘地带等阳光直射的地方。在此生存，斑叶就显得尤为重要，因为它可以减少叶片的功能面积。这样的斑叶通常绿白相间，白色部分可以反射多余的阳光，避免叶片被灼伤，这是这类植物自我保护的最优进化结果。

一些喜光的斑叶植物叶片出现的色块和斑纹则另有原因。例如，红色、粉红色叶片能分别吸收阳光中波长不同的光线，斑叶的不同颜色能提高叶片的阳光利用率。如果光照不足，这一类型的斑叶就能显示它充分利用阳光的优越性了。

少数斑叶植物的斑叶只是为了吸引昆虫传粉。常见的有一品红和彩叶凤梨属植物，它们开花时花朵附近的叶片就会由绿色变成鲜艳的颜色，如红色和粉红色。

除此之外，其他原因也会使植物产生斑叶，如驱赶害虫，因此对各种情况应该区别对待。鞘蕊花属、变叶木属等植物需要充足光照，而网纹草属这种白色或淡粉色斑叶植物，则需避免阳光直射。

▲朱蕉 (Cordyline terminalis) 又名红叶铁树，品种繁多，不同品种斑叶颜色和花纹各不相同。

▲缘叶龙血树（Dracaena marginata）是很受欢迎的室内盆栽，有很多的斑叶变种。

潜在的问题

光照过强或不足，都可能导致斑叶植物出现问题，一旦出现异常，应视情况将植物移至光线相对较弱或充足的地方。

如果斑叶植物抽出了一根绿叶枝条，应将这根枝条齐根剪去，否则，整株斑叶植物很可能会变身为绿叶植物。

除花期外，其他时间植物的彩色苞叶（包裹花芽的变态叶）可能会失去颜色或是颜色变淡，目前没有任何措施可以改变这一情况。

◀蟆叶秋海棠叶
秋海棠有许多斑叶各异的变种，你可以选择种植。

▲"星光"垂叶榕(Ficus benjamina"Starlight")斑叶颜色鲜亮，形状独特，枝条柔顺，自然下垂，能长成大型植株。

▲常春藤(Ivy)用途广泛，可作为攀缘植物或蔓生植物。

◎各式各样的斑叶植物

斑叶植物品种繁多，有些人喜欢栽种同一品种的植物，这样便于为所有植物提供适宜生长的环境。但是，搜寻新的斑叶植物或变种，扩大种植规模则能为你的业余爱好平添不少乐趣。

较好的斑叶植物有秋海棠属植物（蟆叶秋海棠品种繁多，同属其他植物都长有漂亮的斑叶）、五彩芋属植物（想挑战一下种植难度，不妨一试）、变叶木属植物、龙血树属植物、朱蕉属植物、竹芋属植物、肖竹芋属植物，以及冷水花属植物。另外还有鞘蕊花属植物，但该属植物通过插枝栽种往往不易成活，可使用种子播种，那将别有一番意趣。

▶变叶木属植物对生长环境的要求较为苛刻，植株华丽大气，叶片亮丽多彩，叶片颜色和形状因品种而异。

优雅大方的蕨类植物

蕨类植物漂亮迷人，绿意葱茏让人感觉宁静舒适，用作室内盆栽能使你的居室独具魅力。与色彩鲜亮的观叶植物以及绚丽多姿的观花植物相比，蕨类植物更能营造一种轻松悠闲的氛围。

蕨类植物优雅大方，叶子漂亮，虽不开花却不失玲珑雅致。多数蕨类植物喜阴不喜阳，这一条件任何住宅都能满足，但同时蕨类植物喜湿，普通居室很难满足。如果你希望所栽种的蕨类植物生长繁茂，可以选择一些易成活并对环境要求较低的品种，或者尽量满足它们对空气湿度的要求，这一点至关重要。必须采取一定措施增加空气湿度，至少要增加植物周边的空气湿度，否则室内供暖设施会导致大部分蕨类植物死亡。温室、走廊和花园阴凉潮湿，是种植蕨类植物的最佳场所。

◎如何选择合适的蕨类植物

适合新手种植的品种：鸟巢蕨、全缘贯众、细叶肾蕨、纽扣蕨

适合有经验者种植的品种：铁线蕨、鹿角蕨、铁扇公主、白玉凤尾蕨

难栽种但有趣的品种：铁角藤

然而并非所有蕨类植物都对生长环境有如此高的要求，有些品种完全能够适应干燥或低温，成活率较高。若想栽种较为娇贵、叶片较薄且长有孢子囊的蕨类植物，可以使用花盆或小型栽培箱，保证植株旺盛生长。

新手须知

如果你从未栽种过蕨类植物，可以先选择易成活的品种，有了一定经验再选择不易成活的名贵品种。

常见的蕨类植物通常价格不高，部分稀有品种的小型植株也很便宜。你可以从花店购买常见的蕨类植物，也可以从专门的苗圃购买稀有品种。

▲和那些叶片较薄且羽状深裂的蕨类植物相比，大部分铁角蕨属植物的养护工作更为容易。鸟巢蕨（Asplenium nidus）叶片阔披针形，丛生于根状茎顶部，形如鸟巢，是非常不错的室内盆栽植物。

蕨类植物繁育法

繁育蕨类植物最简单的方法是分株繁殖，将一大簇原株分成几份，或者分离出小枝单独栽种。有些蕨类植物长有根状茎，可用根状茎进行繁殖。

还有些蕨类植物的叶子上长有鳞茎或幼芽（如铁角蕨），可将这些枝条压到湿润的盆栽土中，慢慢就会生根长成新植株。

还可以通过孢子繁育蕨类植物，但过程通常比较漫长，而且发芽率高的新鲜孢子很难得到。

辨别蕨类植物

有些植物常被误认为蕨类植物，如石刁柏“蕨”等。卷柏是原始的蕨类植物，而石刁柏“蕨”是由原始蕨类进化成的有花植物，有着蕨类植物共同的特点——羽状复叶，但它其实属于百合科，虽然它那不显眼的花朵很难让人将其与百合科植物联系起来。

卷柏外形美观，植株矮小，生长环境和适宜室内种植的蕨类植物非常相似：喜阴、喜湿、喜温。将卷柏和其他蕨类植物种在一起能起到互相促进生长的作用。

有些石刁柏“蕨”也可用作室内盆栽，而且和真正的蕨类植物相比，石刁柏“蕨”生命力更强，养护也更容易。

以树皮为底座栽种鹿角蕨

鹿角蕨原产于澳大利亚，与大部分蕨类植物不同，它可在干燥的环境中生长。用鹿角蕨制作盆栽最好让其寄生于树皮之上，经常喷水保持根部湿润。

1. 找一块大小合适的树皮，最好用栎树皮，花店或水族馆均可买到。先将鹿角蕨幼株从花盆中移出，必要的话可以去除部分根部盆栽土以减小体积，然后将湿润的泥炭藓裹在鹿角蕨根部，用线固定。

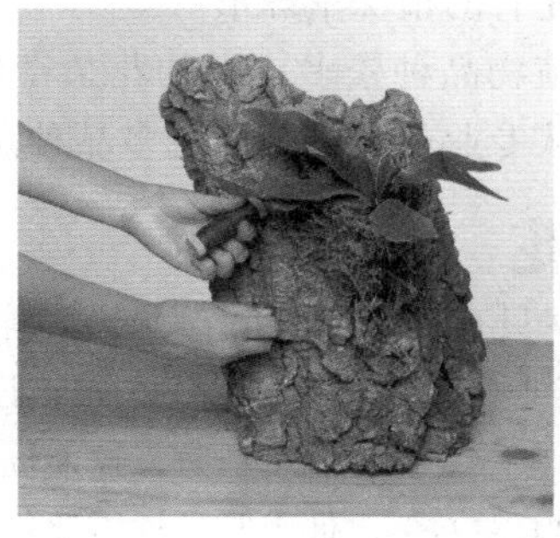

2. 将固定好的鹿角蕨的球形根绑在树皮上，用栽培植物专用线固定。

▲全缘贯众(Cyrtomium falcatum)能适应较为干燥的环境，对温度的要求也较低。

▲铁线蕨(Adiantum capillus-veneris)优雅端庄，但只有在潮湿环境中才能存活。

◀细叶肾蕨(Nephrolepss exaltata)非常适合座墩或案头摆设。有不同品种可供选择，叶片形状因品种而异，有些品种叶片有不规则褶皱。

仙人掌和多浆植物

有些人很喜欢仙人掌，以栽种仙人掌为乐，也有些人认为仙人掌根本算不上“真正”的室内盆栽，从来不种仙人掌。无论人们的看法如何，仙人掌始终都是最容易打理的植物，如果你没有时间照料植物，仙人掌无疑是理想之选。

开花的仙人掌科植物非常漂亮，如昙花简直让人惊艳，但大多数人可能只是根据仙人掌的形状来决定是否种植。少数仙人掌科植物不开花时确实不怎么好看，如前面提到的昙花，但在有些人看来，许多仙人掌形状可人、造型独特，就算不开花也是一道亮丽的风景：有的植株匍匐或下垂生长，有的植株长有绒毛或长刺，有的植株长有扁平的分枝，还有的植株呈球形。

仙人掌科植物品种繁多：有的花朵奇丽，有的造型独特。普通品种就令你目不暇接，你还可以从专业苗圃中买到更多品种。

沙漠之花

这种仙人掌只有在晚秋到早春季节才需要少量的水，其他季节无需浇水，但必须保证有充足的光照。冬季要保证温度适宜，这能促进植株开花（10℃左右）。仙人掌幼株需要每年移栽一次，长大后如非必要则不需移栽，因为较小的花盆空间并不会抑制植株开花。

有些仙人掌科植物的幼株并不开花，如果你想尽早观花，可以选择仙人球属、丽花球属、乳突球属、南国玉属、锦翁玉属、子孙球属的植物。

▲昙花属植物花型大，是仙人掌科中花型最漂亮的植物之一。除花期外，昙花属植物并不怎么好看，因此有些人常常将未开花的植株放在不引人注目的位置。

林中仙人掌

林中仙人掌茎扁平，形似叶子，最为常见。要保证林中仙人掌每年都开花，养护方法很重要。

不同品种的仙人掌应使用不同的养护方式。秋季中旬至冬季中旬或者隆冬至早春期间，是林中仙人掌的休眠期，这段时间应少浇水，同时将其置于阴凉处。休眠期后可定期浇水，并将其置于温暖的地方。夏季最好将林中仙人掌置于室外阴凉处。

▶成组种植仙人掌往往比单独种植更好看。如图所示，经过嫁接的仙人掌（图中左侧仙人掌）让整个盆栽趣味盎然。

◎多浆植物和仙人掌科植物

多浆植物叶子厚实多肉，通过最大程度地减少水分蒸发来满足植株对水分的需求，通常能适应干燥环境。仙人掌科植物属于多浆植物，但少数原始仙人掌科植物的叶子已经退化成针刺或茸毛，茎厚实多肉，取代了叶子的功能，能进行光合作用。

仙人掌科植物多数产于美洲温暖半沙漠地区，部分寄生类仙人掌产于美洲热带雨林地区。其中一些植物已有杂交品种，如蟹爪兰、仙人指、复活节仙人掌，是秋冬季节广泛种植的室内观花植物。

▲彩云阁（Euphorbia trigona）易成活，有三棱或四棱形分枝。

多浆植物

不同的多浆植物对生长环境的要求各不相同——长生草属植物生命力强，甚至能抵御霜冻，而另一些植物则较为挑剔，因此要有针对性地养护不同植物。不过多浆植物通常需要充足的光照，冬季基本不必浇水。

多浆植物的摆放和组合

大型昙花属植物单独放在走廊上非常漂亮，但是很多多浆植物单独种植时很难引人注目，因而通常将它们组合种植在盘状或槽状花盆中。下垂生长的仙人掌科植物，如林中仙人掌，开花时非常漂亮，可以单独放在座墩上作为装饰。有温室的话还可以将不同品种的多浆植物种在同一个吊篮中。

仙人掌科植物非常适合搭配种植，中等大小的居室内能摆放很多这种植物。有温室抵御霜冻的话，能选择的品种就更多了，而且可以把温室品种和室内品种穿插种植，让室内盆栽充满变化无穷的魅力。

▲金边虎尾兰（Sansevieria trifasciata “Laurentii”）是一种漂亮的斑叶植物，生命力强，不需要花很多心思打理。

▲**移栽仙人掌的方法**

移植仙人掌并不是件容易的事。你可以将报纸或包装纸折成条（如上左图），裹住仙人掌，两端各留足够的纸当作手柄（如上右图）方便取放仙人掌。

▲花月（Crassula ovata）对生长环境要求不高，不需要花很多心思打理。

凤梨科植物

凤梨科植物较为奇特，有的叶子紧密抱合呈花瓶状；有的叶子色彩斑斓，弥补了不开花的缺憾；还有少数为寄生植物，没有土壤也能生存。

部分凤梨科植物，如光萼荷属、丽穗凤梨属、果子蔓属植物，其头状花序和叶子都有很高的观赏价值。少数凤梨科植物，如水塔花属植物，花型奇特漂亮，是典型的观花植物；而多数凤梨科植物都是作为观叶植物种植的。其中有的植物在花期时中心叶片会呈现色彩鲜艳的斑点，如彩叶凤梨属植物；有的植物长有漂亮的斑叶，如姬凤梨属植物。凤梨是最为常见的凤梨科植物，但只有一些斑叶品种广泛用于室内盆栽，如艳凤梨。

▲大部分铁兰属植物无需盆栽土中，是广为人知的寄生植物。人们通常将它们种在树皮或枯木上装点居室。

附生凤梨属植物

多数铁兰属植物是寄生的，不需要土壤。自然界中的铁兰属植物一般寄生在树枝甚至绳子上，也有沿着岩石生长的。将铁兰属植物种在凤梨科植物上观赏效果最好，当然也可以购买一些可以附生于贝壳、吊篮甚至粘在镜子上就能存活的品种。另外还可以就地取材，用任何合适的容器栽种。

* 浇水：经常给植株喷水雾，尤其是春季至冬季空气干燥时，喷水雾是提高空气湿度的唯一方法。

* 施肥：在水中添加稀释过的液体肥料，通过喷雾给植物施肥。植物生长旺盛时大约每两周施肥一次。

▲彩叶凤梨 (Neoregelia carolinae) 为典型的叶子形成“花瓶”的凤梨科植物。开花时，植株中心的叶子会随之改变颜色。

◎凤梨科植物养护法

凤梨科植物的养护方法较为特殊，以下的养护建议适用于大部分植物，寄生植物的养护法单独列出。

多数凤梨科植物的适宜温度是10℃左右，少数植物需要24℃的较高温度促进植株开花。

保证充足的光照，但应避免阳光直射（少数植物强烈曝晒并无大碍，如艳凤梨、菠萝）。

需要的盆栽土较少，可以使用小型花盆。待盆栽土几乎干透时再浇水。

盆栽土要以泥炭打底，不能用黏土打底，最好在盆栽土中拌入粉碎的珍珠岩或泥炭藓块。

对于那些叶子包成“花瓶”的植物，应在“花瓶”中注满水（水质硬的地区可使用雨水）。

夏季常给植株喷水雾，并偶尔在喷雾中加入肥料给植株施肥。叶子形成“花瓶”的植物，每隔两周在“花瓶”的水中加入浓度为喷雾施肥1/3的肥料。

▼蜻蜓凤梨(Aechmea fasciata)花朵奇特美丽，叶面有灰色粉状物，引人注目。

◎凤梨科植物附生体的制作方法

根据容器和植物的大小来决定所选寄生体的形状和大小。取下树枝后，修剪成大小合适的形状。

用石头、小砖块或鹅卵石将树枝固定于容器中——增加稳定性的同时，也能保证树枝直立。倒入熟石膏、沙浆或混凝土，至离容器顶部约2厘米处。石膏或混凝土中可放入几个花盆，这样能在花盆中栽种植物。

放好石膏或混凝土后，将植物固定到树枝上。移去植物根部多余的盆栽土，裹上一些泥炭藓块。用塑料外皮线或铜线将包扎好的植物根部固定在树枝上。充分利用树枝的每一个分杈，使整个盆栽变得更为别致。

松萝凤梨等寄生凤梨可简单地挂在树枝上；其他品种的植物可用线系在或用胶粘在树枝上。

▲斑叶红凤梨(Ananas bracteatus "striatus")是红凤梨的一个斑叶变种，是非常不错的盆栽植物。

▶大部分果子蔓属植物花期都比较长，如果子蔓(Guzmanias lingilata)。

观花植物

观花植物在室内摆放的时间通常较短，但其色彩和活力就连色彩斑斓的观叶植物也无法媲美，而且观花植物还能让人感受到季节的变化。

多年生开花植物是室内盆栽的明智选择，当年开花后经过打理和养护来年仍能开花。例如虾衣花属植物、叶子花属植物、意大利风铃草、君子兰属植物、栀子属植物、球兰属植物、多花素馨、天竺葵属植物、非洲紫罗兰属植物、白鹤芋属植物以及扭果苣苔属植物。

▲冬花秋海棠花期可长达数月，在圣诞节或春节期间开花的品种尤其受欢迎。

一年生观花植物

大部分一年生观花植物花期过后就没有观赏价值了，人们通常会扔掉植株（有时也会将其置于温室中）。这些植物的寿命其实和保存时间较长的鲜花差不多。观花植物多为一年生，当年开花当年结子，靠种子繁育费用并不高，如白露华丽属、荷包花属、瓜叶菊属以及藻百年属植物，这些植物花色鲜亮，价格便宜，自己播种繁育成活率也较高。

一年生植物花期过后一般都会枯死，植株只能扔掉了。有些植物花期过后虽然不会枯死，但也不值得放在家里细心养护了，例如，凤仙花属植物来年仍会发芽，但再

▲长寿花 (Kalanchoe blossfeldiana) 的变种植物可常年开花。

▶盆栽百合花非常漂亮，最好购买现成的开花植株，不要自行从鳞茎开始栽培。因为专业园艺师通常会使用化学药剂使变种百合植株矮小，自行繁育没有这种条件。百合花期结束后可种于花园，来年仍会开花。

▲绣球属植物开花时非常漂亮，不过花期较短，花期结束后可以种在苗圃中。

▲凤仙属植物历来备受欢迎，新几内亚凤仙的叶子比其他品种更为漂亮。还有一些斑叶品种，多彩的叶子和漂亮的花朵交相辉映，整株植物更加动人。

◀非洲紫罗兰属植物是最受欢迎的观花植物，花的颜色、形状和大小因品种而异。

生的枝条细弱，毫无美感，况且再次播种获得的植株健壮漂亮，也不费多大工夫。杂交秋海棠花期过后，来年很难再抽新芽，而且重新购买非常便宜，花期结束后可以直接扔掉残株。风信子等鳞茎植物，可以采用人工手段促使其提前开花，但第二年开的花就大不如前了。这种情况下最好将其移植到苗圃中，精心养护，以待来年。

耐寒的绿化植物有时也可用作室内盆栽，如落叶植物。这些植物开花时非常漂亮，花期结束后只剩下宽大的叶子就不怎么好看了，而且很难在室内存活。因而，这些植物开花时可以放在室内观赏几周，一旦花期结束最好种在室外苗圃中。

控制植物花期的小诀窍

在某种特定条件下，我们可以控制植物的花期，但家中很难创造这种适宜的条件。温室中生长的菊花，可以利用特殊的光源和遮蔽手段来调节光照时间，达到控制花期的目的。

植株矮小的菊花品种是经矮化药剂处理过的，但化学药剂的作用会逐渐消退，如果不及时补充，植株就会恢复原来的高度，这种菊花的花期也是可以控制的。我们可以将菊花种在花园中，只要冬季温度不是太低，很多菊花都能存活。

一品红也可以通过调整光照时间来控制花期，还可以用化学药剂控制植株高度。有人成功连续种植一品红长达数年，但如果不调节光照时间，矮化的植株会慢慢变高，花期也会变动。可以通过以下方法调整光照时间：用黑色不透明的聚乙烯塑料袋罩住植株8周，每天14小时。

调整光照时间同样可以控制伽蓝菜属植物的花期。

◀菊花是上佳的短期观花植物，购买时最好选择含苞待放或刚开花的植株，这样花期结束前可以在家中摆放好几周。

▼一品红 (Euphorbia pulcherrima) 花小，很难察觉，周围的苞叶色彩鲜艳，酷似植物开的花。

▲浆果和花朵一样光彩亮丽，而且寿命更长。玛瑙珠(Solanum capsicastrum)和冬珊瑚(Solanum pseudocapsicun)及其杂交品种，果实形似小番茄。此类植物浆果脱落后人们通常会扔掉植株，当然也可以继续种植。

◎鲜亮多彩的浆果

千万别小看鲜亮多彩的浆果植物，这些植物可供观赏的时间往往比观花植物长得多，而且一般的浆果植物容易播种培育，购买也比较便宜。一年生胡椒科植物（辣椒）有黄色、红色和紫色的锥形浆果。玛瑙珠为橙色或红色浆果，形似小番茄——运气好的话植株能活上两年，不过夏季必须放在室外。种植浆果植物需要常喷水雾，保持空气湿度，防止浆果提前脱落。

芳香植物

并非只有花才有香味，有些并不开花的植物也有着馥郁的独特香味。用心发掘芳香怡人的植物，你肯定会觉得使用空气清新剂的行为有点可笑。

▲栀子花（Gardenia jasminoides）开得正旺，香味馥郁，花色洁白，变成淡棕色后凋谢。

不同的人对香味的感知能力有所不同，这主要是由嗅觉器官的敏感度决定的。有些人和色盲者一样可以被称为“味盲”，这些人能闻到大部分气味，但对某些特定的香味缺乏敏感性。例如，有些人能闻到玫瑰淡雅的香气，却闻不到香雪兰浓烈的花香，向“味盲”推荐某些芳香植物比较困难。本书所推荐的芳香植物的香味大部分人都能闻到，不过可能仍会有人觉得这些香味较淡，甚至闻不到香味。

另外，即使对同一种香味，不同的人也会有不同的反应。这可能是由生理因素引起的，也可能是因为某些香味会让人想起一些愉快或不愉快的经历。例如，有人觉得香叶天竺葵散发出浓烈的柠檬香味，而有人却觉得那香味像牙科诊所消毒水的气味。

因此只有亲身种植，切身体会，才会清楚自己是否喜欢某种香味。大部分人都会喜欢我们推荐的芳香植物，当然，如果不喜欢，大可以将这些植物排除在外。

▲大花曼陀罗(Datura suaveolens) 植株高大，开铃形大花，香味馥郁，图中的品种为“甘蔓怡”曼陀罗。

芳香植物摆放法

有的植物香味较淡，需要近距离才能闻到，如波斯紫罗兰。这样的植物可以摆在一些较易闻到香味的地方——如客厅经常经过的桌子或架子上，也可以摆在餐桌上。

有的植物香味较浓，一棵就足以使满室芳香，如栀子花、风信子等。这样的植物可以摆在室内任何位置。不过要注意，不同植物的香味可能会产生冲突，因此香味有冲突的植物应该分开摆放，以便享受植物不同的香味。

有的植物需轻轻触碰才会散发香味，如叶子能散发香味的天竺葵。这样的植物必须摆放在有意无意就能碰到的地方，如楼梯旁的壁龛或窗台上，厨房餐桌或操作台上。

◎叶子芳香的植物

天竺葵是非常理想的叶子芳香的植物，以下是常见的几个品种：

头状天竺葵 （玫瑰香型）

皱波天竺葵 （柠檬香型）

香叶天竺葵 （淡雅柠檬香型）

豆蔻天竺葵 （苹果香型）

绒毛天竺葵 （薄荷香型）

▲多花黑鳗藤(Stephanotis floribunda)是很不错的攀缘芳香植物，幼小植株可用作盆栽。

▲一盆风信子就能让整个房间溢满花香。风信子花期只有一周左右，可以同时栽种花期不同的风信子鳞茎，比如普通品种和经过处理推迟开花的品种，这样享受风信子花香的时间能长达数月。

▲天竺葵叶子芳香，花形较小，一般摆放在随手可及的地方，受到触碰，叶子就会散发出香味。图中为香叶天竺葵(Pelargonium graveolens)，香味和柠檬相似。

◎花芳香的植物

柑橘属植物（不仅花有香味，叶子和果实也有香味）

大花曼陀罗

波斯紫罗兰

风信子属植物

秘鲁黄水仙

素方花

蜡花黑鳗藤

▶橘树是上佳的温室植物，也可以作为短期室内盆栽。

兰花和其他引种植物

兰花和鹤望兰（天堂鸟）等引种植物能让室内盆栽更具格调。

人们常说兰花难种，这让很多人对兰花望而却步。其实不然，只要选择合适的品种，兰花并不难种，而且还能长成外观漂亮的大型植株。

兰花的花形奇特美观，不过每年花期只有1个月左右，另外11个月则无花可赏，这是兰花最大的缺点。夏季最好将兰花移到花园内较为阴凉的地方——移到温室里更好——冬季或花期即将来临时再移回室内。

▲鹤望兰 (Strelitzia reginae)，又名天堂鸟，花朵艳丽，引人注目。

▲花烛属植物的苞叶为红色或粉红色，看上去很像“花瓣”，包裹着真正的花。

较易种植的兰花

如果你是初次种植兰花，大花蕙兰是理想之选。它随处可见，易成活，市场价格较低，最适合新手种植。

如果你想栽种小型兰花，可以选择堇色兰。堇色兰花型大而舒展，花色丰富，花期可持续一个月左右。

兜兰也是既特别又易成活的兰花，又名拖鞋兰，因花瓣形如拖鞋而得名。

当然，假如环境适宜，如提供人工光照，其他品种的兰花也能在室内种植。但新手最好先选择前面提到的易成活的品种。

▲修剪兰花

时间一长，兰花的叶子会出现斑点。叶子根部有斑点的话，可以剪去整片叶子，修剪时要注意将叶子剪成较为自然的形状。

其他引种植物

你还可以尝试以下引种植物，这些植物能为你的居室增添异国情调。

花烛属植物的“花”有鲜艳的粉红色、红色或橙色，这些“花”其实是佛焰苞，真正的花位于佛焰苞包裹的花序上。佛焰苞呈尾状，持续时间较长。花烛属植物的叶子也很漂亮。

叶子花属植物最好能种在温室中，不过也可以摆放在走廊里或窗台上。颜色鲜亮的部分其实是轻薄的苞片。花期过后应修剪植株，冬季置于阴凉处，但应避免霜冻。

曼陀罗属植物植株较高大，最好种在温室中，较小的植株也可以种在室内。花型大，呈铃铛状，根据品种不同，花色有红色、粉红色或淡黄色等，花香馥郁，晚上开花，一朵花就能香飘满屋。

扶桑能长成大型植株，不过室内种植可以选择小型植株。扶桑花朵漂亮，花型大，盛开后直径可达10厘米左右，花色深浅不一，一般为橙色，也有橙红色或橙黄色。

鹤望兰又名“天堂鸟”，因橙、蓝相间的花朵形似鸟头而得名。叶子可长达1米甚至更长。大型鹤望兰非常漂亮。

▲叶子花属植物颇具异国情调，善攀缘，幼小植株可作为室内盆栽，大型植株可种于温室。

◎兰花种植法

根据不同品种采取不同的种植方法，以下方法和要求适用于多数兰花。

保证光照充足，但应避免强光直射。

保证植物周围的空气湿度，可将花盆放在盛有水和砂砾的托盘上，或常喷水雾。兰花幼苗最好种在封闭的温箱中。

保证通风良好，但应避免强风直吹。夜间不能放在窗台上，以免冻伤植株。

花盆内根系生长过旺时才需进行移植。使用种植兰花的专用盆栽土（可从专业苗圃购买）。

夏季定期施肥。

若无温室，夏季可置于室外阴凉处。

盆栽土快干时浇水。

▲蕙兰(Cymbidium)适宜室内种植，夏季将植株置于室外或温室中一段时间更有利于植株生长。

▲蝴蝶兰(Phalaenopsis)花期长达数月，但室内种植不易成活。

▲扶桑(Hibiscus rosa-sinensis)花型大，花色鲜亮，引人注目。

奇妙有趣的植物

有的植物不但漂亮，而且还具有娱乐或教育功能。这样的植物非常有趣，能培养小孩子对植物的浓厚兴趣。

小孩儿通常对食虫植物比较感兴趣。多数食虫植物没有漂亮的外表，不过也有少数开美丽的花。比如长花马先蒿花粉色，和紫罗兰很像，花茎修长，花期可达数周。虽然多数食虫植物的花不怎么漂亮，但它们各式各样的捕虫器却十分有趣。

有些食虫植物不宜在室内种植，但以下这些值得一试：捕蝇草（具有笼子样的捕虫器），好望角茅膏菜（具有黏性捕虫器），长花马先蒿（具有“飞纸”捕虫器），“黄喇叭”（具有陷阱捕虫器）。上述四种植物代表了食虫植物的四个种类，都可以作为室内盆栽。不过要想这几种植物存活时间较长，必须用心打理才行。

▲秋水仙 (Colchicum autumnle) 能在干燥无土的环境中开花。可将鳞茎直接放在窗台上，也可放在盛有沙子或鹅卵石的花盆里固定，几周后，就能开出酷似番红花的大型花朵。

敏感的植物

有些植物非常敏感，一碰触就会发生变化。最典型的是含羞草：外观可爱，花朵像粉色小球，叶子很敏感。如果花圃或花店买不到现成含羞草植株的话，可以自己播种培植。

用叶繁殖的植物

有些植物的叶子能繁育出新生的植物幼苗，这些幼苗长到一定时候会脱落，遇土生根，发育成新植株（也可以直接从叶子上取下幼苗进行种植，加快植物繁殖）。

这样的植物最常见的是大叶落地生根和棒叶落地生根，大叶落地生根叶子边缘长有很多小幼苗，棒叶落地生根叶子末梢长有成簇的小幼苗。

▲捕蝇草 (Dionaea muscipula) 的捕虫器像个小笼子，昆虫一碰，捕虫器会立即闭合。

其他此类植物常见的还有芽孢铁线蕨和千母草，这两种植物成熟叶子基部形成幼苗。

无土栽培的开花鳞茎植物

秋水仙新颖独特，在干燥无土的环境中也会开花。可以将秋水仙鳞茎直接放在窗台上，但最好将其固定在盛有沙子的盆里。几周后，干燥的鳞茎上就会开出酷似番红花的大型花朵。

另一种不太常见的此类植物是斑龙芋，也能在干燥无土的环境中开花（处理方法和秋水仙相似）。花管状，紫绿色，看上去有点诡异。这些奇特的花朵会因捕食的虫子腐烂而散发出一股臭味——小孩子很喜欢这种植物，但在居室摆放的时间不宜过长。

▲“黄喇叭”(Sarracenia flava) 拥有陷阱捕虫器。

大叶落地生根（Kalanchoe daigremontianum）叶子边缘会长出小幼苗。幼苗脱落后，在母株周围的盆栽土里生根长成新植株，也可以直接取下幼苗种植。

▲好望角茅膏菜（Drosera capensis）的捕虫器具有黏性。

◎食虫植物养护法

不能使用普通盆栽土，食虫植物需要可溶性矿物质含量较低的酸性盆栽土。较为适合的盆栽土（适用于多数植物）一般包括以下物质：泥炭（含泥炭藓）、沙子、泥炭藓块，有时也可以加入粉碎的珍珠岩或树皮。

种在温箱或水草缸内。尽量盖住植物箱或水草缸，保证植物有潮湿的生长环境。

保证充足的光照。

若非种在封闭的环境中，可将花盆摆在盛有水的托盘上，保证植物有潮湿的生长环境。

有些食虫植物喜欢培养液，可种在注满水的花盆里（不适用于一般的盆栽植物）。

使用软水浇水（可用蒸馏水或去离子水，雨水最佳）。

最好不要施肥，因为大部分肥料都不利于食虫植物的生长。若确实需要施肥，可将肥料加水稀释成25％左右的浓度，叶面喷雾。

食虫植物通过捕食昆虫获得营养，但室内通常没有足够昆虫可供捕食，可在植物附近放一些果蝇，或用蛆虫喂养植物（果蝇和蛆虫在渔具商店可买到）。

4

第四章

健康家居，从一盆好花开始

室内环境污染

有关调查表明，当今室内环境里的污染物已达几百种之多，主要可分成三大类别：一是物理污染，包含噪声、振动、红外线、微波、电磁场、放射线等；二是化学污染，包含甲醛、苯、一氧化碳、二氧化碳、二氧化硫、TVOC（总挥发性有机化合物）等；三是生物污染，包含霉菌、细菌、病毒、花粉、尘螨等。

上述三大类别的污染物可谓防不胜防，随时都有可能以各种方式潜藏于我们的家中。在这些污染物中，人造板材中的甲醛有3～15年之久的挥发期，油漆、黏合剂和各种内墙涂料里皆含有苯系物，各种板材、胶合物里都含有TVOC，北方建筑施工时采用的混凝土防冻剂是居室内氨的主要来源，而陶瓷、大理石里则含有放射性物质。人们若长时间处于这些污染物的包围之中，便会进入“亚健康”的状态，可表现为情绪不佳、心烦意乱、局促紧张、忧愁苦闷、焦急忧虑、疲乏无力、注意力不集中、胸口憋闷、呼吸短促、失眠多梦、腰膝酸软、周身不适等。长期这样下去，人们极易患上呼吸道疾病、心脑血管疾病等病症，甚至罹患癌症，不但身心健康会遭受严重的威胁，甚至会危及生命。

世界卫生组织于2005年发布了题为《室内空气污染与健康》的报告，其中指出，全世界每年有160万人死于因肺炎、慢性气管炎、肺癌及有害气体中毒等引发的病症，平均每隔20秒便有一人死亡，而其中很大一部分病症就是室内环境污染所导致的。在通风不畅的居所，室内环境污染比室外环境污染的情况要高出100倍。现在，室内环境污染已成了危及人类健康的第八个危险因素，其所导致的总疾病数已经超过室外环境污染所造成疾病数的5倍。

在室内环境污染的受害者中，受到危害最严重的就是儿童。全世界每年由室内环境污染所导致的死亡者中，大概有56%是5岁以下的儿童。而中国儿童卫生保健疾病防治指导中心的统计数据则更令人吃惊：我国每年由于装修污染引致呼吸道感染的儿童竟多达210万！每年新增加的4万～5万的白血病患者中，大约一半为儿童。据一家儿童医院血液科统计，接诊的白血病患儿中，90%的家庭在半年之内曾经装修。

国内和国外大批的调查材料及统计数据，皆表明了一个使人惶恐不安的现实：即居室内的污染程度，常常比室外的污染程度更加严重。在“煤烟型”、“光化学烟雾型”污染之后，现代人正在步入以“室内环境污染”为标志的第三个污染阶段。室内环境污染导致了很多疾病的产生，也导致了很多生命的死亡，健康的警报正在我们每人的家里响起！

◎小贴士

我国《民用建筑工程室内环境污染控制规范》规定，住宅、医院、教室、幼儿园等Ⅰ类民用建筑工程的甲醛浓度应≤0.08毫克/立方米，办公楼、商店等Ⅱ类民用建筑工程的甲醛浓度应≤0.12毫克/立方米。

破坏家居环境的六大“凶手”

有关调查显示，现代人平均有90%的时间都待在室内生活及工作，其中有65%的时间在家中，而老年人、儿童及婴幼儿在居室里度过的时间则更久。由此可以看出，室内环境的好坏对人们的健康有多么重要的影响。

然而，人们往往极易忽略居室内的污染状况，使得这个小环境对身体健康的潜伏性威胁比比皆是。造成室内污染的有害物质有许多，其中甲醛、苯、氨、TVOC、氡、电磁辐射等六类物质被专家们视为室内污染的六大“凶手”。

无孔不入的致癌、致畸毒气——甲醛

在现代家居中，甲醛是最广泛存在的一种污染物。它是一种没有颜色、有着强烈刺激性气味的气体，其35%～40%的水溶液通常被称作福尔马林。甲醛有着比较强的黏合性，所以是各种黏合剂的重要成分。装修或摆放新家具一年内的房间里非常容易出现甲醛污染。如果时常闻到刺激性的化学气味，或者身体出现不好的反应，那么就应该马上检测室内环境并进行整治。

甲醛的来源

装潢材料，比如墙砖、涂料、油漆等；家具板材，比如胶合板、大芯板、中纤板、刨花板等。

各式各样的纺织品，比如床上用品、墙布、化纤地毯、窗帘及布艺家具等。

香烟。

多种类别的化工产品，比如化妆品、清洁剂、杀虫剂、消毒剂、防腐剂、印刷油墨、纸张等。

甲醛的危害

甲醛为原型质毒物，可与蛋白质相结合并使其凝固，人们吸进高浓度的甲醛之后，

室内甲醛浓度对人体的影响

甲醛浓度（毫克/立方米）	人体可能受到的影响
0.1～2.00	刺激眼睛，刺激鼻子
0.1～2.50	眼睛和鼻子有强烈刺激感，打喷嚏，咳嗽
5.0～30	难以呼吸
50以上	肺水肿，肺炎
100以上	死亡

就会出现呼吸道的严重刺激、水肿以及眼刺痛、头痛等症状，还可能患上支气管哮喘。

如果甲醛直接触及人的皮肤，会导致皮炎、色斑，甚至皮肤坏死。

如果人长时间接触低浓度的甲醛，那么危害会更加严重，会导致慢性呼吸道疾病、白血病、鼻咽癌、结肠癌、脑癌、新生儿染色体异常、胎儿畸形、青少年记忆力及智力下降等。因而，如今甲醛已经被国际癌症组织归入对人类有致癌可能的物质之列。

神经系统和造血系统的破坏者——苯

苯是一种没有颜色、有着特殊芳香气味的液体，能够与乙醇、乙醚、丙酮及四氯化碳等相溶，在水中微溶，其沸点是80℃。苯的同系物还有甲苯、二甲苯等，皆是煤焦油分馏或者石油的裂解产物。苯有三个重要特点，即易挥发、易燃、蒸气有爆炸性。

如今，室内装修过程中通常用甲苯、二甲苯来替代纯苯，作为各种类别的胶、油漆、涂料及防水材料的有机溶剂或者稀释剂。现在，苯已经成了现代家居中除甲醛之外存在最广泛的一种污染物质。

苯的来源

室内装潢材料，比如油漆、涂料及各种类别的添加剂与稀释剂（比如硝基漆稀释剂）等。

装潢过程中使用的各式各样的胶黏剂及防水材料。尤其是某些以原粉和稀料配制而成的防水涂料，在施工完结15小时之后进行检测，室内空气里的苯含量竟然比国家允许的最高浓度高了14.7倍。

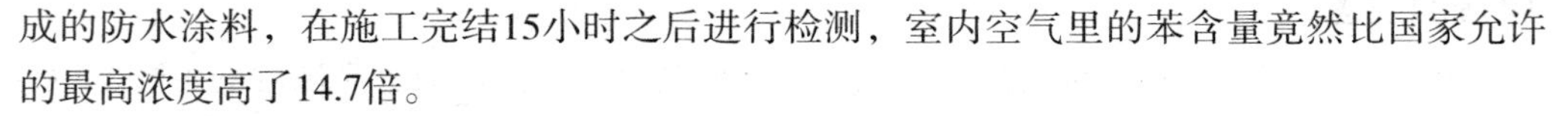

冒充的、伪造的或质量低劣的涂料。

大芯板、复合木地板、化纤地毯及日用化学品（比如杀虫剂）等。

苯的危害

短时间内吸进高浓度的苯或者其同系物，可对人的中枢神经系统造成麻醉。麻醉程度较轻的会出现头晕、头疼、恶心、胸口憋闷、身体乏力、意识模糊等症状；麻醉程度较重的则会昏迷，甚至因呼吸、循环衰竭而导致死亡。

人如果长时间接触苯，可出现皮肤干燥、脱屑等症状，或者发生过敏性湿疹，还有可能因慢性中毒，表现出头疼、失眠、精神不振、记忆力衰退等神经衰弱症状。

人如果长时间吸进苯，会使机体的造血功能受到抑制，导致再生障碍性贫血。假如造血功能彻底被破坏，那么人就可能会患白血病。现在，世界卫生组织已经将苯化合物定为强致癌物质。

女性对苯和它的同系物的吸入反应比男性要更加敏感。如果女性在怀孕期间接触到甲苯、二甲苯和苯系混合物，那么妊娠高血压综合征、妊娠呕吐和妊娠贫血等妊娠并发症的发病率就会明显提高，自然流产率也会显著提高。

苯会造成胎儿出现先天性缺陷。在妊娠期间吸进大量甲苯的妇女所生的婴儿通常会存在小头畸形、中枢神经系统功能障碍和生长发育迟缓等缺陷。

◎小贴士

我国《民用建筑工程室内环境污染控制规范》规定，住宅、医院、教室、幼儿园等Ⅰ类民用建筑工程的苯浓度应≤0.09毫克/立方米，办公楼、商店等Ⅱ类民用建筑工程的苯浓度应≤0.09毫克/立方米。

降低人体抗病能力的刺激性气体——氨

氨是一种没有颜色、有着强烈刺激性气味的气体，经常被称为氨气，较空气轻，非常容易溶于水中，也容易液化，液态氨能做制冷剂。通常来讲，氨污染的释放期较快，在空气中不会长时间积聚，室内含有高浓度氨的时间相对来说也比较短，所以对人体的危害也相对较小，可是也不应当不重视。

氨的来源

建筑施工过程中使用的混凝土外加剂，尤其是在冬期施工时加进的以尿素与氨水为重要原料的混凝土防冻剂，还有为了提高混凝土的凝固速度而特意使用的高碱混凝土膨胀剂及早强剂。上述含有很多氨类物质的混凝土外加剂，在墙体里随着温度、湿度等环境因素的改变而恢复到原来的气体状态，并由墙体内慢慢释放出来，导致室内空气中氨的浓度连续增高，从而造成氨污染。

室内装修材料，比如家具涂料的添加剂与增白剂等。

防火板内的阻燃剂，厕所里的臭气，以及生活异味等。

氨的危害

氨对人的眼睛、喉咙、上呼吸道都具有很强的刺激作用，能经由皮肤和呼吸道而造成中毒。中毒较轻的会出现皮下充血、呼吸道分泌物增多、肺水肿、支气管炎、皮炎等；中毒较重的则会出现喉头水肿、喉痉挛等症状，也可能出现难以呼吸、失去知觉、休克等症状。

作为一种碱性物质，氨对人的皮肤组织具有腐蚀及刺激作用。它能吸收皮肤组织里的水分，令组织蛋白变性，且令组织脂肪发生皂化反应，损坏细胞膜的结构。

氨的溶解度非常高，能腐蚀动物或者人体的上呼吸道，降低人体对疾病的抵抗能力。若居室内的氨浓度特别高，除了会产生腐蚀作用外，还会经由三叉神经末梢的反射作用导致心脏停搏及呼吸停止。

当氨气被吸进肺里之后，很容易通过肺泡进入血液，同血红蛋白相结合，损坏其运氧功能。如果在短时间内吸进大量的氨气，则会出现流眼泪、咽喉疼痛、恶心、呕吐、身体乏力等症状，较为严重的还会产生成人呼吸窘迫综合征。

◎小贴士

我国《民用建筑工程室内环境污染控制规范》规定，住宅、医院、教室、幼儿园等Ⅰ类民用建筑工程的氨气浓度应当≤0.2毫克/立方米，办公楼、商店等Ⅱ类民用建筑工程的氨气浓度应当≤0.5毫克/立方米。

阵容庞大的毒气组合——TVOC

TVOC指的是在室温下饱和蒸气压超过了133.32帕的挥发性有机物，其沸点为50℃～250℃，在正常温度条件下则以蒸发的形式存在于空气中。VOC（Votatile Organic Compound）是“挥发性有机化合物”的英文简写，而TVOC（Total Votatile Organic Compound ）则是“总挥发性有机化合物”的英文简写。

在空气里的三种有机污染物（即多环芳烃、挥发性有机物及醛类化合物）之中，TVOC算是影响比较严重的。如今，它已被世界卫生组织视为一种主要的空气污染物质。

TVOC 的来源

有机溶液，比如油漆、含水涂料、化妆品、洗涤剂、黏合剂及灌缝胶等。

各式各样的人造材料，比如人造板、泡沫隔热材料、橡胶地板、塑料板材及PVC地板等。

室内装潢材料，比如壁纸、地毯、挂毯及化纤窗帘等。

家庭使用的燃煤与天然气等燃烧的产物，烟叶的不彻底燃烧，采暖与烹饪等造成的烟雾，家具、家电、清洁剂及人体排泄物等。

TVOC 的危害

当TVOC高于一定浓度的时候，可造成机体免疫水平下降，使中枢神经系统功能受到影响，产生眼睛不舒服、头晕、头疼、注意力分散、嗜睡、乏力、心情烦躁等症状，还有可能使消化系统受到影响，造成缺乏食欲、恶心、呕吐等不良结果。

> ◎小贴士
>
> 我国《民用建筑工程室内环境污染控制规范》规定，Ⅰ类民用建筑工程的TVOC浓度应当≤0.5毫克/立方米，Ⅱ类民用建筑工程的TVOC浓度应当≤0.6毫克/立方米。

如果人长时间处于高浓度TVOC的环境之中，则会引起人体的中枢神经系统、肝、肾及血液中毒，严重者还会出现呼吸短促、胸口憋闷、支气管哮喘、失去知觉、记忆力减退等症状。TVOC甚至会全面损害肝脏、肾脏、神经系统及造血系统，使人罹患白血病等严重的疾病。

由于婴幼儿、儿童的大部分时间皆处于室内，因此有毒涂料里的有毒物质对孩童的危害时间最长，造成的伤害也最大，其后果也比成人更加严重。

诱发肺癌的放射性气体——氡

氡是由放射性元素镭衰变而来的，是一种没有颜色、没有气味的放射性惰性气体。氡和它的子体在衰变过程中会释放出α、β、γ等射线，会对人体造成辐射。氡易溶于脂肪，能经由呼吸过程进入人体内。它较空气重，时常悬浮在室内高度为1米以下的空气中。在人们日常生活能够接触到的室内污染物质之中，氡是唯一一种放射性气体污染物。

氡的来源

建筑材料与室内装修材料。比如砖石、混凝土、泥土、石材、地砖及陶瓷制品等材料里皆含有一定量的放射性元素镭，它能衰变出氡气，潜入室内。

房屋地基下面的岩石与土壤。有关检测显示，接近地表的土壤里氡的浓度比接近大气中的氡的浓度竟高出10倍以上。土壤里的裂缝和岩石内的断裂构造，会令房屋地基下面的岩石与土壤里的氡通过地表与墙体裂缝向室内扩散。

房间外面的大气。

◎小贴士

我国《民用建筑工程室内环境污染控制规范》规定，Ⅰ类民用建筑工程的氡浓度应当≤200贝可/立方米，Ⅱ类民用建筑工程的氡浓度应当≤400贝可/立方米。

地下水。有关研究表明，地下水里的氡浓度高达104贝可／立方米（氡的放射性活度以贝可为单位）的时候，地下水就成了室内氡的主要来源。

天然气与石油液化气在燃烧的时候，如果房间里通风不良，其中的氡就会释放到房间里。

氡的危害

氡释放出来的α射线能导致癌症。又因为氡和人体内的脂肪具有较强的亲和力，所以它能普遍分布于脂肪组织、神经系统、网状内皮系统及血液里，进而伤害细胞，最后使正常细胞变成癌细胞。

超过一定限量的氡污染最容易诱发肺癌。居室中的氡对肺癌发病率的影响已接近或超过了采矿业，哪怕居室内氡的浓度较低，也会增加罹患肺癌的风险。

氡和它的子体在衰变的时候还会释放出有着非常强的穿透力的γ射线，会对人体细胞的机质造成伤害，还会对其第二代甚至第三代造成潜在的伤害。如果长时间在氡浓度较高的环境中生活，就可能损伤到人的血液循环系统或者免疫系统，比如造成白细胞及血小板的减少，甚至会引发白血病、免疫力缺陷、基因遗传损伤等。

因为氡没有颜色、没有气味，人体吸进后也不会感到明显的不舒服，因此难以觉察。而且氡有较长的潜伏期，很难彻底消除。

穿透力极强的多种致病诱因——电磁辐射

电磁辐射其实是一种复合电磁波通过空间传递能量的物理现象，因而电磁辐射污染也被称作电磁波污染。电磁辐射包含电离辐射（X射线、γ射线）及非电离辐射（无线电波、微波、红外线、可见光、紫外线）两大类。人体的生命活动包括很多生物电活动，这些生物电对环境中电磁波的反应异常敏感。所以，电磁辐射会影响甚至伤害人体。

电磁辐射的来源

大气中的一些自然现象会产生天然的电磁辐射污染，比如大气因为电荷的累积而产生的放电现象。此外，天然的电磁辐射污染也可能来源于太阳热辐射、地球热辐射及宇宙射线等。

人工的电磁辐射污染有着普遍的来源，可能来源于处于工作状态中的高压线、变电站、雷达、电台、电子仪器、医疗设备、激光照排设备及办公自动化设备，也可能来源于日常使用中的微波炉、电视机、电冰箱、电脑、空调、收音机、音响、手机、电热毯、无绳电话、低压电源等家电。

电磁辐射的危害

电磁辐射污染已经成为导致心血管疾病、糖尿病、白血病、癌症的重要原因之一。如果人长时间在高电磁辐射的环境中生活，人体的循环、免疫及代谢功能都会遭受影响，使血液、淋巴液及细胞原生质产生变化，甚至会导致癌症。

电磁辐射会直接损伤人体的神经系统，尤其是中枢神经系统。若人的头部长时间受到电磁辐射的影响，就会表现出失眠多梦、头晕头疼、身体乏力、记忆力衰退、易怒、抑郁等神经衰弱症状。

电磁辐射会对人体的生殖系统造成影响，可表现为男子精子质量下降、孕妇自然流产及胎儿畸形等。

电磁辐射会造成儿童智力发育障碍，还会损害儿童肝脏的造血功能。

电磁辐射会给人们的视觉系统带来不好的影响，过高的电磁辐射能令人视力下降、罹患白内障等，甚至还可能造成视网膜脱落。

正确选用花草可有效去除污染

我们知道，室内环境污染对人体健康危害巨大，我们应努力发现污染，减少、减轻、消除污染。然而，该怎样检测家居环境呢？怎样减轻或除去室内环境污染以及其对人体的损伤呢？请专业室内环境检测机构来测试，或者请专业机构减轻或消除室内污染物当然是一种办法，可是实际操作起来比较繁杂琐碎，而且花费不菲。

既然如此，那么可否有更加经济合算、简单方便的办法呢？答案是：有。

近些年来，伴随着环境科学的进步，人们接连发现某些植物能对环境污染起到监测报警及净化空气的有效作用。这个发现，对保护环境和维护人们健康都具有非常重大的意义，健康花草已经成为优化家居环境的"卫士"。

通过花草监测家居环境

因为植物会对污染物质产生很多反应，而有些植物对某种污染物质的反应又较为灵敏，可出现特殊的改变，因此人们便通过植物的这一灵敏性来对环境中某些污染物质的存在及浓度进行监视检测。你只需在你的房间内栽植或摆放这类花草，它们便可协助你对居室环境空气中的众多成分进行监测。倘若房间内有"毒"，它们便可马上"报警"，让你尽快发现。

二氧化碳

二氧化碳是一种主要来自于化石燃料燃烧的温室气体，是对大气危害最大的污染物质之一。下列花草对二氧化碳的反应都比较灵敏：牵牛花、美人蕉、紫菀、秋海棠、矢车菊、彩叶草、非洲菊、万寿菊、三色堇及百日草等。在二氧化碳超出标准的环境中，如其浓度为1ppm（浓度单位，1ppm是百万分之一）经过一个小时后，或者浓度为300ppb（浓度单位，1ppb是十亿分之一）经过八个小时后，上述花草便会出现急性症状，表现为叶片呈现出暗绿色水渍状斑点，干后变为灰白色，叶脉间出现形状不一的斑点，绿色褪去，变为黄色。

含氮化合物

除了二氧化碳之外，含氮化合物也是空气中的一种主要污染物。它包含两类，一类是氮的氧化物，比如二氧化氮、一氧化氮等；另一类则是过氧化酰基硝酸酯。

矮牵牛、荷兰鸢尾、杜鹃、扶桑等花草对二氧化氮的反应都比较灵敏。在二氧化氮超出标准的环境中，如其浓度为2.5～6ppm经过两个小时后，或者浓度为2.5ppm经过四个小时后，上述花草就会出现相应症状，表现为中部叶片的叶脉间呈现出白色或褐色的形状不一的斑点，且叶片会提前凋落。

凤仙花、矮牵牛、香石竹、蔷薇、报春花、小苍兰、大丽花、一品红及金鱼草等对过氧化酰基硝酸酯的反应都比较灵敏。在过氧化酰基硝酸酯超出标准的环境中，如其浓度为100ppb经过两个小时后，或者浓度为10ppb经过六个小时后，上述花草便会出现相应症状，表现为幼叶背面呈现古铜色，就像上了釉似的，叶生长得不正常，朝下方弯曲，上部叶片的尖端干枯而死，枯死的地方为白色或黄褐色，用显微镜仔细察看时，能看见接近气室的叶肉细胞中的原生质已经皱缩了。

臭氧

大气里的另外一种主要污染物臭氧，是碳氢化合物急速燃烧的时候产生的。下列花草对臭氧的反应都比较灵敏：矮牵牛、秋海棠、香石竹、小苍兰、藿香蓟、菊花、万寿菊、三色堇及紫菀等。在臭氧超出标准的环境中，如果其浓度为1ppm经过两个小时，或者浓度为30ppb经过四个小时后，上述花草就会出现以下症状：叶片表面呈蜡状，有坏死的斑点，干后变成白色或褐色，叶片出现红、紫、黑、褐等颜色变化，并提前凋落。

氟化氢

氟化氢对植物有着较大的毒性，美人蕉、仙客来、萱草、唐菖蒲、郁金香、风信子、鸢尾、杜鹃及枫叶等花草对其反应最为灵敏。当氟化氢的浓度为3～4ppb经过一个小时，或者浓度为0.1ppb经过五周后，上述花草的叶的尖端就会变焦，然后叶的边缘部分会枯死，叶片凋落、褪绿，部分变为褐色或黄褐色。

氯气

能监测氯气的花草有秋海棠、百日草、郁金香、蔷薇及枫叶等。在氯气超出标准的环境中，若其浓度为100～800ppb经过四个小时，或者浓度为100ppb经过两个小时后，这些花草就会产生同二氧化氮和过氧化酰基硝酸酯中毒相似的症状，即叶脉间呈现白色或黄褐色斑点，叶片迅速凋落。

用健康花草净化空气

第一，绿色植物有着比较强的化毒、吸收、积聚、分解及转化的功能。可以说，植物体就是一个复杂的化工厂，其体内有许多进行着各式各样的生理性催化、转化作用的酶系统。如果植物吸纳了自身不需要的污染物质，那么就能经由酶系统来催化、分解，有些被分解后的产物仍能作为植物自身的营养物质，而如果植物吸纳了无法经由酶系统作用的污染物的时候，便会形成一些大分子络合物，能够减轻污染物的毒性。

第二，绿色植物能够吸收二氧化碳，释放出氧气。绿色植物通过在阳光下吸收空气里的二氧化碳及水来进行光合作用，同时释放出近乎它吸收的空气总量70%的氧气，从而使空气变得更加洁净。到了晚上，绿色植物无法进行光合作用，但会进行呼吸作用，能把氧气吸收进去，释放出二氧化碳。尽管绿色植物在晚上释放出来的二氧化碳的量较少，对人们的健康不会构成威胁，但是在卧室里晚上最好也不要摆放太多的盆栽植物。

第三，绿色植物能够吸滞粉尘。大部分植物皆有一定的吸滞粉尘的功能，但不同种类的植物其吸滞粉尘的能力也不尽相同。通常来说，植物吸滞粉尘能力的强弱同植物叶片的大小、叶片表面的粗糙程度、叶面着生角度及冠形有关系。针叶树因其针状叶密集着生，而且可以分泌出油脂，所以其吸滞粉尘的能力比较强。

此外，绿色植物还有杀灭细菌、抑制细菌的作用。有关研究显示，许多植物能够分泌出杀菌素，可以在比较短的时间里将细菌、真菌和原生动物等杀死，有的还能抑制细菌的生长和繁殖，因而能够起到很好的净化空气的作用。

首先我们以金边虎尾兰为例。金边虎尾兰是一种可以使房间里的环境得到净化的观叶植物，被称作负离子制造机。经美国科学家们研究发现，金边虎尾兰能够吸收二氧化碳，且能够同时释放出氧气，增加房间内空气里的负离子浓度。如果房间内打开了电视机或电脑，那么有益于人体健康的负离子就会急速减少，而金边虎尾兰肉质茎上的气孔在白天紧闭、夜间打开，可以释放出很多负离子。在一个面积为15平方米的房间里，放置2～3盆金边虎尾兰，就可以吸收房间内超过80%的有害气体。

鸭跖草又名紫露草，为多年生的草本丛生植物。它的叶片呈青绿色，叶形纤长，花茎好似竹节，每一节会生出一片叶子，花为紫色，开在叶子的中间或者高的部位。鸭跖草可以使房间里的空气得到净化，而且其叶子和花的颜色皆十分美丽，是净化空气、装饰家居时优先选择的花草。

我们对吊兰这一绿色植物比较熟悉，它有非常强的净化空气的能力，被誉为“绿色净化器”。它可以在新陈代谢过程中把甲醛转化为糖或者氨基酸等物质，也能分解由复印机、打印机排放出来的苯，还能吸收尼古丁。有关测试显示，在24小时之内，一盆吊兰在一个面积为8～10平方米的房间里便能将80%的有害物质杀灭，还能吸收86%的甲醛，真可以称得上是净化空气的能手！

绿宝石在植物学上的专门名称为绿宝石喜林芋，为多年生的常绿藤本植物。有关研究表明，通过它那微微张开的叶片气孔，绿宝石每小时就能吸收4～6微克对人体有害的气体，尤其对苯有着很强的吸收能力。另外，绿宝石还能吸收三氯乙烯及甲醛，这些气体被其吸收之后，会被转化为对人体没有危害的气体排出体外，因而使空气得到净化。

下列这些我们常见的绿色植物，也都有较强的净化空气的功能。在24小时照明的环境中，芦荟能吸收1立方米空气里所含有的90%的甲醛；在一个8～10平方米的室内，一盆常春藤可吸收90%的苯；在一个约10平方米大小的室内，一盆龙舌兰就能吸收70%的苯、50%的甲醛及24%的三氯乙烯；月季可吸收较多的氯化氢、硫化氢、苯酚及乙醚等有害气体；白鹤芋则对氨气、丙酮、苯及甲醛皆有一定的吸收能力，可以说是过滤室内废气的强手。

植物能净化空气，令我们的生活不受污染的侵扰，是我们绿色家居环境的保护神。另外，若植物的摆放和家居环境能相互映衬、自然完美地结合在一起，还可令人心情愉快，利于身心健康，使我们的生活越来越美好。

针对污染特点选择花草

如果房间内的污染特点不一样，那么相应地所选用的花卉也会不一样。在新装潢完的房间内，甲醛、苯、氨及放射性物质等是主要的污染物；对于建在马路旁边的房子来说，其主要污染有汽车尾气污染、粉尘污染及噪声污染等；而在门窗长期紧闭的房间内，甲醛、苯及氡等有害气体则是重要的污染物。

知道了房间不一样的污染特点，人们便能针对房间各自的特点去选择那些可以减轻或消除相应污染物的花卉来栽植或摆放，以达到净化室内空气的目的。

刚装修好的房子

只要对房子进行装修，那么就必定会有污染产生。我国有关监测数据显示，超过90%的装修过的房子的污染物超出标准，有关专家建议，在装修新房子时，第一要控制污染来源，使用与国家标准相符的、污染较少的装修材料；第二，房子在装修结束后应每日通风换气，最好在空置两个月后再进去居住；第三，尽量在进去居住之前便在房间内摆放一些能净化空气，或能对污染进行监测的绿色植物。

根据装修房子的不同污染状况，最适合摆放下面几类植物：

* 能强效吸收甲醛的植物：吊兰、仙人掌、龙舌兰、常春藤、非洲菊、菊花、绿萝、秋海棠、鸭跖草、一叶兰、绿巨人、绿帝王、散尾葵、吊竹梅、接骨树、印度橡皮树、紫露草、发财树等。

* 能强效吸收苯的植物：虎尾兰、常春藤、苏铁、菊花、米兰、吊兰、芦荟、龙舌兰、天南星、花叶万年青、冷水花、香龙血树等。

* 能强效吸收氨的植物：女贞、无花果、绿萝、紫薇、蜡梅等。

* 能强效吸收氡的植物：冰岛罂粟等。

* 能对空气污染状况进行监测的植物：梅花能对甲醛及苯污染进行监测；矮牵牛、杜鹃、向日葵能对氨污染进行监测；虞美人则可对硫化氢污染进行监测。

街道两侧的住宅

建在街道两侧的房子，污染更为严重。很多城市的大街小巷到处都可以见到行人随手丢弃的垃圾，但事实上更为严重的污染源还不只这些。建在街道两侧的住宅，其房间内的污染物主要来源于汽车尾气（主要污染物为一氧化碳、碳氢化合物、氮氧化物、含铅化合物、醛、苯丙芘及固体颗粒物等），大气里的二氧化碳、二氧化硫，路旁的粉尘，另外还有噪声污染等。所以，应当栽植或摆放可以吸收汽车尾气、二氧化碳、二氧化硫，吸滞粉尘及降低噪声的植物。

◎噪声对人体的影响

噪声量（分贝）	对人体的影响	范例
0～50	感觉舒适	低声说话
50～90	造成失眠，令人烦躁焦虑	高声说话，大声喧哗
90～130	使耳朵发痒，感觉疼痛	摇滚乐
130以上	导致鼓膜破裂、失聪	枪声

* 能较强吸收汽车尾气（一氧化碳、碳氢化合物、氮氧化物、含铅化合物、醛、苯丙芘及固体颗粒物等）的植物：吊兰、万年青、常春藤、菊花、石榴、半支莲、月季花、山茶花、米兰、雏菊、蜡梅、万寿菊、黄金葛等。

* 能较强吸收二氧化碳的植物：仙人掌、吊兰、虎尾兰、龟背竹、芦荟、景天、花叶万年青、观音莲、冷水花、大岩桐、山苏花、鹿角蕨等。另外，植物接受的光照越强烈，其光合作用所需要的二氧化碳也越多，房间内的空气质量就越高。所以，在植物能够承受的光线条件下，应当使房间里的光线越明亮越好。

* 能较强吸收二氧化硫的植物：常春藤、吊兰、苏铁、鸭跖草、金橘、菊花、石榴、半支莲、万寿菊、米兰、蜡梅、雏菊、美人蕉等。

* 能强效吸滞粉尘的植物：大岩桐、单药花、盆菊、金叶女贞、波士顿蕨、冷水花、观音莲、桂花等。

* 能较好降低噪声的植物：龟背竹、绿萝、常春藤、雪松、龙柏、水杉、悬铃木、梧桐、垂柳、云杉、香樟、海桐、桂花、女贞、文竹、紫藤、吊兰、菊花、秋海棠等。

门窗密闭的居室

科技创造了空前繁荣的当今社会，使得日常生活得到了一步步的改善，人们得以使用各种各样的建筑和装饰材料美化居室，并配置各种现代化的家具、家电以及办公用品，然而它们在为居室带来舒适、美观与便捷的同时，也给家居环境带来了严重的污染。另外，人们在室内进行的一些活动，如呼吸、排泄、说话、吸烟、做饭、使用电脑等，也会给家居环境带来严重的污染。在门窗长期紧闭的房间里，积聚着大量甲醛、苯及氡等有害气体。很多经常使用的家居用品，尤其是装修未满三年的居室家具、地板及别的装修材料，会释放出甲醛、苯等有害气体，非常不利于人们的身体健康。所以，应当在房间内栽植或摆放一些可以有效吸收这些有害气体的植物。与此同时，要尽量选用耐阴的观叶植物，如龟背竹、一叶兰、绿萝、花叶万年青、虎尾兰；或者主要选用半阴生植物，如文竹、棕竹、橡皮树等。

* 能强效吸收甲醛的植物：吊兰、仙人掌、龙舌兰、常春藤、绿萝、非洲菊、菊花、秋海棠、鸭跖草、一叶兰、绿巨人、绿帝王、散尾葵、吊竹梅、紫露草、接骨树、橡皮树、发财树等。

* 能强效吸收苯的植物：虎尾兰、常春藤、苏铁、米兰、芦荟、吊兰、龙舌兰、菊花、天南星、冷水花、香龙血树、花叶万年青等。

* 能强效吸收氡的植物：能强效吸收氡的植物非常少，目前只发现冰岛罂粟在这方面有一定的作用。

若房间是东西向的，可以选用的植物有文竹、旱伞、万年青等。

位于北面的房间，可以选用的植物有龟背竹、虎尾兰、棕竹及橡皮树等。

需要注意的是，并不是所有的植物都对人体有益，有一些植物自身带毒素，或散发的气味含有毒素。这些植物是不宜放在房间里的，应当避免栽植或摆放。例如，人们闻玉丁香闻得时间长了就会造成憋闷、气喘，使记忆力受到影响；夜来香在晚上排放出的废气会令高血压、心脏病患者心情不快；郁金香含有毒碱，人们持续接触超过两个小时后就会导致头晕；含羞草的植株内有含羞草碱，若时常碰触会导致毛发脱落；松柏的芳香气味则会使人的食欲受到影响；马蹄莲的花有毒，含有大量的草酸钙结晶和生物碱等，一旦被人误食，则会引起昏迷等中毒症状；兰花所散发出来的香味如果闻得时间过长，会令人因过度兴奋而难以入眠。

针对不同房间选择花草

在选用花卉的时候，应当注意顾及房间的功用。客厅、卧室、书房和厨房的功用各不相同，在花卉选用上也相应地需要有所侧重，而餐厅与卫生间所摆设的花卉更应该有所不同。

另外，居室面积的大小也决定着选择花卉的品种与数量。通常来说，植物体的大小与数量应当和房间内空间的大小相对应。在空间比较大的居室里，若摆设小型植物或者植物数量太少，就会令人觉得稀松、乏味、不大气；而在空间比较狭小的房间中，则不适宜摆设高大的或者数量过多的植物，否则会令人感觉簇拥、憋闷、堆积。在植物摆设上，一般讲究重质不重量，摆设植物的数量最好不要超出房间面积的1/10。

人来人往的客厅

客厅是一家人休息放松及招待客人的重要地方，也是最经常摆设植物的场所。如果要在客厅内摆设植物，不能只简单考虑其装点功能，还应更多地顾及家庭成员及客人的身体健康。通常来说，在为客厅摆设花卉的时候应依从下列几条原则：

（1）通常客厅的面积比较大，选择植物时应当以大型盆栽花卉为主，然后再适当搭配中小型盆栽花卉，才可以起到装点房间、净化空气的双重效果。

（2）客厅是家庭环境的重要场所，应当随着季节的变化相应地更换摆设的植物，为居室营造出一个清新、温馨、舒心的环境。

（3）客厅是人们经常聚集的地方，会有很多的悬浮颗粒物及微生物，因此应当选择那些可以吸滞粉尘及分泌杀菌素的盆栽花草，比如兰花、铃兰、常春藤、紫罗兰及花叶芋等。

（4）客厅是家电设备摆放最集中的场所，所以在电器旁边摆设一些有抗辐射功能的植物较为适宜，比如仙人掌、景天、宝石花等多肉植物。特别是金琥，在全部仙人掌科植物里，它具有最强的抗电磁辐射的能力。

（5）如果客厅有阳台，可在阳台多放置一些喜阳的植物，通过植物的光合作用来减少二氧化碳、增加室内氧气的含量，从而使室内的空气更加清新。

◎推荐花草组合：

常春藤+吊兰

常春藤对烟草中的尼古丁及多种致癌物质有着很好的抵制作用，吊兰则被誉为“绿色净化器”，可以在新陈代谢过程中把甲醛转化成糖或氨基酸等物。二者搭配组合，可使室内环境变得更洁净。

养精蓄锐的卧室

人们每天处在卧室里的时间最久，它是家人夜间休息和放松的地方，是惬意的港湾，应当给人以恬淡、宁静、舒服的感觉。与此同时，卧室也应当是我们最注重空气质

◎推荐花草组合：

芦荟+虎尾兰

芦荟和虎尾兰与大多数植物不同，它们在夜间也能吸收二氧化碳，并释放出氧气，特别适宜摆设在卧室里。然而卧室里最好不要摆设太多植物，否则会占去室内较大面积的空间。因而可以在芦荟与虎尾兰中任意选用一个；如果两者皆要摆放，则无须再放置其他植物。当然，如果卧室非常宽敞，则可多放几盆植物。

量的场所。所以在卧室里摆设的植物，不仅要考虑到植物的装点功能，还要兼顾到其对人体健康的影响。通常应依从下列几条原则：

（1）卧室的空间通常略小，摆设的植物不应太多。同时，绿色植物夜间会进行呼吸作用并释放二氧化碳，所以如果卧室里摆放绿色植物太多，而人们在夜间又关上门窗睡觉，则会导致卧室空气流通不够、二氧化碳浓度过高，从而影响人的睡眠。因此，在卧室中应当主要摆设中小型盆栽植物。在茶几、案头可以摆设小型的盆栽植物，比如茉莉、含笑等色香都较淡的花卉；在光线较好的窗台可以摆设海棠、天竺葵等植物；在较低的橱柜上可以摆设蝴蝶花、鸭跖草等；在较高的橱柜上则可以摆设文竹等小型的观叶植物。

（2）为了营造宁静、舒服、温馨的卧室环境，可以选用某些观叶植物，比如多肉多浆类植物、水苔类植物或色泽较淡的小型盆景。当然，这些植物的花盆最好也要具有一定的观赏性，一般以陶瓷盆为好。

（3）依照卧室主人的年龄及爱好的不同来摆设适宜的花卉。卧室里如果住的是年轻人，可以摆设一些色彩对比较强的鲜切花或盆栽花；卧室里如果住的是老年人，那么就不应该在窗台上摆设大型盆花，否则会影响室内采光。而花色过艳、香气过浓的花卉易令人兴奋，难以入眠，也不适宜摆设在卧室里。

（4）卧室里摆设的花型通常应比较小，植株的培养基最好以水苔来替代土壤，以使居室保持洁净；摆设植物的器皿造型不要过于怪异，以免破坏卧室内宁静、祥和的氛围。此外，也不适宜悬垂花篮或花盆，以免往下滴水。

安静幽雅的书房

书房是人们看书、习字、制图、绘画的场所，因此在绿化安排上应当努力追求“静”的效果，以益于学习、钻研、制作及创造。可以选择如梅、兰、竹、菊一类古人较为推崇的名花贵草，也可以栽植或摆放一些清新淡雅的植物，有益于调节神经系统，减轻工作和学习带来的压力。在书房养花草，通常应当依从下列几条原则：

（1）从整体来说，书房的绿化宗旨是宜少宜小，不宜过多过大。所以，书房中摆放的花草不宜超过三盆。

（2）在面积较大的书房内可以安放博古架，书册、小摆件及盆栽君子兰、山水盆景等摆放在其上，能使房间内充满温馨的读书氛围。在面积较小的书房内可以摆放大小适宜的盆栽花卉或小山石盆景，注意花的颜色、树的形状应该充满朝气，米兰、茉莉、水仙等雅致的花卉皆是较好的选择。

（3）适宜摆设观叶植物或色淡的盆栽花卉。例如，在书桌上面可以摆一盆文竹或万年青，也可摆设五针松、凤尾竹等，在书架上方靠近墙的地方可摆设悬垂花卉，如吊兰等。

（4）可以摆设一些插花，注意插花的颜色不要太艳，最好采用简洁明快的东方式插花，也可以摆设一两盆盆景。

（5）书房的窗台和书架是最为重要的地方，一定要摆放一两盆植物。可以在窗台上摆放稍大一点儿的虎尾兰、君子兰等花卉，显得质朴典雅；还可以在窗台上点缀几小盆外形奇特、比较耐旱的仙人掌类植物，来调节和活跃书房的气氛；在书架上，可放置两盆精致玲珑的松树盆景或枝条柔软下垂的观叶植物，如常春藤、吊兰、吊竹梅等，这样可以使环境看起来更有动感和活力。

◎推荐花草组合：

文竹+吊兰

这一组合会令书房显得清新、雅静，充满文化气息，不仅益于房间主人聚精会神、减轻疲乏，还能彰显出主人恬静、淡泊、雅致的气质；同时吊兰又是极好的空气净化剂，可以使书房里的空气清新自然。

（6）从植物的功用上看，书房里所栽种或摆放的花草应具有“旺气”“吸纳”“观赏”三大功效。旺气类的植物常年都是绿色的，叶茂茎粗，生命力强，看上去总能给人以生机勃勃的感觉，它们可以起到调节气氛、增强气场的作用，如大叶万年青、棕竹等；吸纳类的植物与旺气类的植物有相似之处，它们也是绿色的，但最大功用是可以吸收空气中对人体有害的物质，如山茶花、紫薇花、石榴、小叶黄杨等；观赏类的植物则不仅能使室内富有生机，还可起到令人赏心悦目的功用，如蝴蝶兰、姜茶花等。

烹制美味的厨房

植物出现在厨房的比率应仅次于客厅，这是因为人们每天都会做饭、吃饭，会有一大部分时间花在厨房里。同时，厨房里的环境湿度也非常适合大部分植物的生长。在厨房摆放花草时应当讲求功用，以便于进行炊事，比如可以在壁面上悬挂花盆等。厨房一般是在窗户比较少的北面房间，摆设几盆植物能除去寒冷感。通常来讲，在厨房摆放的植物应当依从下列几条原则：

（1）厨房摆放花草的总体原则就是“无花不行，花太多也不行”。因为厨房一般面积较小，同时又设有炊具、橱柜、餐桌等，因此摆设布置宜简不宜繁，宜小不宜大。

（2）主要摆设小型的盆栽植物，最简单的方法就是栽种一盆葱、蒜等食用植物作装点，也可以选择悬挂盆栽，比如吊兰。同时，吊兰还是很好的净化空气的植物，它可以在24小时内将厨房里的一氧化碳、二氧化碳、二氧化硫、氮氧化物等有害气体吸收干净，此外它还具有养阴清热、消肿解毒的作用。

◎推荐花草组合：

绿萝+白鹤芋

在房间内朝阳的地方，绿萝一年四季都能摆设，而在光线比较昏暗的房间内，每半个月就应当将其搬到光线较强的地方恢复一段时日。家庭使用的清洁剂、洗涤剂及油烟的气味对人们的身体健康危害很大，绿萝能将其中70%的有害气体有效地消除，在厨房里摆设或吊挂一盆绿萝，就能很好地将空气里的有害化学物质吸收掉。白鹤芋能强效抑制人体排出的废气，比如氨气、丙酮，还能对空气里的苯、三氯乙烯及甲醛进行过滤，令厨房内的空气保持清新、洁净。

（3）在窗台上可以摆设蝴蝶花、龙舌兰之类的小型花草，也能将短时间内不食用的菜蔬放进造型新颖独特的花篮里作悬垂装饰。另外，在临近窗台的台面上也可以摆放一瓶插花，以减少油烟味。如果厨房的窗户较大，还可以在窗前养植吊盆花卉。

（4）厨房里面的温度、湿度会有比较大的变化，宜选用一些有较强适应性的小型盆栽花卉，如三色堇等。

（5）花色以白色、冷色、淡色为宜，以给人清凉、洁净、宽敞之感。

（6）虽然天然气、油烟和电磁波还不至于伤到植物，但生性娇弱的植物最好还是不要摆放在厨房里。

值得注意的是，为了保证厨房的清洁，在这里摆放的植物最好用无菌的培养土来种植，一些有毒的花草或能散发出有毒气体的花草则不要摆放，以免危害身体健康。

储蓄能量的餐厅

餐厅是一家人每日聚在一起吃饭的重要地方，所以应当选用一些能够令人心情愉悦、有利于增强食欲、不危害身体健康的绿化植物来装点。餐厅植物一般应当依从下列几条原则来选择和摆放：

（1）对花卉的颜色变化和对比应适当给予关注，以增强食欲、增加欢乐的气氛，春兰、秋菊、秋海棠及一品红等都是比较适宜的花卉。

（2）由于餐厅受面积、光照、通风条件等各方面条件的限制，因此摆放植物时首先要考虑哪些植物能够在餐厅环境里找到适合它的空间。其次，人们还要考虑自己能为植物付出的劳动强度有多大，如果家中其他地方已经放置了很多植物，那么餐厅摆放一盆植物即可。

（3）现在，很多房间的布局是客厅和餐厅连在一起，因此可以摆放一些植物将其分隔开，比如悬挂绿萝、吊兰及常春藤等。

（4）根据季节变化，餐厅的中央部分可以相应摆设春兰、夏洋（洋紫苏）、秋菊、冬红（一品红）等植物。

（5）餐厅植物最好以耐阴植物为主。因为餐厅一般是封闭的，通风性也不好，适宜摆放文竹、万年青、虎尾兰等植物。

（6）色泽比较明亮的绿色盆栽植物，以摆设在餐厅周围为宜。

（7）餐桌是餐厅摆放植物的重点地方，餐桌上的花草固然应以视觉美感为考虑，但也注意尽量不摆放易落叶和花粉多的花草，如羊齿类、百合等。

（8）餐厅跟厨房一样，需要保持清洁，因此在这里摆放的植物最好也用无菌的培养土来种植，有毒的花草或能散发出有毒气体的花草则不要摆放，如郁金香、含羞草等，以免伤害身体。

◎推荐花草组合：

春兰+一品红

《植物名实图考》里记载："春兰叶如瓯兰，直劲不欹，一枝数花，有淡红、淡绿者，皆有红缕，瓣薄而肥，异于他处，亦具香味。"春兰形姿优美、芳香淡雅，令人赏之闻之都神清气爽。而颜色鲜艳的一品红则会令人心情愉快，食欲增加。这两者是餐厅摆放花卉的首选，可共同摆放。

阴暗潮湿的卫生间

卫生间同样是我们不应该忽略的场所。在我国，大部分卫生间的面积都不大，而且光照情况不好，所以，应当选用那些对光照要求不甚严格的冷水花、猪笼草、小羊齿类等花草，或有较强抵抗力同时又耐阴的蕨类植物，或占用空间较小的细长形绿色植物。在摆放植物的时候应当注意下列几个方面：

（1）摆放的植物不要太多，而且最好主要摆放小型的盆栽植物。同时要注意的是，植物摆放的位置要避免被肥皂泡沫飞溅，导致植株腐烂。因此，卫生间采用吊盆式较为理想，悬吊的高度以淋浴时不会被水冲到或溅到为好。

（2）不可摆放香气过浓或有异味的花草，以生机盎然、淡雅清新的观叶植物为宜。

（3）卫生间内有窗台的，在其上面摆设一盆藤蔓植物也十分美观。

（4）卫生间湿气较重，又比较阴暗，因此要选择一些喜阴的植物，如虎尾兰。虎尾兰的叶子可以吸收空气中的水蒸气为自身保湿所用，是厕所和浴室植物的最佳选择之一。另外，蕨类和椒草类植物也都很喜欢潮湿，同样可以摆放在这里，如肾蕨、铁线蕨等。

（5）卫生间是细菌较多的地方，所以放置在卫生间的植物最好具有一定的杀菌功能。比如常春藤可以净化空气杀灭细菌，同时又是耐阴植物，放置在卫生间非常合适。

（6）卫生间里的异味是最令人烦恼的，而一些绿色植物又恰恰是最好的除味剂，如薄荷。将它放在马桶水箱上，既环保美观，又香气怡人。

（7）卫生间是氯气最容易产生的地方，因为自来水里都含有氯。人们如果长期吸入氯气则容易出现咳嗽、咳痰、气短、胸闷或胸痛等症状，易患上支气管炎，严重时可发生窒息或猝死。因此放置一盆能消除氯气的植物是非常有必要的，如米兰、木槿、石榴等。

针对特殊人群选择花草

在选用花卉的时候，我们还应顾及住在房间里的人群的不同需求，依照各类人群的生理特点及身体状况来选用与之相适宜的花卉品种。

假如房间内住着孕妇，那么在选用花卉的时候就不仅要顾及孕妇的身体健康，还应顾及胎儿的健康；假如家里有幼儿，由于幼儿的免疫力较低，神经系统及内分泌系统容易遭受有毒气体的伤害，且他们的皮肤皆十分柔嫩，在选用花卉时也应当多加留心；老年人及生病的人的身体都较为虚弱，所以在选用花卉时更需要多加留意，避免给其身体带来损伤或危害。

处于特殊生理期的孕妇

妇女在怀孕之后，不仅应该保证自己的身体健康，还应当关注胎儿的健康，这就需要孕妇对许多事情皆应多加留心。家里栽植或摆放一些花卉，尽管可以美化环境、陶冶情操，但某些花卉也会威胁人体的健康，特别是孕妇在接触某些植物后所产生的生理反应会比一般人更突出、更强烈。所以，孕妇在选用房间内摆设的花卉时必须格外留意，避免因选错了花草而影响自己和胎儿的身心健康。

孕妇室内不宜摆放的花草

* 松柏类花木（含玉丁香、接骨木等）。这类花木所散发出来的香气会刺激人体的肠胃，影响人的食欲，同时也会令孕妇心情烦乱、恶心、呕吐、头昏、眼花。

* 洋绣球花、天竺葵等。这类花的微粒接触到孕妇的皮肤会造成皮肤过敏，进而诱发瘙痒症。

* 夜来香。它在夜间停止光合作用，排出大量废气，而孕妇新陈代谢旺盛，需要有充分的氧气供应。同时，夜来香还会在夜间散发出很多刺激嗅觉的微粒，孕妇过多吸入这种颗粒会产生心情烦闷、头昏眼花的症状。

* 玉丁香、月季花。这类花散发出来的气味会使人气喘烦闷。如果孕妇闻到这种气味导致情绪低落，会影响胎儿的性格发育。

* 紫荆花。它散发出来的花粉会引发哮喘症，也会诱发或者加重咳嗽的症状。孕妇应尽量避免接触这类花草。

* 兰花、百合花。这两种花的香味过于浓烈，会令人异常兴奋，从而使人难以入眠。如果孕妇的睡眠质量难以得到保障，其情绪会波动起伏，从而使身体内环境紊乱、各种激素分泌失衡，不利于胎儿的生长发育。

* 黄杜鹃。它的植株及花朵里都含有毒素，万一不慎误食，轻的会造成中毒，重的则会导致休克，严重危及孕妇的健康。

* 郁金香、含羞草。这一类植物内含有一种毒碱，如果长期接触，会导致人体毛发脱

落、眉毛稀疏。在孕妇室内摆放这种花草，不但会危及孕妇自身的健康，还会对胎儿的发育造成不良影响。

* 夹竹桃。这种植物会分泌出一种乳白色的有毒汁液，若孕妇长期接触会导致中毒，表现为昏昏沉沉、嗜睡、智力降低等。

* 五色梅。其花和叶均有毒，不适宜摆放在体质较敏感的孕妇室内，若不慎误食则会出现腹泻、发烧等症状。

* 水仙。接触到其叶片及花的汁液会令皮肤红肿，若孕妇不小心误食其鳞茎则会导致肠炎、呕吐。

* 万年青。其花、叶皆含有草酸及有毒的酶类，若孕妇不慎误食，则会使口腔、咽喉、食道、肠胃发生肿痛，严重时还会损伤声带，使人的声音变得嘶哑。

* 仙人掌类植物。这类植物的刺里含有毒汁，如果孕妇被其刺到，则容易出现一些过敏症状，如皮肤红肿、疼痛、瘙痒等。

孕妇室内适宜摆放的花草

* 吊兰。它形姿似兰，终年常绿，使人观之心情愉悦。同时，吊兰还有很强的吸污能力，它可以通过叶片将房间里家用电器、塑料制品及涂料等所释放出来的一氧化碳、过氧化氮等有害气体吸收进去并输送至根部，然后再利用土壤中的微生物将其分解为无害物质，最后把它们作为养料吸收进植物体内。吊兰在新陈代谢过程中，还可以把空气中致癌的甲醛转化成糖及氨基酸等物质，同时还能将某些电器所排出的苯分解掉，并能吸收香烟中的尼古丁等。在孕妇室内摆放一盆吊兰，既可以美化环境，又可以净化空气，可谓一举两得。

* 绿萝。它能消除房间内70%的有害气体，还可以吸收装潢后残余下的气味，适合摆放在孕妇室内。

* 常春藤。凭借其叶片上微小的气孔，常春藤可以吸收空气中的有害物质，同时将其转化成没有危害的糖分和氨基酸。另外，它还可以强效抑制香烟的致癌物质，为孕妇提供清新的空气。

* 白鹤芋。它可以有效除去房间里的氨气、丙酮、甲醛、苯及三氯乙烯。其较高的蒸腾速度使室内空气保持一定的湿度，可避免孕妇鼻黏膜干燥，在很大程度上降低了孕妇生病的概率。

* 菊花、雏菊、万寿菊及金橘等。这类植物能有效地吸收居室内的家电、塑料制品等释放出来的有害气体，适合摆放在孕妇室内。

* 虎尾兰、龟背竹、一叶兰等。这些植物吸收室内甲醛的功能都非常强，能为孕妇提供较安全的呼吸环境。

处于生长发育期的幼儿

除了家里有孕妇之外，家里有幼儿的，在栽植或摆放花卉的时候也应当格外留心。

幼儿的免疫系统比较脆弱，呼吸系统的肺泡也比成年人要大很多。在生长发育期内，幼儿的呼吸量根据体重来计算几乎要比成年人高出一倍。此外，幼儿的神经系统及内分泌系统也非常易遭受有毒气体的侵害。倘若房间里的有害气体连续保持较高的浓度，那么很可能会对幼儿的神经系统和免疫系统等造成终生的伤害。与此同时，由于幼儿的皮肤十分柔嫩，有些花茎上长着刺，可能会将幼儿刺伤；一些幼儿生来便是过敏性体质，而花粉会引发过敏，严重的还会导致哮喘；还有一些花卉含有毒素，其发出的气味会危害幼儿的身体健康。因此，在栽植或摆放花卉的时候，人们应当多加留心。

幼儿室内不宜摆放的花草

* 郁金香、丁香及夹竹桃等。这类花木含有毒素，如果长时间将其置于幼儿的房间里，其所发出的气味会使幼儿产生头晕、气喘等中毒症状。

* 夜来香、百合花等。这类有着过浓香味的花草也不适宜长时间置于幼儿室内，否则会影响幼儿的神经系统，使之出现注意力分散等症状。

* 水仙花、杜鹃花、五色梅、一品红及马蹄莲等植物。其花或叶内的汁液含有毒素，倘若幼儿不慎触碰或误食皆会造成中毒。

* 松柏类花木。这类植物的香气会刺激人体的肠胃，使幼儿的食欲受到影响，对幼儿的健康发育不利。

* 仙人掌科植物。这类植物的刺里含有毒液，幼儿不小心被刺后易出现一些过敏性症状，如皮肤红肿、疼痛、瘙痒等。

* 洋绣球花与天竺葵等。如果幼儿触及其微粒，皮肤就会过敏，产生瘙痒症。

幼儿室内适宜摆放的花草

* 绿色植物。绿色植物可以让幼儿产生很好的视觉体验，使其对大自然产生浓厚的兴趣。与此同时，许多绿色植物还具有减轻或消除污染、净化空气的作用，如吊兰被公认为室内空气净化器，如果在幼儿室内摆设一盆吊兰，可及时将房间里的一氧化碳、二氧化碳、甲醛等有害气体吸收掉。

* 盆栽的赏叶植物。无花的植物不会因传播花粉和香气而损伤幼儿的呼吸道，无刺的植物不会刺伤幼儿的皮肤，它们都比较合适摆放在幼儿室内，比如绿萝、彩叶草、常春藤等。

体质逐渐衰弱的老人

众所周知，种养花草不仅能使环境变得更加优美、空气变得更加清新，还能让人们的心情变得轻松舒服，性情得到陶冶。尤其是对于老年人来说，在房间里栽植或摆设一些适宜的花草，除了能够调养身体和心性之外，有些甚至还能预防疾病，在保持精神愉悦及身心健康方面皆有很好的功用。但同时，也有一部分花卉是不适合老年人栽植或培养的，应当多加留心。

老人室内不宜摆放的花草

* 夜来香。它夜间会散发出很多微粒，刺激嗅觉，长期生活在这样的环境中会使老人头昏眼花、身体不适，情况严重时还会加重高血压和心脏病患者的病情。

* 玉丁香、月季花。这两种花卉所散发出来的气味易使老人感到胸闷气喘、心情不快。

* 滴水观音。这是一种有毒的植物，也叫作法国滴水莲、海芋。其汁液接触到人的皮肤会使人产生瘙痒或强烈的刺激感，若不慎进入眼睛则会造成严重的结膜炎甚至导致失明。若不小心误食其茎叶，会造成人的咽部、口腔不适，同时胃里会产生灼痛感，并出现恶心、疼痛等症状，严重时会窒息，甚至因心脏麻痹而死亡。所以，老人不宜栽植这种植物。

* 百合花、兰花。这类花具有浓烈香味，也不适宜老人栽植。

* 郁金香、水仙花、石蒜、一品红、夹竹桃、黄杜鹃、光棍树、万年青、虎刺梅、五色梅、含羞草及仙人掌类。对于这些有毒的植物，老人不宜栽植。

* 茉莉花、米兰。这类花香味浓烈，可用来熏制香茶，所以对芳香过敏的老人应当慎重选择。

老人室内适宜摆放的花草

* 文竹、棕竹、蒲葵等赏叶植物。这类花恬淡、雅致，比较适合老人栽种。

* 人参。气虚体弱、有慢性病的老人可以栽种人参。人参在春、夏、秋三个季节都可观赏。春天，人参会生出柔嫩的新芽；夏天，它会开满白绿色的美丽花朵；秋天，它绿色的叶子衬托着一颗颗红果，让人见了更加神清气爽、心情愉快。此外，人参的根、叶、花和种子都能入药，具有强身健体、调养机能的奇特功效。

* 五色椒。它色彩亮丽，观赏性强。其根、果及茎皆有药性，适合有风湿病或脾胃虚寒的老人栽种。

* 金银花、小菊花。有高血压或小便不畅的老人可以栽种金银花和小菊花。用这两种花卉的花朵填塞香枕或冲泡饮用，能起到消热化毒、降压清脑、平肝明目的作用。

* 康乃馨。康乃馨所散发出来的香味能唤醒老年人对孩童时代纯朴的、快乐的记忆，具有“返老还童”的功效。

体质虚弱敏感的病人

病人是格外需要我们关注的一个群体，我们应当尽力给他们营造出一个温暖、舒心、宁静、优美的生活环境。除了要使房间里的空气保持流通并有充足的光照外，还可适当摆放一些花卉，以陶冶病人的性情、提高治病的疗效，对病人的身心健康都十分有益。然而，尽管许多花卉能净化空气、益于健康，可是一些花卉如果栽种在家里，却会成为导致疾病的源头，或造成病人旧病复发甚至加重。因此，病人在栽植或摆放花卉的时候就更需要特别留意了。

病人室内不宜摆放的花草

* 夜来香、兰花、百合花、丁香、五色梅、天竺葵、接骨木等。这些气味浓烈或特别的花卉最好不要长期摆放在病人房间里，否则其气味易危害到病人的健康。

* 水仙花、米兰、兰花、月季、金橘等。这类花卉气味芬芳，会向空气中传播细小的粉质，不适宜送给呼吸科、五官科、皮肤科、烧伤科、妇产科及进行器官移植的病人。

* 郁金香、一品红、黄杜鹃、夹竹桃、马蹄莲、万年青、含羞草、紫荆花、虞美人、仙人掌等。这类花草自身含有毒性汁液，不适合摆放在免疫力低下病人的房间。

* 盆栽花。病人室内不适宜摆放盆栽花，因为花盆里的泥土中易产生真菌孢子。真菌孢子扩散到空气里后，易造成人体表面或深部的感染，还有可能进入到人的皮肤、呼吸道、外耳道、脑膜和大脑等部位，这会给原来便有病、体质欠佳的患者带来非常大的伤害，尤其是对白血病患者及器官移植者来说，其伤害性更加严重。

病人室内适宜摆放的花草

* 不开花的常绿植物。过敏体质的病人和体质较差的病人以种养一些不开花的常绿植物为宜。这样可以避免因花粉传播导致的病人过敏反应。

* 文竹、龟背竹、菊花、秋海棠、蒲葵、鱼尾葵等。这类花草不含毒性，不会散发浓烈的香气，比较适宜在病人的房间里栽植或摆放。

* 有些花草不仅美观，而且还是很好的中草药，因此病人可以针对不同病症来选择栽植或摆放。比如，白菊花具有平肝明目的作用；黄菊花具有散风清热的作用，可以治疗感冒、风热、头痛、目赤等症；丁香花对牙痛具有镇静止痛的作用；薄荷、紫苏等花散发出来的香味能有效抑制病毒性感冒的复发，还能减轻头昏头痛、鼻塞流涕等症状。

值得注意的是，由于绿色植物除进行光合作用之外，还会进行呼吸作用，因此若室内植物太多也会造成二氧化碳超标。所以，病人或体质虚弱的人的房间里的植物最好不要多于三盆。

5
第五章
用花卉美化家居

花卉装饰基本原则

花卉选择要符合空间风格

因为居室房间的大小、形状各不相同，所以必须巧用心思，尽量结合居室环境的特点及室内的装饰来进行花卉装饰，方能井井有条，合理美观。

寻找空间平衡

在现代居室构造中，必然会有凹凸之处，可利用植物花卉装饰来补救或寻找平衡。如在突出的柱面栽植常春藤、喜林芋等植物作缠绕式垂下，或沿着显眼的屋梁而下，则能制造出诗情画意般的意境。

合理的视觉效果

欣赏是花卉装饰的最终目的，为了更有效地体现绿化的价值，在布置中就应该更多地考虑无论在任何角度来看都感觉很美观。一方面要注意考虑最佳配置点。一般最佳的视觉效果，是距地面约2米的视线位置，这个位置从任何角度看都有较好的视觉效果。另一方面，若想集中配合几种植物来装饰，就要从距离排列的位置来考虑，在前面的植物，以选择细叶而株小、颜色鲜明的为宜，而深入角落的植物，则应选择大型且颜色深绿者。放置时应有一定的倾斜度，这样视觉效果才有美感。而盆吊植物的高度，尤其需仰望的，其位置和悬挂方向一定要讲究，以直接靠墙壁的吊架、盆架置放小型植物效果最佳。

突出空间感和层次感

如果把盆栽植物胡乱摆放，那么本已狭窄的居室就更显得杂乱和狭小。如果把植物按层次集中放置在居室的角落里，就会显得井井有条并具有深度感。处理方法是把最大的植物放在最深度的位置，矮的植物放在前面，或利用架台放置植物，使其变得更高，更有层次感。

室内花卉装饰的基本要素

我们在利用花卉装饰居室的时候，要考虑到以下几个因素。

线条因素

植物的线条是由骨干和轮廓的线条共同表现出来的。线条普遍存在于室内空间与组件的边缘。

不仅室内空间的各种组件会给人以或直或曲的线条感，具有各自生长习性的植物也会给人以水平、垂直或不规则的线条感。不同性质的线条给人的情感感染不同，直线简洁但略显生硬，曲线平滑且舒缓柔和。

所以不同线条的花卉摆放的位置也不同，如整株的丝兰各个部位多由直线组成，给人以明朗利落的感觉，与以直线为主、造型硬朗的室内家具相符合，具有这种线条的植物不易摆放在卧室里。

相反，吊兰、文竹、波士顿蕨、袖珍椰子等这类具有柔和曲线的植物，摆放卧室里会给人以舒缓柔和的感觉。放在办公区的高大舒展的散尾葵，能缓解紧张工作给人带来的压力。线条的选择还要兼顾视觉感受、空间形式以及人为活动习惯等方面，以保证审美与功能的协调。

形态因素

花卉形态的变化范围更广，不仅有圆形、圆柱形、披散状、直立状、波浪式、喷泉式及各种不规则形状，大轮廓还会受到主干和枝条形态影响而处于动态变化之中，而且其枝、叶、花、果也有各种各样的形态。

从叶子的形态来分，花卉大体有以下几种：椭圆形叶，如橡皮树、绿萝；线形叶，如朱蕉、酒瓶兰、旱伞草等；条形叶，如一叶兰、吊兰；掌形叶，如春羽、龟背竹等；还有异形叶，如琴叶榕、变叶木、鹿角蕨等。

花的形态也十分丰富，有如天南星科花烛属的红掌类植物，黄色花序立于红色苞片上，叶片滴翠，花色娇艳，格外引人注目；银苞芋的花序恰似银帆点点，荡漾于碧波之上。另外，还有凤梨科果子蔓属凤梨类的植物，艳丽的花序亭亭玉立，可保持数月之久。另外，植物茎果的形态也不是千篇一律的。

用花卉装饰居室时，要充分考虑植物的大小。花卉的室内装饰布置，植物本身和室内空间及陈设之间应有一定的比例关系。大空间里只装饰小的植物，就无法烘托出气氛，也显得很不协调；小的空间装饰大而且形态夸张的植物，则显得臃肿闭塞，缺乏整体感。用花卉装饰居室绝不能无根据地盲目选择花卉。面积大而宽敞的空间可选择较高大的热带植物，如龟背竹、棕榈。墙上可利用蔓性、爬藤植物作背景。

另外，具有不同形态的植物与摆放的位置应相协调。如丛生蔓长的吊兰、吊竹梅、鸭跖草等枝叶倒垂的盆花，宜放在较高位置，使之向下飘落生长，显得十分潇洒。

枝叶直立生长且株形较高的花叶芋、竹芋、花叶万年青等盆花，则应放在较低的位置，这样会使人产生安全和稳定的感觉。

植株矮小的矮生非洲紫罗兰、斑叶芦荟、吊金钱、姬凤梨等盆花，宜放在近处欣赏，如书桌上；长蔓的藤本花卉，如花叶绿萝、花叶常春藤、喜林芋等宜作攀缘式或悬垂式盆栽，使之沿立柱攀缘而上或悬挂在窗前、门帘等处以供欣赏。

质感因素

花卉的质感是由花卉可视或可触摸的表面特性所表现出来的。总的来说，室内环境中的界面、家具和设备的质地大多细腻光洁，而室内装饰所用植物的整体质地比较粗糙，这样两者之间就会产生强烈的反差，花草树木受到室内界面和家具、设备的衬托，则显得形态丰满、富有层次，而在花卉的衬托下整个室内空间也显得更加丰富、更有活力。

根据各种室内花卉间可接触表面的微小区别，可将花卉质感分为粗、中、细三个基本类型。质感粗的植物叶子较为宽大，给人以豪放、简朴的观感，如棕榈类；中等质感的植物有中型的叶片，如龙血树等；质感细的植物通常表现纤巧、柔顺的情趣，此类花卉一般叶片较小、形态精致，如竹芋类。这种划分在选择植物、决定植物摆放的视觉距离时有参考价值，即质感粗的可作背景，而质感细的可供近观。设计中常用质感不同的植物组合来提供趣味的变化，可使花卉布置更有艺术气息。

室内装饰花卉的质感可以用刚柔两方面来概括。总的来说花草树木以其柔软飘逸的神态和生机勃勃的生命，与僵硬的室内界面、家具和设备形成强烈的对比，能使室内空间得以一定的柔化和使其富于生气。这也是其他任何室内装饰、陈设不能代替室内花卉装饰的原因。不同种类的室内花卉，所表现出来的质感又不尽相同，如巴西龙骨、虎刺梅等植物显现出刚性的质感，这类植物多是以直线条构成的；如吊兰、文竹、大多数的蕨类植物等则表现出柔性的质感，这类植物多是以曲线条构成。

不同质感植物摆放位置也有讲究。刚性质感的植物不宜摆放在休息的地方，如卧室、休息室等。相反这些地方宜摆放柔性质感的植物，这样的植物给人以舒缓的感觉。刚性质感的植物宜摆放在办公室等不宜产生倦意的地方。

居室内一般以摆放颜色淡雅、株形矮小的观叶植物为主，体态宜轻盈、纤细，形象上要显出缓和的曲线和柔软的质感。如可用波士顿蕨、袖珍椰子等装饰居室。

色彩因素

色彩给人以美的感受并直接影响人的感情，色彩的安排要与环境气氛相协调。根据色彩重量感，一般应上深下浅，使环境形成安定、稳重的感觉。通常把红、橙、紫、黄称为暖色，象征热情温暖；而把绿、青、白称为冷色，象征宁静幽雅。室内花卉装饰，对植物色彩的配置，一般应从以下几方面考虑：

第一，室内环境色彩，包括墙壁、地面和家具的色彩。环境如果是暖色，则应选偏冷色的花卉；反之则用暖色花装饰。这样既协调又能衬托花的美。

第二，室内空间大小和采光亮度。空间大、采光度好的宜用暖色花装饰；反之，宜用冷色花装饰。

第三，色调还应随着季节的变化而改变，春暖宜艳丽，夏暑要清凉，仲秋宜艳红，寒冬多青绿。色彩处理得当，能体现出植物清秀的轮廓，给人以深刻的印象。

植物的颜色包括叶色、花色和果色，有红色、橙色、黄色、蓝色、紫色、白色等，可谓是绚烂多彩。色彩本来只是一种物理现象，但它刺激人的视觉神经，会使人产生某种心理反应，从而产生色彩的温度感、胀缩感、质量感和兴奋感等。人们生活中会积累许多视觉经验，一旦这些经验与外来色彩刺激发生一定呼应，就会在心理上产生某种情感。例如，草绿色与黄色或粉红色搭配，会不知不觉地与我们儿时的一些生活经验呼应起来。那时我们躺在嫩绿色的草坪上晒太阳，周围盛开着黄色或粉红色的野花。当这样的色彩组合呈现时，就会引起欢快、朝气蓬勃的情绪。

室内花卉装饰的基本原则

创造美感是居室花卉装饰的最终目的。花卉的美是由多种因素构成的，如千姿百态的株形，色彩缤纷的花、叶、果实，匀称而协调的构图布局等。室内花卉设计就是将几何形状、色泽和质地不同的花卉，按美学的原理及规律组合起来，构成一幅新颖别致的立体造型画面，给人以清新明朗、赏心悦目的艺术享受。室内花卉装饰要遵循以下几个原则。

主次分明

室内花卉的装饰应有明确的主题思想，并以此作为主调来构图，使各种花卉与厅室的氛围、家具及各种装饰物组合成一幅立体的美丽画面。主题思想应主要依据厅室的功能来确定，如客厅是接待客人、洽谈工作、社交活动的场所，应体现热情、大度、好客的主题思想，在设计上宜宽敞大方，应选具有一定体积和色泽的花卉来装饰。再如，书房是学习、思索的地方，应选择姿态优美、小巧玲珑、色泽淡雅的花卉来装饰，如文竹、茉莉等。

室内花卉装饰的核心是主景。既要能体现出主调，又要醒目、有艺术魅力。一般可选择1～2种花卉做主景，但其数量或大小、形态要占优势。此外，也可选用形状奇特、姿态优美、色彩绚丽、体形大的花卉做主景，摆放在引人注目的位置，以突出主景的中心效果。

在室内花卉装饰中，除了主调、主景外，还需要配景、配调来对比、陪衬，使之富于变化，不致显得单调呆板。要合理地组织主景与配景，以取得良好的艺术效果。主景不可居中，居中则四平八稳而显呆板，最好在两条中线垂直相交点的四周；配景应在两侧或四角，高矮、大小均应小于主景，并与主景相呼应。如客厅可在沙发群后，装饰高大的盆栽构成主景，使人有如坐绿树下的感觉，显得悠闲、宾至如归。在沙发两侧或对角，宜配置鲜花，显得“有宾主、有照应、有烘托”，疏密得当，高低适体，大小合适。

对比突出

室内花卉装饰既要层次丰富，又要留有空白，有虚有实，虚实对比。虚，就是留有空白。空白给观赏者留下联想和思维的广阔空间。实就是用于装饰厅室的花卉是主体，但其装饰须疏密相间、高低错落、层次起伏。

室内花卉装饰只有做到有虚有实、虚实对比，才会显得生动活泼，寓情于景，富有艺术感染力。室内花卉的装饰切忌以多取胜，多则有实无虚，密密麻麻地陈列各类盆花，既妨碍行走，也缺乏艺术品位。

风格统一

室内花卉的装饰一定要注意风格的统一。所选用花卉（包括容器）的风格应与厅室的氛围相协调统一，以显示环境的和谐美。例如，中式古老的建筑，其厅室应陈设中式家具及装饰物，花卉应选择姿态盘曲、清秀雅致的梅、兰、竹、菊、松等盆栽或盆景并配以古朴、典雅的容器，也可以字画作衬景；若用插花作品装饰，宜采用东方式插花及相应的花器。而在西方现代式建筑中，应陈设西式家具、现代化设施及装饰物，宜选择体量适中、气质雍容华丽、色泽鲜艳的花卉，如花叶芋、万年青、君子兰等。

比例适度

一切造型艺术构图的基本要素是比例与尺度。比例适度，显得真实，使人感到大小、高低、宽窄既相称又合用，给人以愉快舒适的感觉。如果比例失当，则会给人以一种压迫感和窒息感。室内花卉的装饰要注意以下比例关系：

第一，协调装饰部位与厅室空间、家具及陈设物的比例：应根据室内空间大小、高度来确定室内花卉的大小、高度及数量。狭小的空间，应充分发挥花卉的个体美、姿态美以及线条交织变化的特点，使人感到花卉虽小但充实、丰富、雅致，充分体现出“室雅无须大，花香不在多”的意趣。若能做到小中见大，则更能给人以联想，更显精妙。

开阔的大空间，宜摆放体形较高大的花卉，可显示花卉的群体美、色彩美及体量大等特点，以显示雄浑、豪华、大方的气魄。例如，一般居室高约2.7米，有14平方米大小，不宜选用高度超过2.1米的花卉进行装饰，以免产生压迫感和窒息感，而应选择小巧、雅致、色彩相宜的中小型盆花装饰。然而，宽敞、高大的厅室内摆放几盆中小型盆花，则会给人以空旷的感觉，缺乏美感，可选用高大的盆栽花卉或采用组合盆栽等。

花卉体积大小还应与室内家具的大小和式样、各种装饰物的大小相合宜。只有这样才能显示出高低有致、错落多变、疏密得体的艺术美。反之，若比例不当，就会出现大小对比强烈，或重心不稳，或拥塞郁闭，或互不关联、缺乏联系，或分量不足而显得单薄空虚，而难以取得好的装饰效果。

第二，协调花卉与盆、架之间的比例。根据花卉体量的大小选择大小、式样均相宜的容器以及花架，从而取得良好的艺术效果。如果花卉与盆、架间的比例失当，则会破坏厅室的整体协调感。

色彩协调

花卉色彩要根据厅室环境色彩的设计意图以及采光条件等，从整体上综合考虑。

厅室花卉装饰，应通过对花卉色彩的选择运用，使之与厅室的基调色既有一定的对比，又能和谐统一。例如，厅室的墙壁、地面、家具等以红、橙、黄等暖色调为基调，则应选择绿、青、蓝、白等冷色调的花卉来装饰；反之，则应选择暖色调的花卉来装饰。若厅室环境是浅色调、亮色调或采光好，则宜应用叶色深沉的观叶或花色艳丽的花卉来装饰；厅室环境色调较深或光线不足，则宜用淡色调花卉，如用黄绿色、浅绿色的色叶花卉或粉色、淡黄色的花卉衬托，以达到突出与和谐相统一的效果。

在居室花卉的装饰中，色彩的选择运用还应与季节和时令相协调。如夏季可选用色彩淡雅的种类，如冷水花、亮白花叶芋等，让人在炎热季节感到清凉爽快。冬季可选用红、橙、黄等色彩热烈的花卉，如一品红、茶梅等，使人在严寒隆冬感到阵阵扑面而来的暖意；在喜庆的日子，可摆放欢快、热烈、鲜艳的花卉，如春节可摆放桃花、蜡梅和碧桃等盆景。而叶片以红色、金边、银边、金心、洒金、洒银为主的观叶花卉，色彩斑斓，一年四季都会给人一种明快、活泼的感受。

餐厅（室）、宾馆、厅堂、会场一般多采用彩度高、色泽艳亮、夺目而富有刺激的花卉。居室、书房如用暖色花卉装饰，则易引起疲劳感，而彩度低、色泽暗的冷色及中性色花卉，则给人以清淡、静谧、沉着、冷静、轻松、温馨、舒适的感觉。

布局均衡

造型艺术美的重要原则之一是讲究均衡，室内花卉的装饰也要求花卉在布局上保持均衡，有一个稳定的重心，给人以安全感。

大中型花卉，如橡皮树、散尾葵、朱蕉、龙血树、棕竹、龟背竹等，一般宜摆放在角隅、沙发旁等处的地面上，给人以安全、稳定的感觉。中小型盆花则根据株形不同作不同装饰，丛生蔓长的金边吊兰、吊竹梅、花叶常春藤等枝蔓倒垂的盆花，宜摆放在较高的家具上供悬挂欣赏；枝叶直立生长的竹芋、花叶芋等盆花，宜摆放在较矮的家具上；植株矮小的小型盆花，如非洲紫罗兰、斑叶芦荟、吊金钱等，以及插花作品，宜摆放在案头、茶几、台面上或组合柜中。这样的布局显得错落有致、上下交相辉映，给人以一种均衡、稳定的感觉。

在室内花卉的装饰中，花卉布局的均衡有对称与不对称两种情况：

第一，对称均衡。在轴线左右两侧用同样形状、大小、体量和色泽的花卉作对称装饰，使人产生端庄、整齐的艺术美感。如走廊两侧摆放同样大小的盆栽或栽植同样大小和体形的花卉，在客厅沙发两侧摆放同样的花卉，都属于对称性布局。

第二，不对称均衡。在轴线两侧虽用形体不同或不对称的花卉装饰，但给人以均衡的重量感。这种装饰手法自然、流畅、活泼，不拘一格，使人感觉轻松愉快。室内花卉的装饰常使用不对称均衡，如书房一角地面摆放一盆体量较大的棕竹或洒金榕，中间是座椅，而在另一角高几架上置放一盆下垂的盆景或藤本花卉，这一高一矮、一瘦一胖的组合，虽不对称，但给人以一致的重量感，使人觉得既协调又自然。

在以上原则的指导下，我们可以依据厅室的用途、风格、家具形式、墙壁色彩和光线明暗以及自己的性别、年龄、性格和爱好等来选择适宜厅室环境的花卉，周密地构思和布局，把居室装饰成具有艺术美感、优美宜人的居住环境。

选择最适合摆放的位置

不同的植物有不同的摆放方式和位置，用花卉来装饰居室有很多讲究，不可随意为之。

居室的正门口每天人们进出的频率非常高，因此植物以不阻塞行动为佳，直立性的花卉不宜干扰视线，最适合摆放在门口。

家庭的卫生间一般比较潮湿、阴暗，适合羊齿类植物生存。为了避免植物被水淹，也可以选择悬挂式的植物，摆放的位置越高越好。

书房装饰的植物不宜过多，以免干扰视线。书桌上摆一盆万年青是不错的选择，书架上适合摆悬吊植物，能使整个书房显得清幽文雅。考虑到书房是长时间用眼的地方，还可以在书房里摆上一盆观叶类花卉，如纤细的文竹、别致的龟背竹、素雅的吊兰等，当眼睛疲劳时细细观赏片刻，不仅有利于养目，还可调节中枢神经，使人产生清爽、凉快的感觉。

温度较高是厨房的特点，装饰花卉最好选择实用性强的蕨类植物。也可在餐桌上摆一盆能刺激食欲的花卉，如火红的石榴、紫红的玫瑰、清雅的玉兰等。就餐时观鲜花、品美味，不但能增进食欲，还可以增加浪漫气氛。

客厅是用来接待客人及家庭成员活动的空间，常以朴素、美观、大方为花卉装饰的宗旨。客厅装饰应选择观赏价值高，姿态优美，色彩鲜艳的盆栽花木或花篮、盆景。

进门的两旁、窗台、花架可布置枝叶繁茂下垂的小型盆花，花色应与家具环境相协调或稍有对比。在沙发两边及墙角处盆栽印度橡皮树、棕竹等，茶几上可适当布置鲜艳的插花；桌子上点缀小型盆景，摆设时不宜置于桌子正中央，以免影响主人与客人的视线。

装饰大型客厅，可利用局部空间创造立体花园，以突出主体植物、表现主人性格，还可采用吊挂花篮布置，借以平面装饰空间。

装饰小型客厅，不宜摆放过多的大中型盆景以免显得拥挤。在矮橱上可放置蝴蝶花、鸭跖草。值得注意的是，客厅是接待客人和家人聚会的地方，不宜在中间摆放高大的植物，花卉品种的数量也不要太多，点缀几株即可。另外，可在客厅摆一束满天星，气味淡雅，寓意朋友遍天下；茉莉、君子兰、文竹象征美好、友谊、纯朴、至爱等，都适合装饰客厅。

卧室是休息的场所，是温馨的空间。卧室的装饰主要起点缀作用，可选择一些观叶植物，如多肉多浆类植物、水苔类植物或色彩淡雅的小型盆景，以创造安静、舒适、柔和的室内环境。一般卧室空间不大，在茶几、案头可放置“迷你型”小花卉，在光线好的窗台可放置海棠、天竺葵等，在高的橱柜上放置小型观叶植物；夏夜就寝，暑热令人难以入眠，如果在卧室里摆放能净化空气的吊兰，或既能灭菌又有凉爽气味的紫薇、茉莉、柠檬、薄荷等，能令人尽快入眠。另外，值得注意的是，很多人认为植物会吸收二氧化碳释放氧气，因此在卧室放置很多植物来净化空气，这种观点是不对的。夜间植物只进行呼吸作用，即吸收氧气呼出二氧化碳，卧室的植物太多势必与人争夺氧气，时间一长会对人体造成伤害，因此卧室最好摆放少量的芦荟、文竹等小型植物，不要布置悬吊植物。

另外，花卉装饰室内时摆放得当还可起到分隔空间的作用，如在厅室之间，厅室与走道之间，放置绿色植物有助于区域分隔，并可利用绿化的延伸，起到过渡的渗透作用。

在家中摆放植物时，还要考虑到它们能否在居室环境里生存，如光照、温度、湿度、通风条件等，并要注意和空间及环境的协调，尽量按空间大小来摆放植物。如空间比较大，采光比较好的地方，可以摆放高大一点、喜光性强一点的植物；儿童房可以摆放一些颜色艳丽一点的，但注意不要摆放仙人掌、仙人球等有刺、容易伤害儿童的花卉。

花卉之间的相生相克

其实，花卉之间也有着千丝万缕的联系，有些植物之间能够“和平相处、共存共荣”，有些植物之间则“以强凌弱、水火不容”。因此，在花卉栽培和养护中，要了解花卉的习性，做到既不影响花卉的生长，又能把居室装饰得美观。

另外，盆花的栽种，因不同花卉不种在同一盆钵中，因此可以不考虑根系分泌物的影响，只需考虑叶子、花朵、果实分泌物对放在同一室内的其他花卉的影响。

相克的花卉

（1）薄荷、月季等能分泌芳香物质，对周围花卉的生态有一定抑制作用。

（2）玫瑰花和木犀草放在一起，前者会排挤后者，使之凋谢，而木犀草在凋谢前后又会释放出一种化学物质，使玫瑰中毒死亡。

（3）成熟的苹果、香蕉如果和正开放的水仙、玫瑰、月季等放在一起，前者释放出的乙烯会使盆花早谢。

（4）丁香种在铃兰香的旁边，会立即萎蔫；丁香的香味也会危胁水仙的生命。将丁香、郁金香、勿忘我、紫罗兰养在一起，彼此都会受害。

（5）夹竹桃的叶、皮及根分泌出夹竹苷和胡桃醌，会伤害其他花卉。

（6）松树不能和接骨木共处，后者不但能强烈抑制前者的生长，还会使临近接骨木的松子不能发芽，松树与云杉、栎树、白蜡槭、白桦等都有对抗关系，后者会使松树凋萎。

相生的花卉

（1）山茶花、茶梅等与山苍子放在一起，可明显减少霉病。

（2）朱顶红和夜来香、洋绣球和月季、石榴花和太阳花、一串红和豌豆花种在一起，双方都有利。

（3）百合与玫瑰种养或瓶插在一起，比它们单独放置会开得更好。

（4）花期仅一天的旱金莲如与柏树放在一起，可有效延长花期。

家居花卉搭配诀窍：活用花器

不同的花卉需要用不同的花器来配置，才能相得益彰，增加观赏性。

白瓷花瓶带有东方沉郁、蓄含宁静感，扶兰的色彩热烈，两者形成了一种对比强烈的景致。

透明澄澈的小花器，瓶内即使只是几粒普通的石子，也能体现出瓶子的玲珑感觉。简洁的雪松、跃动的火龙珠，衬着怒放的红玫瑰，在弧线优雅的瓶形衬托下，有一种浪漫的非凡气质。

朴素大方的麻袋，把粗糙而庸常的花盆包起来，轻轻地束个口，薰衣草的花感也似乎为之一变。

大口径的高颈花瓶很适合大株的花材。青翠可人的天鹅绒和绿兰在摇曳之间轻轻带来了春的信息。

购物或装杂物的草编筐最适合装小盆绿色植物。几种植物集中在一个筐中，扑面而来就是田园气息。

时尚者总能以其灵敏的思绪、丰富的情感，捕捉生活中的灵感，寻找到更多的花卉素材，再搭配最灵秀艺术的花器，以此体现自己与众不同的生活品味。而那些造型设计独特的花器可以突出艺术性，更为家居生活增添艺术气息。

为花卉选择花器可以从材质、色泽、容量、形状等四个方面加以考虑。花器选用的材料非常广，凡是可以盛水的器物都可以作为花器。不过，花器的选择也要考虑到应用的实际环境。宽敞的空间，比如大客厅，鲜花宜插得茂密一些，花器也应较大；而在比较小的空间，比如书房，鲜花就宜简单一些，花器也可小一些。

选择花卉时要遵循以下原则：

第一，花与花器的颜色上要有一定的对比。色彩饱满的花朵宜配淡雅的素色花器，而色彩清丽的花朵宜配色彩浓郁的花器。

第二，要注意花与花器材质间的呼应。粗犷的沙石花器宜配清秀的草本及草木花卉，而丰盈的花朵则适合搭配轻盈材质的玻璃或陶瓷花器。

第三，花器的装饰性越小，可搭配的花材也就越多，小瓶口的简单设计，搭配单枝花朵也可以创造出别样的美感。

学习简易花艺技巧很有必要

花艺是在传统插花艺术基础上发展起来的，更具现代气息和丰富艺术表现力的插花艺术。花艺是利用花卉和各种新型材料的造型艺术，以其较广的艺术表现性和实用装饰性，逐渐成为现代社会生活不可缺少的重要组成部分。在用花卉装饰居室时，学一些简单的花艺技巧，很有必要。

铺陈

铺陈即平铺陈设。此名出自珠宝设计，是将所有大小相同的宝石，紧密镶于底部，而其表面却非常光滑。该手法用于插花中，旨将每一种花紧密相连，覆盖于某一特定区域的表面。应用时，应当在同一区域内使用同一种类、同一大小的花，但每个区域内的花材都应有不同的质地和色彩变化。

栈积

栈积是指在插花中使用相同的花材，以同样长度群聚在一起，宛如一个个平台，且平台与平台之间能产生错落的层次感。

重叠

重叠是指利用面状花材或叶材，如红掌、巴西木叶、变叶木叶等，一片片紧密地重叠在一起，中间不留空隙，以表现其层次感。重叠能产生与花材单独使用完全不同的质感效果。

捆绑

捆绑是指将一定数量花材的茎干，集中捆绑成束，用以增加花材的质量感和力度。捆绑的手法自由，没有太多的限制。如把康乃馨、小菊捆绑在一起，形成花束，增加体量，显示个性。

缠绕

缠绕与捆绑基本相同。捆绑只需要一道或稀疏的几道，而缠绕则需要若干道并达到一定的宽度。一般在多枝花梗上进行缠绕，也可在一根花材的茎干上缠绕。“缠”的手法较为紧密，有规则性，而“绕”的手法则较松散，且不一定是同一方向。

分解

分解是指将花材分解，使其枝、茎、叶、花分离，或将其中的某一部分解开，再以另一形态重新组合，创造出新的造型素材，以产生意想不到的效果。

透视

透视是指用各种花材或其他材料，以层层重叠的方式，形成一定的空间，以表现空间感、朦胧感、通透感等。透视常以长条形花材、叶材为主，外层结构一般选用纤细、柔软的花材。

架构

架构又叫结构。由各类花材或异质材料插制成各种不同造型的组合，而把这些造型组合在一起的是由较粗硬的花材或其他材料搭构而成的框架。采用架构的插花作品一般体量相对较大，能够表达的内涵也较为丰富。现代花艺设计中常用此法创作大型作品。

编织

编织是指将柔软可以弯折的材料以合适的角度交织组合，有些类似于传统的竹篮、篾席的编织，可体现工艺美。常用来编织的材料主要有散尾葵、熊草、麦冬叶、兰花叶和一叶兰等。编织在形式上既可以是紧密的，也可以是松散的；既可以作为骨架让其他花材附于其上，也可以作为插花的欣赏主体。

粘贴

粘贴是指用植物材料粘贴成一个面或体，使原来单调的花器、桌面、背板等物体丰富起来，在自然之中体现手工之逸趣，例如用尤加利的叶子粘贴出类似羽毛、鳞片状的质感。常用来粘贴的植物材料有各种干燥叶片、干叶脉、花梗、细枝条等，鲜嫩花材用冷胶粘连，干叶、枝条可用热胶粘连。

加框

即以材料设计周界，周界可采用全部或部分框住，如一幅画的画框可以使你的注意力被集中在框内的区域。花艺中加框的原理即从画中而来。加框后，所有的视线都集中于框中。插花不应破坏框架效果。加框两边不一定一样长，要做出空间和厚度，不可太扁。

阶梯

阶梯是指借助楼梯的形式安置相同的花材，一级一级地上升。阶梯最好用非洲菊等叶子较为平展的材料来做，以体现出层次感。阶梯技巧可以使最少花材形成一种整体与一致感。

空间

空间分为正空间、副空间、留白空间。

正空间是指一个插花作品所占据的地方和面积大小。在一个插花组合中，正空间全为花材占据。

副空间是指花与花、花与叶、花与果之间的留白之处。

留白空间就是线条空间，留白之处将空间连在一起，留白可以给人更深的印象。

现代花艺中，强调每一种植物都有自己的位置，需要给每一小片叶片以恰当的空间，让其充分展示。

韵律

一个设计主题、形式，或主要花材以规则性或不规则性地重复出现，便形成了韵律。韵律可以用线条、形式、空间、色彩或简单的枝叶、弧度来表现。韵律的表现方法有连续韵律，即有组织排列地重复出现；渐变韵律，即有规律的增减；除此以外，还有间隔韵律和交替韵律。

室内摆设

家具摆设和装修风格会反映出你的性格。或许你无力改变外面的世界，甚至连工作环境也无法改变，但在家里你可以尽情彰显个性。室内盆栽能帮助你营造理想的氛围：温馨田园、简约有型、时尚典雅，各种风格室内盆栽都能帮你办到。无论是乡间小屋、都市公寓，还是城市住房，只要选择合适的盆栽植物就能彰显不一样的家居风格。

没有植物的住宅如同不加调料的饭菜一般沉闷无味。我们固然更注意住宅的外观和实用性，但如果室内也充满情趣就更好了，室内盆栽恰好能做到这一点。有些人不喜欢沿着楼梯生长、过于茂盛的常春藤，因为上下楼梯时可能被绊住；有些人不喜欢摆在餐具柜上的蓬莱蕉，因为放餐具时可能被刺到。但只要你精心选择，室内盆栽不仅不会给你惹麻烦，还能让原本呆板阴暗的房间熠熠生辉。

有些植物还能起到屏风的作用。植物屏风往往比普通屏风更为自然，丝毫不会显得突兀。

确定风格

你必须先确定你所要营造的整体风格，然后再购买合适的植物，这有助于你实现预期。条件允许时最好购买几株名贵植物，虽然价钱比普通植物贵一些，但前者产生的视觉效果却是后者无法匹敌的。若要营造复古的村舍格调，只需在窗台上摆放一些传统植物，或用漂亮的装饰性花盆种一株大型蜘蛛抱蛋或虎尾兰。那些线条粗糙，中规中矩的大型植物适合摆放在宽敞的居室、办公室或门厅中，不适合营造村舍格调。

组合种植还是单独种植

几株植物组合种植能够形成局部小气候，有利于植物生长。和分散种在室内不同角落相比，三五棵植物种在一起能产生更为强烈的视觉效果。组合种植需要更大的容器，所选容器也要有助于塑造特定的风格。

大型植株一般都单独种植，如丝兰属植物、喜林芋属植物，以及垂叶榕和琴叶榕等桑科植物，单独种植就足以吸引眼球了。植物一旦长高，

上图和左图：将相同的几株植物分别种在不同花盆中，或组合搭配种在同一个花盆中，产生的效果不同，可以分别尝试，以选出最佳方案。上图是将三株仙客来单独种在花盆中，左图是将三个花盆放到一个装饰性托盆中。两种摆设方法都很漂亮，但视觉效果却截然不同。

就会露出底部光秃秃的主干，此时可以在盆中种入小型观花植物或攀缘常春藤，遮住光秃秃的主干。

▲植物摆放过密往往显得呆板，但能形成有助于植物生长的小气候。图中将植物按高矮摆放，在餐厅和厨房间形成了一个引人注目的绿色屏风。

选择合适的背景

大部分植物在朴素背景的映衬下最为漂亮。如果墙纸有花纹，特别是带有叶或花图案的花纹，最好选择叶子宽大且醒目的观叶植物。此时和斑叶植物相比，普通的绿叶植物显得更有优势，因为斑叶植物与色彩斑斓的墙纸放在一起，让人觉得眼花缭乱。

充分利用高度

把植物都摆在桌子或窗台上固然很漂亮，却难免显得有点呆板。因此可以将某些大型植物直接摆在地上。居室的上层空间缺乏装饰，但光照较好，可以悬挂吊篮植物。壁炉不用时，可以在壁炉架上摆放攀缘植物，壁炉垫座也能作为漂亮的容器种植绿萝等攀缘植物，龙血树等长刺的植物以及肾蕨等枝叶下垂的植物。

选择合适的容器

容器不能喧宾夺主，但巧妙运用容器可以让原本普通的植物变得特别，而且很多容器本身就可以作为装饰。尽量为植物选择漂亮的容器，旧水桶或藤编筐等也可以种植植物，但要注意使植物和容器浑然一体，相得益彰。

▲合理摆放植物，废弃的壁炉也能让人眼前一亮。

植物和房间大小的比例

要想实现预期风格，就不能忽视植物和房间比例的问题。单独种植的非洲紫罗兰，即使摆在引人注目的桌子上，也不会对整体布局产生多大影响；同样，村舍的小房间中摆放一株大型垂叶榕虽然引人注目，却显得和整体风格格格不入。

案头摆设

▲植物和背景颜色协调能创造出雅致的效果。图中仙客来(Cyclamen)粉红色的花和桌布以及墙纸的镶边相得益彰。

漂亮的观花植物或观叶植物无论是作为普通的案头装饰，还是作为重要场合的餐桌摆设，都能成为引人注目的焦点。可惜的是，适合案头摆设的植物并不多，而且大部分植物都喜欢窗边光照充足的生长环境，因此你需要仔细选择合适的植物作为案头摆设，并经常更换。

观花植物

选择颜色和桌布搭调的观花植物，能让整张桌子更具格调。特别是作为餐桌摆设的植物，即使植株较小，精心选择和搭配也能让整张餐桌更加赏心悦目。

桌布对毫不起眼的桌子具有装饰作用。有图案或颜色淡雅的桌布能自成风格，也能和所摆的植物一起构成一道更为亮丽的风景。仙客来植株漂亮，单独摆在光秃秃的桌子上略显单调，如果铺上粉红色的桌布，效果就完全不同了。

非洲菊等花色鲜亮的观花植物花梗较长，可以放在装有镜子的桌上。镜里镜外花朵交相辉映，看上去像是花朵的数量增加了。

非洲菊是典型的适合案头摆设的植物。植株买回时一般都已开花，而且很难养护到来年，和保存时间较长的鲜花差不多。非洲菊花期可达数周，打算开花后扔掉植株的，就不必在乎案头光照是否充足了。

其他能给昏暗角落带来亮色和情趣，但花期过后通常需要扔掉植株的植物包括全年生长的菊花、瓜叶菊属植物、冬石南、巴西鸢尾以及紫芳草等小型一年生植物。春季和冬季，风信子等鳞茎植物可以作为案头摆设，可以先将这些植物放到光照充足的地方，待植株开花后，再将它们移到案头，第二年种植时不能对这些植物进行催花处理。

▲像非洲菊(Gerbera)这样的植物可以摆在镜子前，小型植株也能带来令人震惊的效果。

观叶植物

虽然大部分观叶植物的耐阴性极强，但其中很多并不适合作案头摆设。例如多数榕科植物植株偏大，而常春藤等为蔓生植物，都不适合摆在案头。形状匀整的耐寒斑叶植物，如“劳伦蒂”虎尾兰，或广东万年青属植物的斑叶变种适合作为案头摆设。

桃叶珊瑚的变种适合种在较为阴凉的位置，如无供暖系统的卧室、通风不好的门厅等处。

◎插花装饰

插花装饰有很强的艺术表现力，最能体现插花人的审美能力。热衷于插花艺术的人可以尽情施展自己的才华。

制作典型的插花装饰，需先选择漂亮的花盆（最好是能自动供水的花盆），种上三五种观叶植物（也可用更大的花盆多种几种）。然后在盆栽土中插入玻璃管或金属管，可插在正中，也可稍微偏一点。

在管中注入水，插入剪下的鲜花（也可以是具有观赏价值的叶子，随喜好而定）。寥寥几朵花就能为整个装饰增添一抹亮色。时常更换鲜花，整体布局可以不断变化。观叶植物枯萎了也可随时更换。

配合花泥制作插花装饰

1. 使用图中这样的篮子做容器，需要内衬塑料布防止漏水。

2. 先放入观叶植物，最好是较浅的花盆。

3. 将花泥切成大小合适的块儿，放在花盆之间。

4. 将剪下的鲜花（或叶子）插到潮湿的花泥上。

▲图中的插花装饰使用花泥来固定鲜花，把花插在哪里更加自由。图中的装饰摆在壁炉旁边，运用了百合、小苍兰、蕨叶以及常春藤。

座墩摆设以及悬挂式花盆和花篮

如果能够充分利用上层空间，悬挂或下垂生长的植物可以将你的居室装点得绿意葱茏又层次分明。如果家中空间有限，地板上能摆植物的地方都摆满了，就可以使用悬挂式花盆种植植物，充分利用上层空间。悬挂式花盆可以营造出绿色瀑布之感。

◎实用性比较

座墩比悬挂式花盆更加实用。一方面，座墩上的植物能获得更好的光照（阳光是向下照射的，离天花板越近的地方越阴暗）；另一方面，座墩可以摆放普通花盆，浇水更为方便，而且不存在妨碍人走动的问题。

座墩摆设

有些座墩本身就非常美观，足以吸引眼球。这样的座墩不适合摆放枝条太长的蔓生植物，因为过长的枝条会遮住富有特色的座墩。但可以摆放枝条较短的蔓生植物，这些蔓生植物包括具刺非洲天门冬、意大利风铃草，以及蟹爪兰属和假昙花属的开花杂交品种。

想同时展示漂亮的花盆和座墩的话，就应该使用枝条

▲吊兰属植物 (Chlorophytum) 既可以作为座墩摆设，又可以种在悬挂式花篮里，两种方法都能凸显吊兰枝条优美的曲线。需要注意的是，悬挂式花篮更适用于温室。

◀细叶肾蕨 (Nephrolepis fern) 是最常见的座墩盆栽，顺着它下垂生长的枝条自然而然会注意到漂亮的座墩。图中外形美观的座墩上以及下方的座墩架上各摆了一盆细叶肾蕨。

◎可以尝试的蔓生植物和枝条下垂的植物

* 观花植物

芒毛苣苔属植物
鼠尾掌
意大利风铃草
鲸鱼花属植物
假昙花
蟹爪兰

* 观叶植物

具刺非洲天门冬
银边吊兰
绿萝（又名黄金葛）
常春藤以及其细叶变种
香茶菜属植物
菱叶白粉藤

弯曲但不下垂的植物：吊兰和细叶肾蕨非常合适。有些座墩实用但缺乏装饰性，就可以用来摆放瀑布式下垂生长的植物，如常春藤、垂枝香茶菜、斑叶香妃草，或金色的绿萝（又名黄金葛）。

悬挂式花盆和花篮

普通的悬挂式花盆多用于温室，并不适合室内使用。浇水量不容易控制，室内使用悬挂式花盆，一旦浇水过多，水就会顺着盆底排水孔滴到地毯或家具上，因而最好使用有托盘的悬挂式花盆，或者选择专为室内设计的吊篮（形似花篮，有时带有渗漏器）。

悬挂式容器较难安置：多数适合种在悬挂式花篮中的植物需要充足光照，挂得高了，光照满足不了；挂得低了，又会碰到人。较小的房间可以选择较浅的吊篮或壁式花盆。在素净或灰白墙壁的映衬下，许多悬挂式容器中的蔓生植物或枝条弯曲的植物都会显得格外动人。

制作座墩盆栽的方法

1. 选择直径大但较浅的容器，这样的容器摆在座墩上更稳，而且不会抢了盆栽和座墩的风头。

2. 选择合适的观花或观叶植物，可先用原盆摆设，整体效果满意后再将植物移到选好的容器中。

3. 移栽时，花盆外围植物可稍微倾斜，这样有利于枝叶向外生长，并倾泻而下。

▲座墩盆栽不一定只用一种植物，可以使用多种植物，但所有植物必须种在同一个容器中。

◀悬挂式花篮通常需要挂在阳光充足的地方，窗户附近的光照充足，而且强度从高到低是渐变的，是较为理想的位置。

组合搭配大型植物

有时大型植物适合单独摆设，高大醒目的植株给人造成很强的视觉冲击。有时大型植物组合搭配，特别是摆在小型植物后面时效果更好。

植株特别高大的植物，如高达1.8米甚至更高的丝兰，或高度接近天花板的垂叶榕，大可以单独摆放，这样就足以吸引眼球了。较小的植物通常更适合组合搭配，因为这样比单独摆放更具视觉冲击力，让人有置身花园的感觉。

要组合搭配小型植物，只需将几种植物种在一个较大的花盆中即可，但大型植物就行不通了，因为办公室和酒店大厅使用的大花盆不适合家庭使用，不过可以把单独种在花盆中的大型植物排在一起，并在前面摆些较小的植物。

▲一般来说，植物组合摆放更为美观，不过一定要选择大小与环境协调一致的植物。图中的壁炉旁如果摆放小型植物就不太协调，而几株大型植物却可以让这个位置更具风格。

大型室内盆栽植物多为斑叶或彩叶的观叶植物。组合摆放绿叶植物可以制造凉爽、静谧的氛围，搭配使用斑叶或彩叶植物也不失为一种好的选择。斑叶植物的叶子只有绿色部分可以利用阳光进行光合作用，对光照的要求通常比绿叶植物高，不适合摆在阴暗的位置。

家中缺少装饰的地方最好组合摆放一些植物。废弃的壁炉可以用一棵较大的蕨类植物进行装点。壁炉及其周围很适合组合摆放植物——壁炉架的后部可以摆放较高的植物，前部可以摆放小型植物，而壁炉台上可以摆放枝条弯曲的植物或蔓生植物。

组合摆放的原则

基本原则是高大的植物摆在后面，矮小茂盛的植物摆在前面，这样看上去最为自然。同时要考虑植物摆放的位置。两端有窗的狭长房间，摆在中间的植物能起到屏风的作用，可以将高大的放中间，矮小的放两边。房间的角落摆上一株大型植物，前面随意放些小型植物，就会非常漂亮。

植物高度相差无几的话，可以摆在高低不等的桌子上，或通过其他方法制造层次感。

为防止地板受损，可以在花盆底部放上托盘——最好使用和花盆风格一致的托盘。成组摆设时，放在后面的植物浇水会更麻烦，容易有水洒出，这时托盘的作用就显现出来了。

▲图中座墩上的肾蕨单独摆放可能略显单调，搭配其他植物则显得更富有趣味，整体也更协调。

◎搭配摆放生长环境相似的植物

可能的话最好将生长环境相似的植物放在一起。比如，丝兰和棕榈都耐旱，而多数喜林芋和龙血树都喜阴，因而比较适合摆放在一起。如果是短期摆放，并没有这么多讲究，不过你希望植物长势良好的话，最好选择对生长环境要求相似的植物，这样也能简化养护工作。

▲组合摆放的绿叶植物中，若放上一两盆观花植物，能增添一抹亮色。

▲高大的植物更能吸引眼球，但底部光秃秃的主干有失美观，在前面放些较小的植物就能弥补这一不足。搭配使用叶子大小和形状各异的绿叶植物和斑叶植物，就能带来绝佳的视觉享受。

组合搭配小型植物

小型植物组合摆放往往比单独摆放更具创意，可以将几株小型植物种在同一个花盆中，也可以将几盆单独种植的小型植物摆放在一起。

植物组合摆放不但便于养护，而且比单独摆放时更漂亮，更引人注目。按植物的高矮从内往外摆放能让整体布局更具层次感。薜荔和玲珑冷水花等匍匐生长的小型植物搭配其他植物摆放会有令人耳目一新的感觉。由于自身的生长特点，这些植物一般都会作为一组植物中的底层植物。组合摆放还可以掩盖植物的一些不足，如放在底层的小型植物能遮住另一些植物生长不匀称或底部光秃秃的缺点。几种植物放在一起还能形成局部气候，有利于植物生长。植物多了，植物周围空气的湿度会相对高一些，能更为有效地防止干燥的空气和冷风对植物生长造成的不利影响，可以容纳多种植物的大型花盆中盆栽土的湿度也更容易得到保持。带自动供水系统的花盆中种植的植物和无土栽培法栽培的植物更适合组合摆放，稳定均匀的水分供应更有利于这些植物生长。

成组摆设的造型

成组摆设的造型并无硬性规定——只要有利于植物生长，可以随喜好搭配（当然对生长环境要求截然不同的植物不能放在一起）。以下所列的几种造型既漂亮又适用于多数植物，不过尝试一下其他形式也蛮有意趣的。例如，环境合适的话，可以在壁炉上摆放旧煤桶种植的植物，这会令你的壁炉变得与众不同。

收纳盆灵活性强，可以随意移植自己喜欢的植物进去，还可以按照自己的喜好做造型。像菊花、一品红等花期较短的植物比多年生植物更适合组合种植。在各种观叶植物（茎干挺拔的植

利用收纳盆成组摆放植物

1. 这种碗状容器没有排水孔，不必担心其损毁家具，但必须用砂砾在容器底部铺设排水层，并控制浇水量。

2. 在容器中放少许盆栽土，然后将植物移入，注意合理搭配观叶植物和观花植物。

3. 移植完成后，如有必要，在植物根部再加些盆栽土，轻轻压实。然后浇水，注意控制水量。

4. 桌上摆这么一盆植物，真是让人赏心悦目。

物、枝条弯曲的植物、毛茸茸的植物或蔓生植物）间点缀少量观花植物，能创造出良好的视觉效果。摆放时收纳盆中各个花盆之间应该留有空隙，但空隙不能太大，否则看起来就像毫不相关一样。

盛有鹅卵石的托盘适用于喜阴植物。选择适合案头或窗台摆设的托盘，装入鹅卵石。将花盆安放在鹅卵石上。盆中不一定要装水，有水的话必须保证花盆底不与水接触。

自动供水花盆大小合适的话，至少可种三种植物。这样的花盆外观雅致，又能减轻浇水负担。可以选择不需要经常移植或移动的植物，直接种到盆栽土中。

▲和大型植物一样，成组种植同样有助于小型植物生长。你可将几种植物种在一个较大的花盆里，也可以将单独种植的植物组合摆放。后者灵活性较强，可以随心所欲地移动和重摆，若是短期观花植物，这一点显得尤为重要。

▲组合放在浅盘中的小型植物也别有一番风味。图中的浅盘中使用的是砂砾，盘底可盛些水，但水不能浸到盆栽土——除非种植的是蕨类植物。

◀摆在较低位置、需要俯观的小型植物，最好组合摆放。少数观花植物（如图中的非洲菊和秋海棠）能让整组观叶植物更加生机勃勃。

◎警惕潜在的问题

组合种植植物也有一些不足之处。例如，由于其他植物的遮挡，很难及时发现植物病虫害的早期症状，导致病情迅速蔓延，难以控制。不过只要经常打理植物，这些问题很容易克服。

花房和暖房摆设

有花房或暖房的话，你几乎可以成功种植所有室内盆栽植物。但也存在问题，因为必须要处理好植物生长环境和人的居住环境之间的矛盾，人待在适合热带植物生长的环境中可能会有不适感。不过只要精心安排，花房可以成为居室的延展部分，不但不影响生活，还能让你更好地观赏植物。

通常可以在室外扩建花房或暖房，也可以将有光照的房间改建为花房或暖房，天气晴朗但气温不高时暖房内的植物仍能正常生长，而且还能成为室内装饰。如果能保证空气湿度和温度，从地板到天花板可以分层种植各式各样的植物，创造一种热带风情。

人性化设计的暖房

如果暖房光照适宜、环境舒适，适合久坐，你可以摆上一张咖啡桌，几张漂亮的椅子，周围放一些雅致的盆栽植物，这样的设计别有一番风味。

将暖房的墙刷成白色或米色，靠墙种上一株九重葛，摆上几盆棕榈，再放上一两盆开花灌木，如夹竹桃、橘树或柠檬树，立即就会让人陶醉其中。

专为植物设计的暖房

如果购置暖房只是为了增加所种植物的种类和数量，可以将暖房当作温室使用，其实现在简约而时尚的温室和暖房差别不大。

可以充分利用攀缘植物来装点你的暖房。每隔30～60厘米在墙壁上扯上一根镀锌金属丝，植物就会贴着墙壁攀缘而上，直至覆盖整个墙壁和屋顶，夏季能为你带来一片清凉。如果种植的是葡萄或西番莲属等落叶攀缘植物，你不必担心在它们绿荫下生长的植物会缺乏充足的阳光进行光合作用。不过夏季还是要注意定期修剪，以免植株生长过于茂盛，遮挡阳光，不利于其他植物生长。

如果暖房是建在土地上的，可以直接在暖房靠墙的地面上种几株攀缘植物，再种上几株灌木。摆放植物的花架可以购买别人设计制作好的，也可以自己动手搭建，那将别有一番趣味。不要仅仅在暖房靠墙的四周摆

▲橘树等柑橘属植物，可用于室内摆设，但更适合摆在暖房中。暖房的墙壁刷成白色可以反光，靠墙放上一盆橘树，观赏效果极佳。

▲高大醒目的植物，如图中的棕榈树，能成为暖房内一道抢眼的风景。它与钢铁锻造的扶梯相互衬托，美妙无比。

▲暖房靠墙的四周摆放植物，并充分利用房顶的空间安置悬挂式花盆，既给人一种绿意葱茏的感觉，又有足够的空间作为休憩的场所。

▲布置暖房不能浪费任何空间，可以靠墙或使用悬挂式花盆种植攀缘植物。如图所示，暖房中阳光充足，有利于悬挂式花盆中植物的生长。

▲暖房中植物长势普遍比较茂盛，可组合摆放几种不同的绿叶植物。地面可铺上瓷砖，给植物提供湿润环境的同时又不必担心洒出的水损坏地板。

放植物，只要位置合适都可以摆放植物，比如，可以在休息区摆上几盆植物，作为背景装饰。

暖房通常用来种植地面盆栽植物，但也不妨尝试一下适合种植在悬挂式花盆中的植物，比如下垂生长的倒挂金钟属植物和细叶金鱼花等。

暖房内最好铺设遇水不会受损的地板。高温天气使用加湿器增加空气湿度。冬季注意保暖，多数室内盆栽植物7℃以下很难存活，而更娇嫩一些的植物则要求温度不能低于13℃。

瓶状花箱

密闭的玻璃瓶也可以种植植物，瓶内水分蒸发后凝结于瓶壁，再沿瓶壁流下循环利用。一些在普通室内环境中很难成活的植物，可以用此法种植。这些植物植株较小，但对生长环境的要求很高，瓶装花箱恰恰能满足这一条件。瓶状花箱还能以特有的方式展示各式各样的植物，具有很好的装饰作用，肯定能让客人啧啧赞叹。

密闭式瓶状花箱环境湿润、稳定，对植物具有保护作用，可以种植小型热带雨林植物。这些植物在干燥的环境中很容易死亡。开放式瓶状花箱可以种植对湿度要求不太高的植物，不过浇水要小心。如果能及时摘除枯花、预防病害，瓶状花箱还可以种植观花植物。

密闭式瓶状花箱中的植物，包括不易成活的卷柏笋蕨类植物，无人养护也能维持数

瓶状花箱植物种植法

1. 在干净的瓶子底部铺上一层木屑、鹅卵石或砂砾，用厚纸片或薄纸板卷成漏斗加入盆栽土。

2. 移植小型植物。尽可能移除植物根部连带的培养土，方便放入瓶子。瓶口较大的花箱容易放入植物。

3. 压实植物根部附近的盆栽土（可借助绑在园艺棒上的棉线团），喷水雾润湿植物和盆栽土，并将附着在瓶壁上的盆栽土冲刷干净。

◀开放式瓶状花箱需要经常浇水，若瓶内种有生长较快的植物，还需要定期修剪。

◎密闭式瓶状花箱的生态平衡

* 密闭式瓶状花箱浇水过多会导致植物腐烂，或者瓶壁凝结大量水珠；浇水过少也会影响植物生长。只有不断尝试才能把握合适的浇水量。
* 若盆栽土过于潮湿，可拔去塞子，瓶口敞开几天，直到土壤湿度合适为止。
* 瓶外温度下降，瓶壁上常会有水珠凝结，早晨看到这种情况是正常现象。若到了中午水珠还不消失，可能是因为盆栽土过于潮湿（可拔去塞子，瓶口敞开一天）。若室温大幅度下降，瓶壁却无水珠出现，可能是盆栽土过于干燥了。

月，因此你可以放心外出度假。开放式瓶状花箱浇水需小心，如果种的是观花植物或生长速度较快的植物，还需要定期摘除枯花、修枝剪叶。

瓶状花箱也有不足之处。植物需要充足光照，但瓶状花箱的有色玻璃（能买到的多数呈绿色）很可能过滤掉大部分可用阳光，就算放在有阳光直射的窗台上，也并不比放在阴暗角落多得多少光照。而且，阳光透过两层玻璃，温度会增加，瓶内的植物会感觉不适。最好将瓶状花箱放在有光照但无阳光直射的窗台或靠窗的桌子上。

瓶状花箱放在金属架上别具特色，可以选择高度合适的金属架，以便植物接收阳光。

密闭式和开放式比较

瓶状花箱一般都配有塞子，根据不同需要，可盖可不盖。瓶内环境达到平衡后，塞上塞子，即使不浇水，瓶内的植物也能存活数月。但这不适合观花植物或生长迅速的观叶植物，只有长期处于潮湿、阴暗的环境中也能正常生长的植物才适合种在密闭式瓶状花箱中。

瓶状花箱可用于展示各种不同的观叶植物，如卷柏 (Selaginella)、斑叶常春藤 (Variegated ivy) 以及色彩鲜艳的龙血树 (Dracaena)（如左图所示）。种植同类植物也一样有趣，如一个瓶子内种上三株冷水花属植物 (Pilea)（如右图所示）。

◎小贴士

如果瓶口过小，手无法伸入，可在园艺棒上分别绑上勺子和叉子，代替双手将植物种入瓶中。

◀ 厨房中较大的贮物罐也能用做瓶状花箱。图中瓶内种有很小的非洲紫罗兰 (Saintpaulia)，需经常摘除枯花，以免枯花腐烂导致其他部位腐烂。

各式各样的栽培箱

形式各异的栽培箱通常摆在靠墙或窗边的桌子上，配上人工灯光，就成了一件极好的装饰品。这样既能展现容器的魅力，又能促进植物生长。如果你想突显容器的装饰作用，种植的植物越简单越好；如果你更想突显容器的实用性，可以在容器中种植生长较为茂盛的植物。

栽培箱与瓶状花箱的功能和工作原理相似，因而有着和瓶状花箱类似的优点和不足。你可以充分发挥想象，使用各式各样的栽培箱。其中老式沃德箱（目前很少见，比较昂贵，不过可以买到仿制品）特别有格调。旧水族箱也很合适，而且因为不防水，价格往往非常便宜。

多数玻璃栽培箱是开放式的，少数可以和瓶状花箱一样密闭。玻璃栽培箱可以保持植物周围空气温暖湿润，免受干燥影响。

多数栽培箱的容积比较大，即使种植较大型的植株，你也不必担心容纳不下。水族箱等较长或较深的容器，可以在里面放上小假山，甚至还可以造个微型池塘，可发挥的空间非常大。

▲小型高凉菜属植物(Kalanchoe)和非洲紫罗兰(Saintpaulia)种在任何栽培箱中，都能给周围的环境带来一抹亮色，如图所示，再种上对比鲜明的观叶植物，整体效果更佳。

◎合适的容器

* 你可以从花卉商店买到精美的栽培盆，也可以买回小木桶或小木盆自己制作。栽培盆的设计从朴素到华丽，应有尽有，不过大部分栽培盆是用玻璃和铅条制作的。若更注重植物本身而非栽培盆，完全可以自己动手制作，实用又实惠。

* 布置水族箱可发挥的余地很大。无盖的水族箱，可以铺上石头或瓦片，创造干燥的环境种植仙人掌；有盖的水族箱环境湿润，可以种植娇嫩的蕨类植物。你还可以选购带有灯光效果的水族箱，如此一来，即使放在阴暗角落，整个盆栽也能熠熠生辉。选择此类水族箱时要注意配置专用的荧光灯管，以便提供适合植物生长的光照。

* 小型鱼缸可以容纳一两株植物。其实单独种上一株非洲紫罗兰就很漂亮，也可以选择蔓生小叶植物，如婴儿泪，这些植物会沿着鱼缸内壁攀缘生长，甚至长到缸外。

* 标本罐原用于保存生物标本，作为栽培箱也很漂亮，不过很难得到（可从实验用品商店购买）。

1. 箱底铺上一层排水物。使用砂砾与木屑混合物，防止箱内有水分滞留。

2. 图中的棕榈树种入栽培箱显得过高，可适当修剪。最好不要在栽培箱中种植长势过快的植物，否则会影响其他植物的生长。

3. 移植前最好去除植物根部的多余盆栽土，将植物稳稳地种在栽培箱中。

▲像图中这样漂亮的栽培箱价格较高，有些人选择自己动手制作，也可以买回元件自己装配，价格都会便宜一些。

栽培箱浇水的方式和瓶状花箱相同，种植前的准备工作和种植过程都需小心进行：

（1）底部铺上至少1厘米厚的木屑和砂砾。

（2）使用消过毒的盆栽土（含防腐剂），勿使用养分含量高的堆肥土。栽培箱中的植物不能施肥过多，否则会导致植物长势过快。

（3）可放入小石块或鹅卵石美化栽培箱，勿放入木制品，因为木头易腐烂，会导致植物感染病害。

（4）若想创造密闭环境，可在箱顶盖上大小合适的玻璃板。

▶ 非洲紫罗兰（Saintpaulia）适合种在瓶口较大、方便摘除枯花的容器里。容器内湿润的环境有利于非洲紫罗兰生长。可搭配种植苔藓或低矮的卷柏。

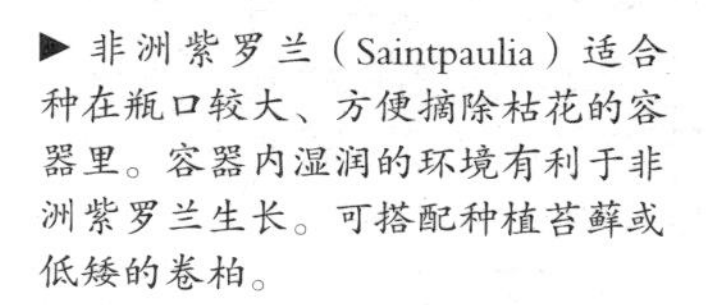

样品植物

每个住宅至少要有一两株样品植物吸人眼球。样品植物不一定非得植株高大，只要植物本身漂亮有特色即可。例如，能充当屏风的攀缘植物、摆在座墩上的大型蜘蛛抱蛋或细叶肾蕨，都可以成为样品植物，效果并不比个头儿高大的垂叶榕差。

种植样品植物是为了引人注目。利用悬挂式花盆种植长势良好的吊兰，垂下柔顺修长的枝条，或摆上一盆昂贵的大型棕榈，都能起到这样的效果。样品植物只需选择同类植物中较为突出的即可，摆放时要选择合适的背景，以便突显植物的特点。

叶片有型或造型优美的大型植物，摆在大房间里。会令光秃秃的墙壁增色不少，使原本单调的门厅更具特色，狭长的走廊也会平添些许格调。必要时可以用聚光灯突显样品植物，而且合适的灯光还有利于植物生长。大型植物从幼苗长成样品植株通常需要几年时间，期间，室内光照不足、空气干燥等都很容易导致植物生长出现问题，因此亲自培育大型植株幼苗成活率很低。大型样品植物一般价格较高，在购买前要做周密考虑，比如摆放位置、生长环境等，否则投入的成本会付诸东流。

背景和灯光

合适的背景才能将植物的大小、造型突显到极致。朴素的墙壁最适合作为背景，浅色的墙壁也能很好地展示植物的特点。色彩缤纷、略显杂乱的背景，可以选择琴叶榕等朴素大气的绿叶植物。自然光线不足时可以使用聚光灯突显家中主要的盆栽植物，但应注意光源不能距离植物太近，否则产生的热量会影响植物生长。

▲漂亮抢眼的植物，如图中高贵的绿巨人（Spathiphyllum），房间内只需摆上一株即可。

容器

选择能够充分显示植物特点的容器。高贵典雅的棕榈树或枝条下垂生长的无花果树，种在普通的大型塑料盆或瓷盆中，整体效果会大打折扣，可以选择较大的、精美的陶瓷花盆（用于室内种植，不必苛求花盆一定要具有防霜冻的功能）。室内装潢比较时尚的话，可以选用外观漂亮、颜色大胆的花盆。

确保所选花盆的颜色与室内装潢的颜色协调一致，大小与植物相称，太大或太小的花盆都会影响盆栽的整体效果。

▲大型落地窗或小天井处，摆上一两盆大型植物十分引人注目。丝兰(Yucca)或图中这样的棕榈树(Palm)是理想之选。

◀不一定要花钱购买昂贵或奇特的样品植物。普通的吊兰(Chlorophytum)容易培育和繁殖，只要精心养护，也能长成不同凡响的样品植物。

◀龟背竹(Monstera deliciosa)是很受欢迎的样品植物，个中原因从图中便能略知一二。巧妙地利用镜子，不仅能映出精致的壁钟，还能映出龟背竹漂亮的叶子。

◎常见的样品植物

* 有型植物

异叶南洋杉（又名小叶南洋杉）

八角金盘

垂叶榕

橡皮树及其变种

琴叶榕

棕榈树

羽叶蔓绿绒

丝兰

* 攀缘植物

南极白粉藤

龟背竹

锄叶蔓绿绒

选择合适的容器

除了实用性，栽种植物的容器还具有观赏性，像花瓶和其他装饰品一样，能成为室内装潢的一部分。合适的容器既能突显漂亮植物的特点，又能弥补普通植物的不足。对容器的选择能体现你的艺术品位。

▲与环境融为一体的容器，如图中蕨叶做成的花篮，或与环境形成强烈反差的容器，都能产生特殊的不错的效果。

普通花盆适用于温室，不适合室内盆栽。有些室内盆栽植物，比如大型棕榈树，需要用较大的瓷盆和肥沃的盆栽土才能保持植株稳定生长，当然了，如果能使用图案精美、装饰华丽的花盆种植这些植物效果会更好。而其他室内盆栽植物，使用专门设计的花盆也会产生不一样的视觉效果。

装饰性套盆

并非所有植物移植时都需要换新盆，放在装饰性套盆（套在花盆外用作装饰的容器）里，看起来就像植物移植到新花盆中了一样，但又省去了移植过程。室内摆放时间较短的观花植物、生长迅速需要经常移植的植物，特别适合使用装饰性套盆。

任何能起点缀作用的容器都能用作装饰性套盆。你可以从商店或花店购买漂亮的容器，也可以在家中就地取材，选择合适的容器。茶壶、深平底锅等厨具也能制成容器，用来种植厨房摆设的植物。

感兴趣的话，你还可以

▶如果没有合适的容器组合摆放植物，可以自己动手制作。在普通塑料花盆和托盘外裹上一层白棉布，能让平凡的花盆变得与众不同。

▲金属容器，如图中的装饰性铁桶，令鸟巢蕨 (Asplenium nidus) 等植物看起来更加新鲜清爽。

▲较有特色的容器，可以种一些不会喧宾夺主的植物，如图中这个古色古香的“自动供水”花盆中文竹 (Asparagus plumosus) 的叶子轻薄飘逸，半遮半掩间，容器本身的风情展露无遗。

▲如图所示，漂亮的奶粉罐等容器很适合种植皱叶欧芹 (Parsley) 等草本植物，作为厨房摆设。使用这种容器应控制浇水量，否则就要在底部挖个排水孔。

尽情展示自己的艺术才华，亲手制作装饰性套盆。

塑料和陶瓷容器

较好的花店出售大量精美实用的容器，在购买时，要选择底部有排水孔的容器，否则只能作为装饰性托盘使用。不过如果能控制浇水量，无排水孔的容器也可以种植植物。但是，最好还是不要冒险尝试，因为再有经验的人也无法确保每次浇水都恰到好处，一旦浇水过多，植物根部就会浸在滞留的水中，引起根部缺氧，导致植物死亡。

时尚的塑料容器也不失为好的选择。一些塑料花盆色彩鲜亮、干净清爽，适合摆在现代风格的住宅或办公室中。

不论选择什么容器，颜色和设计都要符合你的品位和室内装潢的风格。

托盘和自动供水花盆

托盘一般指较大、能种好几种植物的容器，适合组合搭配种植植物。

一些托盘底部有蓄水槽，具有自动供水功能。植物种在这种托盘中一般

▲图中为挖空的南瓜做成的圆形容器，外观漂亮，与秋海棠(Begonia)的花交相辉映。容器边缘的苔藓是整个盆栽的点睛之笔。

都能生长旺盛，几天不浇水也没有问题，但是托盘比普通容器成本高。如果塑料花盆与室内装潢不协调，则最好使用托盘。

形状新奇的花盆

小型植物很难搭配合适的容器，比如红果薄柱草等匍匐生长的植物种在常用花盆中看上去会很奇怪——因为植株实在太小了，种在常规型号的花盆中完全不显眼。这样的植物可以种在小型、美观或有趣的容器中，例如形似鸡鸭的容器。两三个这样的容器，种上几种不同的匍匐植物，能给住宅增添几分活泼气息，同时也不失品位。

花篮

多数观叶植物和观花植物种在柳条篮或贴有苔藓的花篮中都非常漂亮。普通的篮子，如果直接放入花盆或盆栽土，会有水渗出，弄脏篮子下方的家具，长此以往，还会导致篮子腐烂，因此使用时最好在里面衬上防水层。

防水层可以选用柔韧的塑料布或防水羊皮纸（若手头上没有这些材料，可以使用厨房用的锡箔纸）。防水层铺平整后放入栽培土，要保证种上植物后从外面看不到篮内的防水层。

小型植物种在提篮中别有一番风味，而枝叶茂盛或植株高度和篮柄接近的植物，种在提篮中就会显得别扭。

◎温馨提示

* 装饰性套盆通常没有排水孔，不用托盘也不必担心渗水。但是如果浇水量没有控制好，套盆内可能积水而导致植物迅速死亡。

* 托盘底部可铺上鹅卵石或大理石，垫高花盆，避免水直接接触花盆底部。若只有少量水渗入，花盆内的盆栽土不会过于潮湿，问题还不大。时常查看花盆内是否积水过多。

* 使用无排水孔的容器种植植物，很难判断盆底是否有积水，浇水时需要特别谨慎。短期摆放很快就扔掉的植物才可以使用无排水孔的花盆，否则这样的花盆只能当作装饰性套盆使用。

▲透明的玻璃容器格调不凡，装入苔藓比装入盆栽土更为美观。任何无排水孔的容器浇水时都需要特别小心。

▲观赏性甘蓝和羽衣甘蓝常用作室外装饰，也可以在室内摆放几周。若作为案头摆设，可以在塑料盆外裹上白棉布。

▲选对容器会让斑叶植物增色不少。图中的斑叶常春藤沿容器倾泄而下，别有一番风味。

▲植株矮小、造型奇特的植物或匍匐生长的植物，如“婴儿泪”，需要大小合适的小型容器。

用心发现不同寻常的容器

有些容器只适合某些特定的植物或家中某个特定的位置，只有尝试过才能知道是否合适。充分发挥想象力和创造力展示各种植物，是种植室内盆栽的乐趣之一。

你可以从花店买到不少实用的容器，但风格都很普通。如果想购买更别致的容器，可以到产品设计独特的家具店、现代室内饰品店甚至古玩店选购。只要用心，你甚至可以从二手市场淘到合适的容器，而且花钱不多，因为其他人丢弃的旧东西很可能引发你的灵感，变废为宝，成为你的一件新作品。

▲苔藓做成的花篮不同凡响，可种植合适的植物，图中白鹤芋(Spathiphyllum)的高度合适，花朵刚好高出篮柄。

▲厨房摆设可充分发挥想象力，比如可以共同展示水果和植物，如图中木制容器中摆有橘子、苹果和海豚花(Streptocarpus saxorum)。

走廊摆设

耐寒、喜光、需要较大空间的植物，可以摆在走廊上。只要你用合适的植物精心装点，走廊看上去也能像小暖房一样生机勃勃。

走廊常常能影响客人对住宅的第一印象。和空荡荡的走廊相比，用植物精心装点的走廊更能给人温馨的感觉。封闭式走廊全年都能摆放色彩斑斓的植物，背阴的开放式走廊温度较低时可以摆放耐寒的观叶植物。

封闭式走廊

封闭式走廊就像小型温室，全年都能摆放葱翠茂盛的观叶植物和色彩斑斓的观花植物。但要注意的是，天气较冷开门时，冷风吹进走廊，会影响一些植物生长，导致植物落叶，甚至死亡，因而不能在走廊上摆放太过娇嫩的植物。

冬季走廊温度较低，可以选择耐寒的植物，如报春花、风信子和郁金香等鳞茎植物、仙客来和杜鹃花。夏季走廊中温度较高，可以选择丽格天竺葵、红色天竺葵、仙人掌科植物和多浆植物。即便在冬季，走廊中的温度也不会降至0℃以下，可以选择仙人掌科植物和多浆植物，而且经历低温后，大多数仙人掌科植物会开出更艳丽的花。

走廊的墙边最好种上攀缘植物，西番莲就很合适，不过它生长过于繁茂，可能会成为你的困扰。你可以选择长势更易控制的植物，如球兰或素馨（生长稳定后修剪一次），甚至还可以选择九重葛属植物。摆放斑叶植物也不错，如南极白粉藤或菱叶白粉藤。

较宽的走廊，可以直接摆放大型植物，如八角金盘（斑叶变种放在走廊上更漂亮），或欧洲夹竹桃。小型植物需要放在花架上，否则太不起眼，起不到装饰作用。

开放式走廊

开放式走廊也能装点得十分漂亮，可以组合摆放耐寒的常绿植物，如桃叶珊瑚的变种、八角金盘以及茵芋属植物（多数茵芋属植物冬季结漂亮的小浆果）。如果想种攀缘植物或蔓生植物，可以选择常春藤。山茶花或杜鹃花盆栽，开花时也可以摆在其中，给走廊增添一抹

▲走廊分封闭式和开放式两种，有的光照充足，有的较为阴暗，应该根据不同的走廊选择合适的植物。图中的垂叶榕夏季很适合摆在这个位置，天气转冷就必须移至室内。

▲图中的大型杜鹃花（Regal pelargo-nium）一般摆在室内，鲜花怒放时也可移至室外，让路人和你分享美丽的花朵。

亮色。

冬石南、细叶石南、玛瑙珠及其杂交品种，还有全年生长的菊花，都能在走廊上摆上数周甚至数月，到花期结束后扔掉植株。

夏季多数耐阴的室内盆栽植物都能放到走廊上。其中丝兰和吊兰是上佳之选，色彩鲜亮的锦紫苏和开花的九重葛属植物也很不错。还可以在走廊上摆放几盆不同寻常的植物，如大黄，这样的话，来访的客人肯定会对你别具一格的走廊交口称赞。

◀ 丝兰(Yucca)通常摆在室内，夏季可移至室外阴凉处，图中组合摆放着几种耐寒的室内盆栽植物，丝兰在其中鹤立鸡群，引人注目，同时还增加了整组植物的层次感。

◎实际操作可能遇到的问题

* 封闭式走廊只要能控制温度稳定，很多植物都能繁茂生长。
* 在走廊上安装电热器或恒温器能防止植物霜冻，在门口安装热风扇则能迅速提高开门时乘虚而入的冷空气的温度。但走廊上不可避免会有冷风吹入，因此最好还是种植耐寒的植物。
* 夏季走廊上过高的温度也会带来问题。与温室和暖房不同，走廊一般通风不足。向阳的走廊阳光直射较多，需要安装至少一个自动通风设备，在温度升高之前尽量打开走廊上所有窗户，保证通风，不过这样可能会招来盗贼。
* 温度较高时提供些许阴凉有助于植物生长。和百叶窗相比，攀缘植物的遮阴效果更好。

▲走廊上既能摆放耐寒植物，又能摆放喜温植物。图中娇嫩的秋海棠（Begonia）、耐寒的小型水仙和盆栽迷迭香（Rosemary）摆在一起。小型迷迭香幼株可作为室内盆栽，一段时间后最好移植到室外。

起居室摆设

起居室通常较为温暖、光照充足，有足够的空间发挥想象力展示各种植物，因此很多人都喜欢在这里摆放植物。

起居室一般有采光好的大窗户，窗台、桌子、壁架或壁龛都可以摆放植物，因而可能是家中最适合室内盆栽生长的房间。同时起居室也是人们最喜欢精心装饰的房间，因为人们大部分时间都在这里度过。

家具的摆设会影响房间的整体美感，植物的摆设也是如此，尤其是作为焦点的大型样品植物和组合种植充当屏风的大型植物。

不同的植物有特定的色彩，不论是植物与背景融合还是形成反差，对起居室的整体效果都会产生影响。巧妙运用植物的形状和色彩可以突显这种影响。

摆放植物之前，应充分考虑色彩搭配。叶片或花的颜色与花盆或室内其他装饰品的颜色相协调，整体效果会更有品位。墙面最好是单色或与植物反差大的颜色，最好不要把墙面装饰得花里胡哨的。当然，如果墙面是彩色的，也不是就无可救药了，可以选择合适的植物进行搭配，说不定会形成特别的视觉效果。例如，利用白色的网眼帘掩饰彩色的墙壁，旁边的白色桌子上摆放白色的类似雏菊的观花植物、绿色蕨类植物，以及白绿相间的花叶万年青，就能营造一种和谐的氛围。

不同质感的搭配能让整体效果更加丰富多彩。光滑的浅色墙面能衬托紫背天竺葵细长的紫色叶片，粗糙的砖墙能令带有针刺的仙人掌科植物更加具有特色。而有色背景则能突显彩叶芋叶子轻薄、形似翅膀的异国情调（不同彩叶芋从白绿相间到明亮的红色，颜色各不相同，需根据不同背景选择合适的品种），无论从哪个角度观察，最重要的是要突显彩叶芋精致的叶片。铁十字秋海棠叶面有褶皱，给人视

小型花盆成组种植仙人掌

1. 确保花盆底部排水孔足够大，用花盆碎片半盖住排水孔。

2. 最好使用仙人掌专用盆栽土，当然也能使用普通盆栽土。

3. 用我们先前介绍的方式取放仙人掌。

4. 仙人掌科植物和多浆植物组合种植更为漂亮，最好选用较浅的花盆。

觉享受的同时仿佛多了一分触觉的感受。

形状能弥补颜色的不足。多数喜林芋属植物叶片较大，形状有趣，如叶片呈掌状和穗状的羽叶喜林芋，以及叶片深裂的裂叶喜林芋。大叶榕属植物中，琴叶榕宽大的蜡质叶片酷似倒置的小提琴。这些植物产生的视觉效果足以和鲜艳的观花植物以及斑叶植物相媲美，而且这些植物含蓄内敛，能为起居室创设高雅的格调。

▲起居室通常宽敞明亮，广东万年青属(Aglaonema)等喜光但忌阳光直射的植物，最好放在挂有网眼帘的窗边。白色网眼帘非常适合作植物的背景。

▲人们通常喜欢在起居室摆上杜鹃花等让人眼前一亮的植物，装饰性花盆也很有观赏价值。这些植物花期一过，最好立即换上新植物，保证盆栽时刻亮丽夺目。

▲多浆植物，如图中的青锁龙，对环境要求不高，只需放在窗边即可。多浆植物多数为单调的绿色，因而最好选用色彩明亮的花盆。

厨房摆设

以前，很多厨房昏暗无光，人们使用煤气或烧柴的炉灶，烟熏火燎的让厨房更加暗无天日，因而厨房里只能种植耐阴性极强的植物。现在的厨房一般都宽敞明亮，多数植物都能繁茂生长。

厨房的窗台最适合植物生长，尤其是喜光植物。一天中温度最高的时段，如果厨房的窗台有阳光直射，透过玻璃光照强度会增加，因而只能选择摆放特定的植物，如仙人掌和多浆植物、天竺葵属植物、紫露草属植物。

要充分利用橱柜顶部的空间种植蔓生植物，这里浇水不太方便，光照条件也不是很好，不过蔓生植物下垂的枝条通常能帮助接受足够的阳光，只要精心照料，及时修剪过于细长的枝条，就能保证植物长势良好。

厨房操作台或餐桌附近最好不要摆放蔓生植物，但可以选择直立生长的植物，如金边虎尾兰、龙血树属植物（特别是树干较细的品种）、君子兰属植物，以及广东万年青属植物，这些植物放在厨房中既漂亮又不影响人的活动。

实用的盆栽植物

很多人喜欢在厨房中种植可以当作调料的植物，烧菜时顺手摘些叶片调味，但频繁采摘可能会影响植物美观。这类植物能散发独特的香味，应急时偶尔使用一两次无妨，但经常用作调料未免有点可惜。几乎所有植物都需要充足光照，这种植物也不例外，最好放在明亮的窗边。

◎需要注意的问题

在厨房摆放盆栽，首先要考虑的就是如何克服高温。尽量不要把植物放在距灶台很近的架子或橱柜上，避免高温灼伤叶片。

冬季，几乎没有室内盆栽植物能抵御大开房门灌进来的冷风，因而，最好将植物摆放在远离门口的地方。

▲厨房的窗台空间有限，可充分利用置物架，白色墙壁能反射阳光，促进植物生长。

▲如图所示，蔓绿绒 (Philodendron scanden) 等蔓生植物可摆在不妨碍人活动的地方。操作台附近可选择枝叶紧凑的植物，如图中的斑叶驮子草 (Tolmiea menziesii)。

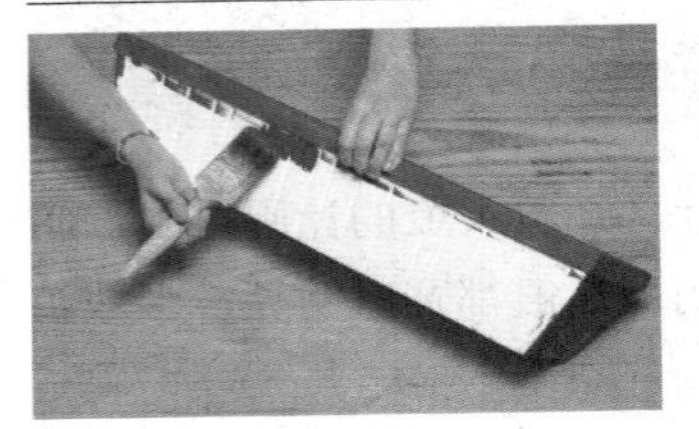

1. 节约起见，可自己动手用塑料槽制作摆放窗台盆栽的容器，刷上油漆，让容器的颜色与厨房装潢的颜色保持一致。

2. 容器底部最好先铺一层有助于排水的物质，如砂砾和煤渣的混合物，然后再放入盆栽土（含防腐剂）。

3. 如果选用枝叶繁茂的小型植物，需经常摘心，防止有些植物生长过快。

▲家里种些香料，可备烹调的不时之需。室外种植受季节影响，室内却可以常年种植，而且能起装饰作用。图中窗台小花坛中种有罗勒、百里香、欧芹、迷迭香以及斑叶苹果薄荷（自左往右）几种植物。

▲橱柜顶部可摆放植株矮小的植物或蔓生植物，不过橱柜顶部光照不足，对植物生长不利，而且蔓生植物的枝条可能会妨碍开关柜门。

▲变叶木属植物 (Codiaeum) 很适合作厨房摆设，但不能放在可能有冷风的位置。

窗台上可以单独摆放几盆植物。如果放上与窗台等宽的装有砂砾的托盘，再摆上植物，会显得更加漂亮，也有利于植物生长。罗勒和马郁兰等植物需要经常转动花盆保证均匀受光，才能正常生长。多数植物还需经常摘心。罗勒不及时摘心或修剪主枝的话，会长得过高，开花后迅速枯萎。马郁兰也需要经常摘心保持枝叶紧凑。马郁兰花朵漂亮，但不勤加修剪，植株会过于高大和茂盛，不适合摆在窗台上。鼠尾草和迷迭香等小型木本植株价格便宜，可以用作厨房摆设，这些植物在花园中会长成大型植株，室内摆放寿命就没有那么长了，很快就会枯萎，摆上两三个月就需更换新植物。如果精心养护，第二年春季植株仍鲜活亮丽，可以移植到花园中继续种植，不过不能再搬回厨房了。

卧室摆设

如果客厅和厨房都摆放了盆栽，你仍不觉得过瘾，你还可以用植物装点卧室。

很多人觉得卧室里摆放植物对人体健康不利，其实这是对植物的误会。植物放在卧室中并不会抢走人呼吸所需的氧气，非但如此，植物还能起到净化空气的作用。摆上几盆绿意葱茏的植物，卧室会变得更加宁静素雅，一觉醒来或许还能闻到千金子藤或风信子扑鼻的芳香。

卧室温度通常比客厅低，有利于多数植物生长，尤其是冬季开花的植物，温度较低会延长植物的花期。

▲多花黑鳗藤(Stephanotis floribunda)等植物能散发怡人的香味，你一早醒来就能闻到花朵散发的自然清香，根本不需要空气清新剂。

适合卧室摆放的植物

卧室中摆放的植物不像摆在其他地方的那样引人注目，人们虽然大多数时间都待在卧室中，但很多人都只把卧室看作睡觉休息的场所，并不过多关注摆放的植物。

卧室适合种植仙人掌和多浆植物，或对环境要求相对较低的大型样品植物，如叶兰、藤芋属植物。

和客厅相比，卧室的湿度更高。如果能经常给植物浇水、喷雾，卧室甚至还能摆放娇嫩的蕨类植物。

芳香植物最适合作卧室摆设，一打开卧室门，就能享受植物扑鼻的香味。

墙边桌和梳妆台摆设

植物能成为墙边桌或梳妆台的点睛之笔，不过这些

▲一坐到摆有素馨(Jasminum polyanthum)的梳妆台边，你就能闻到清幽的香味。植株在梳妆台上只能摆放一段时间，之后需移至光照条件更好、生长环境更为合适的位置恢复生机。

地方通常自然光线较差，夜晚台灯虽然能照亮桌上的植物，但对植物生长并无多大作用（距离太近还会灼伤植物）。因此植物在墙边桌或梳妆台上最多只能摆放一两周，然后就要移到光照充足的地方使各项功能恢复正常。

▲若喜欢栀子花浓烈的香味，可以在床头桌上摆上一盆，待花期结束后移到光照条件更好的位置恢复生机。

植物修养所

你肯定希望卧室中摆放的植物美观大方、具有格调，但有些植物只能在短期之内维持光艳动人的状态。因此你可以单独布置一个房间，当作状态不佳植物的休养所。例如，兰花、孔雀仙人掌以及娇嫩的樱草属植物，花期结束后就可以移到这里，摆在光照条件较好的位置，待重新开花再放到家中较为显眼的位置。

◀多数凤梨科植物买回时已开花，花期结束后一般会扔掉植株，因此可以摆在离窗户较远的桌子上。图中为虎纹凤梨（Vriesea splemden），穗状花序非常特别，长度可达60厘米。黄色的鸡冠花（Celosia plumosa）为一年生植物，较为廉价，作为短期室内盆栽通常可以摆放数周。

门厅和楼梯平台摆设

门厅和楼梯平台通常光照不足，空间较窄，冬季前门吹入的冷风还会影响植物生长。不过在这种环境下有些植物仍能茂盛生长，有些还能尽显风姿，引人驻足观望。盆栽爱好者应充分利用各个地方摆放植物，门厅和楼梯平台当然也在选择之列。

有中央供暖系统的住宅，门厅和楼梯也很暖和；如果没有，门厅和楼梯通常温度较低，还缺少自然光照。尽管存在这些不足，调查显示仍有超过1/3的人会在门厅里摆放植物，若能推荐合适的植物，更多人表示愿意一试。以下推荐的植物耐阴性强，在上述不利的环境中也能生长。冬季温度适宜的情况下，可以通过人工光照满足植物的生长需求。

引种植物色彩亮丽，但摆在门厅或楼梯平台很容易枯萎，这两个位置更适合摆放枝繁叶茂、外形漂亮的常绿植物。

▲楼梯上摆设植物需小心谨慎。较为宽敞但缺乏装饰的位置，如图中楼梯的转角处，摆上植物会让人眼前一亮。

大型植物

门厅或楼梯平台摆上一两盆大型样品植物，定会让来访的客人眼前一亮。根据门厅构造，植物可以放在通往门口的过道尽头、前厅、楼梯的平台上。适合摆放在门厅的大型样品植物包括：垂叶榕（斑叶品种尤为漂亮）、龟背竹、白边铁树、大叶伞、象脚丝兰、金帝葵等耐寒棕榈。如果白天光照不足，可以使用荧光灯提供光照，平衡植物生长，也可以使用专为植物设计的聚光灯。

尽量让样品植物与室内装潢相得益彰，朴素的淡色墙体作背景效果最佳。在靠近植物的墙面上安装一面镜子，既能让门厅看起来更为宽敞，又能映出植物，营造特殊的视觉效果。白色或米色的天花板可以反光，从而增加环境的光照强度。

攀缘植物和蔓生植物

楼梯天井很适合摆放繁茂的攀缘植物和蔓生植物，不过需注意所摆植物不会给人的行动带来不便。

在大小合适的槽内种上蔓生植物，摆在楼梯天井的平台上，植物下垂的枝条会形成天然的帘子。门厅和楼梯底层的植物还能沿着扶手向上生长。

在门厅这种环境中能繁茂生长的植物包括菱叶白粉藤以及普通常春藤的小叶变种。

常春藤可以随意攀爬，小叶攀缘喜林芋和绿萝更为有趣，都有修长下垂的枝条。线纹香茶菜和香妃草生长速度快得惊人，很快就能形成天然的帘子。

▲古香古色的门厅，可在入口处摆放大型植物，如棕榈树、大型桑科植物，修长的竹子也可以，但应注意所选植物应该不受冷风影响。

▲若有白色或淡色墙面反光，植物不放在窗边也能繁茂生长。图中的位置原本略显单调，摆上蕨类植物后顿显高雅大方。

▲选择楼梯平台摆放植物。考虑高度的同时还应注意植物不会造成过道拥挤，尽量将植物摆在角落里。图中白色的墙面反光，更能突显植物的特点。

案头摆设植物

前门旁的桌子是门厅中最适合摆放植物的位置。若门和周围环境比较呆板，最好用剪下的鲜花作摆设，增添环境活力。若门厅装修用了大量的玻璃材料，可以选生长不受冷风影响的植物。还要注意：雕花玻璃像放大镜一样具有聚光作用，阳光直射时容易灼伤叶子。

光照条件较好的门厅，桌上可以摆放吊兰属植物以及耐寒蕨类植物，如全缘贯众和鸟巢蕨。

浴室摆设

有人认为浴室不适合种植植物，因为浴室通常湿度很高，还有其他局限性。其实不然，浴室是可以种植植物的，只是挑选植物时需要更加谨慎。

浴室环境条件较为独特：只有短时间（使用时）会有很高的温度和湿度，其他时间一般温度较低（特别是在没有一直开着中央供暖系统的情况下），窗户普遍较小，自然光照不足。人们洗浴使用的香波或爽身粉等用品，也不利于植物繁茂生长。

选择合适的位置

浴缸或洗脸盆旁边不太适合摆放植物，因为水很容易溅到植物的叶子上，导致叶片腐烂。而且花盆放在这些地方不够稳当，光照条件也不够好。

你可以充分利用浴室的窗台，摆放观花植物尤其漂亮。耐寒的观叶植物，如蜘蛛抱

◎用心养护植物

和摆放在其他地方的植物相比，浴室中的植物更需要定期清洁，每周至少清洁叶子一次。有些植物的叶子长有绒毛，很难清除粉末等脏物，最好不要摆放在浴室中。其他植物，特别是叶子较多的植物，积有厚厚的灰尘粉末，一一擦洗比较麻烦，可以将叶子浸入水中清洗。如果使用肥皂、洗发水或牙膏进行清洁，清洁后应及时擦净，以防叶片有残留。时常转动花盆，可以防止植物因光照不足向光弯曲生长。

一旦植物长势不良，要立即更换新的植物。换下的植物放到更合适的环境中，待一两个月恢复生机后，再轮换使用。

▲浴室自然光照不足，因而最好将植物放在窗边。利用任何可利用的位置，创造漂亮宜人的浴室环境并不困难。

蛋、文竹等，可以放在镜子前面，镜子既能通过反光增加光照强度，又能让植物看起来更富有层次感。

蔓绿绒等蔓生植物对环境适应性较强，可以摆在较高的架子上，也可以摆在镜子前面。

梳妆台或组合式盥洗盆上可以摆放非洲紫罗兰或长寿花，可以配合环境使用漂亮的装饰性托盆。但这些植物不能长时间摆在浴室里，摆放几周后就要移到其他地方修养一段时间。

▲作为浴室摆设，蔓生植物蔓绿绒（Philodendron scanden）是非常不错的选择；白鹤芋（spathiphyllum）枝繁叶茂，白色花朵形似船帆，尽显典雅高贵；观花植物，如仙客来，可短时间作为浴室摆设。

▲从耐寒的常春藤到较难成活的铁角蕨（Asplenium capillus−veneris），很多植物都能在浴室中繁茂生长。光照不足的浴室可以种植常春藤，而浴室的湿润环境有利于蕨类植物的生长。

▲充分发挥想象利用蔓生植物。浴室通常窗户较小，相对阴暗，可将植物在浴室和其他房间之间轮换摆放，这样家中所有位置都会有漂亮的植物了。

◎适合浴室摆设的植物

以下植物基本上都适合浴室摆设：

* 大型植物

八角金盘、龟背竹、肋叶蔓绿绒

* 蔓生植物

绿萝（又名黄金葛）、龙利、小叶常春藤

* 灌木

广东万年青属植物、袖珍椰子（又名矮棕）

* 短期观花植物

菊花、仙客来属植物、紫芳草属植物

6

第六章

室内盆栽名录

苘麻属（Abutilon）

苘麻属植物为常绿灌木，通常作为观叶植物，有些品种花朵出众，也可作为观花植物。蔓性风铃花不仅可以种在室内，还可种在室外阳光充足的地方。

观赏苘麻（Abutilon hybridum）

多数观赏苘麻的杂交品种花形似铃，通常作为观花植物，如金丝雀和金毛菊，花都为黄色。少数杂交品种可作为漂亮的观叶植物，如开花枫树（叶背面灰白色，正面绿色），暖房中有的植株可高达1.5米，甚至更高。

蔓性风铃花（Abutilon megap-otamicum）

花型小而悬垂，黄色的花萼包托着红色的花瓣，形似风铃，夏季开花。可像其他蔓生植物一样种于悬挂式花篮中，也可让其沿着暖房的墙面攀缘生长。其变种花叶巴西苘麻，绿色的叶片带有黄色斑块，是漂亮的观叶植物。

金铃花（Abutilon striatum）

“金铃花”是这一植物的惯用名，其实应该叫做风铃花。最为常见的是斑叶变种汤姆逊风铃花，其叶片带有黄色斑块，花为淡橙黄色。

◎种植注意事项

温度：早秋至晚冬温度保持在12℃～15℃左右。冬季忌高温。

湿度：常喷水雾。

摆放位置：光照充足，避免阳光直射。

浇水施肥：夏季充分浇水，冬季少浇水。夏季定期施肥。

养护：每年春季移植一次，移植时使用大一号的花盆，适当限制根部生长能促进开花。可适当修剪过长的枝条，促进新枝生长。春夏季将枝条绑缚到墙上，蔓性风铃花能沿暖房墙面生长。夏季可将植物移至花园。

繁育法：枝条扦插。若想要特定品种或斑叶品种，可播种培植。

▲观赏苘麻（Abutilon hybrid）

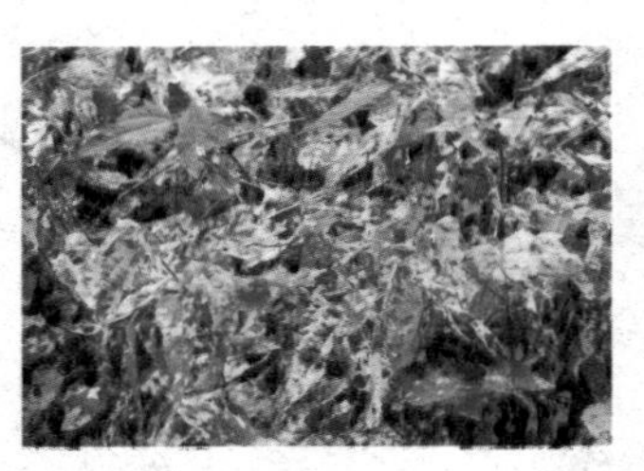

▲斑纹蔓性风铃花（Abutilon megapotamicum “Variegatum”）

▲汤姆逊风铃花（Abutilon striatum “Thompsonii”）

金合欢属（Acacia）

金合欢属植物二回羽状复叶，黄色花朵漂亮喜人。在自然界中可长成高大乔木，种在室内大型花盆中，可长成1～1.5米的灌木。金合欢属植物更适合种植在暖房中。

刺相思树（Acacia armata）

冬季中期至早春时节开花，芳香的花朵形似簇拥在枝条周围的淡黄色小球，可长成高约1.5米的丛生灌木。目前普遍使用“刺相思树”这一名称，更为准确的名称其实是“原生金合欢”。

银栲皮树（Acacia dealbata）

常被花商当作含羞草属树木出售。耐寒，冬季中期至早春时节开花，花硫黄色。羽状复叶，非常漂亮。

◎种植注意事项

温度：不低于10℃，冬季忌高温。
湿度：对湿度要求不高。
摆放位置：光照越充足越好。
浇水施肥：冬季少浇水，其他时候根据需要浇水。夏季施肥即可（施肥过多会导致植物生长过旺）。
养护：花期结束后适当修剪过长的枝条，保持植物枝叶紧凑。每两年移植一次。无温室，夏季可将植物置于室外。
繁育法：扦插；播种。

▲银栲皮树（Acacia dealbata）

铁苋菜属（Acalypha）

铁苋菜属植物变种很多，最能体现植物的多样性，有些种叶子很像鞘蕊花属植物，可作为观叶植物；有些种有下垂生长的漂亮花序，可作为观花植物。

狗尾红（Acalypha hispida）

鲜红色大型穗状花序，长约50厘米，尾状，故名狗尾红。白狗尾红花穗泛白。狗尾红种在温度适宜的温室中株高可达1.8米以上，室内种植，受到各种局限相对矮小。

红桑（Acalypha wilkesiana）

叶片长约15厘米，椭圆形，颜色鲜亮，杂有红色斑点。常见的品种有白边红桑（叶子淡绿色）以及斑叶红桑（叶面有古铜绿色、红色及橙色斑块）。

◀ 锡兰红桑（Acalypha wilkesiana "Ceylon"）

▶ 狗尾红（Acalypha hispida）

◎种植注意事项

温度：冬季不低于15℃。

湿度：对湿度要求较高，最好放在温室中，放在室内需时常喷水雾。

摆放位置：光照充足，忌阳光直射。

浇水施肥：保持盆栽土湿润但盆内不能有积水。春季至秋季施肥。

养护：早春或夏末将植株修剪至原株一半高度，保持枝叶紧凑。春季移植（若原来的花盆够大，只需追肥即可）。及时摘除枯花。红桑一开花就要摘心，并修剪过长枝条，保证植物株型紧凑、枝繁叶茂。

繁育法：扦插。

盘花苣苔属（Achimenes）

纯种的盘花苣苔属植物很少见，常见的都是杂交品种。专业苗圃有许多品种的成株可供选择，也可购买根状茎自行繁育。

盘花苣苔属植物杂交品种（Achimenes hybrids）

早春至秋季开花，花期较短，花色有粉红、紫色、黄色、红色、白色等，花数量较多。冬季植株枯萎，来年春季根状茎上会长出新植株。

◎种植注意事项

温度：冬季植株枯萎后对温度无特殊要求。生长阶段不低于13℃。

湿度：花苞期要经常喷水雾，放在盛有水和鹅卵石的托盘上，保持周围空气湿润。

摆放位置：光照充足，忌阳光直射。

浇水施肥：植物生长阶段用温热的软水浇水，保证盆栽土潮湿。定期施肥。

养护：盘花苣苔属植物茎较为娇嫩，可种于悬挂式花盆任其自然下垂，否则最好用细杆支撑避免枝条折断。秋季植物落叶后停止浇水。根状茎可留在花盆里，也可取出埋入泥炭土或细沙中，避免霜冻。冬末或早春移植。

繁育法：分离根状茎；扦插；播种（杂交品种不能通过播种培育）。

▲盘花苣苔属植物杂交品种

铁线蕨属（Adiantum）

铁线蕨属植物外观雅致，少数几种耐寒抗霜冻，但多数植物需要温暖湿润的生长环境，不能长时间摆在客厅内。小型植株可种在瓶状花箱内。

铁线蕨（Adiantum capillus-veneris）

叶片薄，呈羽状，叶柄栗黑色。在该属植物中，铁线蕨耐寒性最强。一些国家称其为智利铁线蕨，其实另一种植物也使用这一名称。

智利铁线蕨（Adiantum chilense）：见铁线蕨。

美叶铁线蕨（Adiantum cuneatum）：见楔叶铁线蕨。

毛叶铁线蕨（Adiantum hispi-dulum）

新生叶片青铜色中微泛粉红色，老叶看上去比较粗糙。

楔叶铁线蕨（Adiantum raddianum）

嫩叶竖直生长，之后弯曲，是最受欢迎的铁线蕨属植物之一。条件适宜能长成中型盆栽植物。有许多不同的变种，叶子颜色、形状以及生长习性略有差异。芳香铁线蕨带有香味，Frisz-Luthii叶片呈亮绿色。楔叶铁线蕨又名美叶铁线蕨。

▲铁线蕨（Adiantum capillus-veneris）

▲芳香铁线蕨（Adiantum raddianum “Fragrantis-simum”），又名香叶铁线蕨（左），拉丁名为“Frisz-Lunthii”的品种（右）。

▲毛叶铁线蕨（Adiantum hispidulum）

◎种植注意事项

温度：本属多数植物冬季温度不低于18℃。

湿度：高湿度。

摆放位置：忌阳光直射和冷风。

浇水施肥：常浇水。春季至早秋时节用肥性较弱的肥料施肥。

养护：干燥或过冷的空气会引发很多问题。盆栽土不能干透，也不能将花盆浸在水中。

繁育法：分株繁殖；春季播种孢子。

蜻蜓凤梨属（Aechmea）

其中蜻蜓凤梨是种植最为广泛的凤梨科植物，叶子美观，花期长，头状花序也很漂亮。

蜻蜓凤梨（Aechmea fasciata）

叶片宽大，绿色，有银灰色横纹，莲座型叶丛排列紧密。穗状花序直立生长，苞片呈粉红色，小花呈淡蓝色，很像丁香花的颜色。夏季中期至冬季早期开花，花期可持续数月，花期过后莲座型叶丛枯死。又名美叶光萼荷。

美叶光萼荷（Aechmea rhodocyanea）：见蜻蜓凤梨。

◎种植注意事项

温度：冬季不低于15℃，否则花期结束后只能扔掉植株。

湿度：无特殊要求。

摆放位置：光照充足，忌阳光直射。

浇水施肥：根部始终保持湿润，莲座状叶丛形成的花瓶内夏季可装满水，冬季温度低于18℃应将水排空。夏季用肥性较弱的肥料施肥。

养护：幼小植株不会开花，植株种植数年才能成熟。将成熟植株套上塑料袋，袋内放几个熟透的苹果，放置几天，可促进植株开花。温度较高时喷水雾。花期结束后老叶丛枯萎，侧面生出新叶丛，可用于繁育。

繁育法：新生莲座状叶丛高度约为母株一半时，分离出来移植到其他花盆中，尽可能保持根系完整。

◀蜻蜓凤梨（Aechmea fasciata）

芒毛苣苔属（Aeschynanthus）

部分品种可作为室内盆栽，下面介绍的这个品种最易成活，如果能放在温室中，长势会更好。所有芒毛苣苔属植物均为蔓生，叶子长有绒毛，红色或橙色的花簇生。

毛萼口红花（Aeschynanthus lobbianus）

叶肥厚、深绿色，茎蔓生，末端簇生红中泛黄的花朵，花萼黑紫色。通常夏初开花。

◎种植注意事项

温度：夏季凉爽，冬季温暖，温度不低于13℃。

湿度：常喷水雾，特别是天气较热时。

摆放位置：光照充足，忌阳光直射。

浇水施肥：春季至秋季定期浇水，其他时间少浇水，最好使用温热的软水。夏季施肥。

养护：花期结束后进行修剪，防止枝条过长。开花时请勿移动植株，否则可能导致花朵脱落。最好每两三年移植一次。

繁育法：扦插。

▲芒毛苣苔属杂交品种“摩娜”（Aeschynanthus hybrid ‘Mona’）

龙舌兰属（Agave）

龙舌兰属植物为旱生植物（即在缺水情况下仍能存活），常被当作多浆植物。部分品种有漂亮的穗状花序，可种在室外，但常被用作室内观叶植物。龙舌兰常种在花槽中装点天井，热带地区可置于室外越冬。

龙舌兰（Agave americana）

叶呈条状，灰绿色或蓝灰色，边缘带刺，条件适宜，长度可达1～1.2米。常见的斑叶品种有金边龙舌兰、黄心龙舌兰、黄边龙舌兰。

王妃之雪（Agave filifera）

叶坚挺，肉质，边缘具疏刺，顶端有硬尖刺，向上生长，自然弯曲，形成圆形的莲座状叶丛。

鬼脚掌（Ageve victoriae-reginae）

叶呈三角形，暗绿色，边缘白色，形成球形莲座状叶丛，是最适合作为室内盆栽的龙舌兰属植物之一。

▲鬼脚掌（Ageve victoriae-reginae）

◎种植注意事项

温度：冬季温度不低于10℃。部分植物能抵抗低温，避免霜冻。
湿度：耐干燥。
摆放位置：光照充足。
浇水施肥：夏季适度浇水，冬季保持盆栽土干燥（光照充足可偶尔浇水）。夏季偶尔施肥。
养护：龙舌兰等大型植物夏季可置于室外（摆在天井中的要注意针刺），每年春季移植一次。
繁育法：扦插，将母株分蘖长出的幼株移栽到新的花盆中；可播种，但生长速度较慢。

广东万年青属（Aglaonema）

叶茎生，叶柄较短，叶片呈矛形。普通的绿叶品种平淡无奇，斑叶品种漂亮动人，生命力较强。

玉皇帝（Aglaonema crispum）

叶绿色，带银灰色斑块。其斑叶品种玛丽亚玉皇帝的叶片格外亮丽。

斑马万年青（Aglaonema commutatum）

叶绿色，有银灰色斑纹。花青白色，并不引人注目，有时结红色浆果。

广东万年青属杂交品种

多数适合作为室内盆栽的广东万年青属植物为杂交品种。银后亮丝草银灰色的叶片上有深绿色的斑纹，银帝亮丝草叶片银灰色，叶柄有浅绿色斑纹。广东万年青属植物大多没有确定的名称，以上介绍的品种常被当作不同品种的粗肋草。

◎种植注意事项

温度：冬季不低于15℃，10℃时植物仍能生长。
湿度：高湿度，常喷水雾。
摆放位置：绿叶品种能够承受较弱光照，斑叶品种需要放在阴凉处，忌阳光直射。
浇水施肥：春季至秋季定期浇水，冬季少浇水。春秋期间施肥。
养护：最好种在浅盆内。广东万年青属植物生长缓慢，必要时才进行移植。
繁育法：枝条扦插；分株繁殖。

◀玛丽亚玉皇帝（Aglaonema crispum “Marie”）

芦荟属（Aloe）

芦荟属植物属多浆植物，外观漂亮，易成活，可放在阳光充足的窗台上作为样品植物。

▲好望角芦荟（Aloe ferox）

木剑芦荟（Aloe arborescens）

叶直立生长，肉质，形似犄角，边缘带刺。橙红色穗状花序非常漂亮。可长成高大植株，种在花盆里生长缓慢。

好望角芦荟（Aloe ferox）

叶厚实、肉质，表面有红褐色针刺，看上去像长了瘤子一样。成熟植株会长出分杈的红色穗状花序，株高可达45厘米。

不夜城芦荟（Aloe mitriformis）

叶肉质，深绿色，叶缘及叶背带刺。夏季开鲜红色花朵。

花叶芦荟（Aloe variegata）

叶三角形，深绿色，略带紫色，上有“V”字形白斑，形成莲座状叶丛。有时开红花。植株矮小，株高约为15～30厘米。

▲花叶芦荟（Aloe variegata）

◎种植注意事项

温度：冬季注意防寒，避免霜冻，室温控制在5℃左右。
湿度：耐干燥。
摆放位置：光照充足，夏季可置于花园。
浇水施肥：夏季每周浇水一两次，冬季少浇水。夏季偶尔施肥。
养护：每两三年春季移植一次。
繁育法：分株繁殖（分离时避免根系受损）；春季播种。

凤梨属（Ananas）

有些用作室内盆栽的观赏性凤梨也会结果实，但果实不能食用。凤梨属植物最初是作为室内观叶植物种植的，偶尔结果可谓额外的收获。

斑叶红凤梨（Ananas bracteatus striatus）

叶长而尖，绿中略显粉红，两侧近叶缘处有米黄色纵向条纹。称其为“三色彩叶凤梨”更为准确。

斑叶凤梨（Ananas comosus variegatus）

可食用凤梨的斑叶品种。普通绿叶凤梨作为室内盆栽不够漂亮，斑叶凤梨有纵向米黄色斑纹，植株更为矮小，也更为动人。

▲斑叶红凤梨（Ananas bracteatus striatus）

◎种植注意事项

温度：冬季15℃～18℃。

湿度：无特殊要求，温度较高时喷水雾。

摆放位置：光照充足，尤其是斑叶品种。摆在窗台上需留意针刺可能会勾住窗帘。

浇水施肥：夏季定期浇水，冬季待盆栽土干透再浇水。春末早秋期间施肥。

养护：夏季莲座状叶丛形成的“花瓶”中可注入少量水。成熟植株套上塑料袋，袋内放熟透的苹果或香蕉，可促进植株花芽分化。

繁育法：花商通常通过播种繁殖，少数植物通过扦插果实顶部的蘖芽繁殖更为便捷。

花烛属（Anthurium）

水晶花烛、绒叶花烛等常作为观叶植物，其他常见品种都是观花植物。室内种植不易成活，但因其能创造独特的视觉效果，使用很广泛。

火鹤花（Anthurium andreanum）

市场上出售的为杂交品种。叶柄较长，叶心形。佛焰苞大型亮丽，呈红色、粉红或白色，佛焰花序直立生长。春季至夏末开花，花期可达数周。

◎种植注意事项

温度：冬季不低于16℃。

湿度：高湿度。经常喷水雾，勿喷到花上。

摆放位置：光照充足，夏季忌阳光直射。

浇水施肥：夏季定期浇水，冬季少浇水，最好使用软水。夏季用肥性较弱的肥料施肥。

养护：每隔一年春季移植一次，使用纤维质培养土（混合盆栽土），土壤不能压得过实。

繁育法：分株繁殖；也可通过扦插植物的茎或播种繁育，但不容易成功。

红鹤芋（Anthurium scherzerianum）

红鹤芋同样多为杂交品种。叶呈长矛状，佛焰花序卷曲。春季至夏末开花。

▶红鹤芋（Anthurium scherzerianum）

单药花属（Aphelandra）

广泛种植的几个品种既能作为漂亮的观叶植物，又能作为观花植物。

银脉单药花（Aphelandra squarrosa）

叶较大，深绿色，富有光泽，叶面分布着白色叶脉。穗状花序，黄色苞片寿命较长，能持续一个月左右，如同瓦片层层堆叠，包裹着花期较短的黄色花朵。通常秋季开花，有些植株春季过后就会开花，如果环境控制得好，冬季也能买到开花的银脉单药花。

▲银脉单药花（Aphelandra squarrosa）

◎种植注意事项

温度：冬季不低于13℃。

湿度：高湿度，经常喷水雾。

摆放位置：光照充足，忌阳光直射。充足光照可促进开花。

浇水施肥：夏季定期浇水，冬季少浇水，保持盆栽土湿润，最好使用软水。春秋两季间常施肥。

养护：及时摘除枯花。保持环境温暖湿润，避免冷风，防止植株落叶。

繁育法：扦插。春季选择生有叶芽的植物茎杆扦插在暖箱中。只有一个芽眼的茎杆也能用于扦插。

鼠尾掌属（Aporocactus）

鼠尾掌属植物实质上是仙人掌属植物的不严格分类，该属植物对生长环境要求不高，以下介绍的是最为常见的种类。鼠尾掌属植物蔓生，茎下垂生长，可嫁接于较高的砧木上。

鼠尾掌（Aporocactus flagelliformis）

茎圆柱形，蔓生，带尖刺。春季开花，花大型，红色或粉红色。

鞭形鼠尾掌（Aporocactus flagriformis）

和鼠尾掌相似，茎较粗，针刺更多（常被误认为鼠尾掌）。花苞红中带黄，开放后花为鲜红色，边缘呈紫色。

▲鼠尾掌（Aporocactus flagelliformis）

◎种植注意事项

温度：冬季不低于5℃。

湿度：耐干燥，温度较高时喷水雾。

摆放位置：光照充足，避免午后强光直射。夏季可置于花园。

浇水施肥：春夏两季浇水较为随意，其他时间控制浇水量。

养护：植物长出花苞后忌移动，否则会导致花苞脱落。冬季置于温暖湿润、光照充足的地方。

繁育法：扦插；播种。

南洋杉属（Araucaria）

以下介绍的是最为常见的南洋杉属盆栽植物，也是为数不多的室内针叶植物之一。自然界中南洋杉属植物可长成大型植株，室内种植几年也能长成株高约1.5米的大型植株，因此需要足够空间保证植株生长。

细叶南洋杉（Araucaria excelsa）：见异叶南洋杉。

异叶南洋杉（Araucaria heterophylla）

坚硬的侧枝分层排列在主干上，具有1.5厘米左右的针刺，又名细叶南洋杉。

▲异叶南洋杉（Araucaria heterophylla）

◎种植注意事项

温度：冬季5℃~10℃。

湿度：高湿度。放在有供暖系统的干燥房间内，不常喷水雾会影响植物生长。

摆放位置：光照充足，避免阳光直射。夏季置于花园。

浇水施肥：春季至秋季定期浇水，冬季少浇水，盆栽土不能干透，最好使用软水。夏季用肥性较弱的肥料施肥。

养护：夏季置于阴凉处，避免高温影响植株生长。每三四年移植一次，避免植株生长过于高大。

繁育法：在栽培箱中进行顶芽扦插，但非专业人员扦插成活率很低。

天门冬属（Asparagus）

天门冬属百合科植物，但常被当作蕨类植物。叶子羽状排列，大多呈针形，部分植物外观与蕨类植物相似，但更耐寒，因而不太挑剔摆放位置。以下介绍的是最为常见的种类。

武竹（Asparagus densiflorus）

“叶子”（严格意义上是叶状枝，并非真正的叶子）嫩绿，比文竹叶子大，更为美观。茎细长弯曲，随着植株的生长逐渐下垂。有时开白色或粉红色小花，结红色浆果。常见的品种有“垂叶武竹”。“狐尾武竹”常被单列为一个种，植株更直、更为矮小。

狐尾武竹（Asparagus meyeri）： 见武竹的“狐尾武竹”品种。

云片竹（Asparagus plumosus）： 见文竹。

文竹（Asparagus setaceus）

叶子（叶状枝）细长，浅绿色，羽状，和蕨类植物很像。幼株株型紧凑，成熟植株会长出细长的攀缘枝。又名云片竹。

垂叶武竹（Asparagus sprengeri）： 见武竹的“垂叶武竹”品种。

◎种植注意事项

温度：冬季不低于7℃。文竹最好不低于13℃。

湿度：偶尔喷水雾，尤其是冬季供暖干燥的房内，更应该注意空气湿度。

摆放位置：在光照充足和阴凉处轮流摆放，忌阳光直射。

浇水施肥：春季至秋季定期浇水，冬季少浇水。春季至初秋施肥。

养护：植株变黄或过高可适当修剪，修剪后植株还会抽新枝。幼小植株每年春季移植一次，成熟植株每两年移植一次。

繁育法：分株繁殖；播种。

▲垂叶武竹

蜘蛛抱蛋属（Aspidistra）

常绿草本植物，叶茎生，耐寒性强，对生长环境要求不高，是很受欢迎的室内盆栽植物。

蜘蛛抱蛋（Aspidistra elatior）

叶茎生，叶面宽大，深绿色，长45～60厘米。“洒金蜘蛛抱蛋”叶面有米白色纵向条纹。冬末春初根部附近会开出略带紫色的小花，很不显眼。

◎种植注意事项

温度：冬季置于温暖的地方，避免霜冻，最适温度为7℃～10℃。

湿度：耐干燥。

摆放位置：有光或阴凉处皆可，忌阳光直射。

浇水施肥：春季至秋季适度浇水，冬季少浇水，不能浸透盆栽土。

养护：偶尔清洗或擦拭叶片，确保植物更好地吸收阳光。通常每三四年才移植一次。

繁育法：分株繁殖。

铁角蕨属（Asplenium）

蕨类植物叶较薄且娇嫩，有数百个品种，多数品种对环境要求比较苛刻，少数品种可作为室内盆栽。鸟巢蕨叶较厚，革质，对生长环境的要求不像其他蕨类植物那么高。

铁线蕨（Asplenium bulbiferum）

株高约45　60厘米，叶子为典型蕨类植物的叶子。成熟叶片上会长出幼芽，可用于繁殖。

▲铁线蕨（Asplenium bulbiferum）

◎种植注意事项

温度：铁线蕨冬季不得低于13℃，鸟巢蕨冬季不得低于16℃。

湿度：高湿度。

摆放位置：有光或阴凉处皆可，忌阳光直射。

浇水施肥：春季至秋季浇水较为随意，冬季适度浇水，最好使用软水。

养护：定期清除叶片上的灰尘。叶片边缘变黄或破损，可用剪刀剪去受损部分，勿剪到绿色部分。

繁育法：播种孢子（较难）或分株繁殖。铁线蕨可通过移栽叶面萌生的幼芽繁殖。

鸟巢蕨（Asplenium nidus）

附生蕨类，叶面光滑，叶子丛生，形成形似花瓶的莲座状叶丛。成熟植株叶背长有孢子囊，可用于繁殖。

桃叶珊瑚属（Aucuba）

抗霜冻灌木，广泛用作绿化植物，也常作为室内盆栽，可摆放在其他娇嫩植物不能繁茂生长的位置。植株过于高大可移植至花园，不过需事先让植物适应花园的环境。

桃叶珊瑚（Aucuba japonica）

叶大，深绿色，革质，叶片带有黄斑的斑叶变种常用作室内盆栽。不同品种斑叶情况不同。广泛种植、一见即识的品种还有火焰南天竹（金色斑块或斑点非常漂亮）、洒金桃叶珊瑚（黄色斑点）等。桃叶珊瑚花朵不明显，浆果红色，用作室内盆栽通常不会开花结果。种在花园中可长成高达1.5　1.8米的植株，室内盆栽高度通常只有其一半左右。

◎种植注意事项

温度：无特殊要求，抗霜冻，冬季忌高温。
湿度：耐干燥，冬季放在温度较高的房内需常喷水雾。
摆放位置：阴凉处最佳，也可置于半阴环境中，忌阳光直射。
浇水施肥：春季至秋季定期浇水，冬季少浇水。
养护：每两年春季移植一次，同时修剪过长或稀疏的枝条。
繁育法：扦插。

▲桃叶珊瑚斑叶变种（Aucuba japonica variety）

秋海棠属（Begonia）——观叶植物

观叶秋海棠属植物一年四季都很漂亮，而且有些植物也会开花，只不过花小不显眼罢了。

豹耳秋海棠（Begonia bowerae）

植株矮小，高约15～23厘米，叶亮绿色，叶缘褐色、锯齿状，叶面有长绒毛。根状茎匍匐生长。冬季开花，花单朵，白色略带粉红。杂交品

▶一组观叶秋海棠。埃及艳后秋海棠（“Cleopatra”，上排偏左）、虎斑秋海棠（“Tiger”，上排偏右）、里氏秋海棠（B.listada，上排居中）、铁十字秋海棠（B.masoniana，下排偏左）、红星秋海棠（“Red Planet”，下排偏右）。

种虎斑秋海棠外观漂亮，叶面有较大的青铜色和绿色斑块。

里氏秋海棠（Begonia listada）

裂叶，深绿色，叶面长有柔软的绒毛，淡绿色斑纹。秋冬季开少许白花。

铁十字秋海棠（Begonia masoniana）

叶卵圆形，亮绿色，叶面中央生有褐色十字斑纹。花朵不明显。

蟆叶秋海棠（Begonia rex）

品种很多，是目前最受欢迎的室内盆栽植物。叶不对称，长度可达23厘米，有鲜亮的绿色、银色、褐色、红色、粉红以及紫色斑纹。

▲蟆叶秋海棠（Begonia rex）

◎种植注意事项

温度：冬季不低于16℃。
湿度：高湿度，忌直接往叶片上喷水雾。
摆放位置：光照充足，忌阳光直射。
浇水施肥：春季至秋季定期浇水，冬季少浇水。
养护：每年春季移植一次。
繁育法：分株繁殖；扦插叶片。

秋海棠属（Begonia）——观花植物

很多秋海棠属植物为观花植物——有的花小而多，花期长（如四季秋海棠，非常适合作为夏季花园摆设）；有的花少但花型大，如带块状茎的杂交品种，也不失美观。

圣诞秋海棠（Begonia cheimantha）：见洛伦秋海棠。

冬花秋海棠（Begonia elatior hybrids）

花单瓣或重瓣，花色丰富，有红色、粉红、黄色、橙色和白色，由索科特拉海棠和原产于南美的球根秋海棠杂交而成。花朵不易脱落，品质更为优良。自然界中冬季开花，不过花商常采取干预手段，诱发植物全年开花。又名玫瑰海棠。

玫瑰海棠（Begonia hiemalis）：见冬花秋海棠。

洛伦秋海棠（Begonia lorraine hybrids）

由索科特拉海棠和球根海棠杂交而成，习称圣诞秋海棠。冬季开花，小型白色或粉红色花朵簇生。“海棠红”是最有名的品种。

四季秋海棠（Begonia cheimantha）

植株低矮，易感染霉菌，夏季开花，花小但数量多。花色包括红色、粉红色和白色，部分植物叶片为青铜色。许多品种可用种子繁殖。

萨瑟兰秋海棠（Begonia sutherlandii）

蔓生植物，叶片长卵圆形，夏季开花，花橙红色，数量很多。

▲萨瑟兰秋海棠（Begonia sutherlandii）。

球根秋海棠（Begonia tuberhybrida）

花大而美丽，重瓣，既能作为盆栽植物，又能用于园林种植。品种繁多，包括单瓣及重瓣的蔓生类（可种于悬挂式花篮）以及单瓣、半重瓣和重瓣的多花类。花色丰富，包括红色、橙色、粉红色以及黄色。夏季开花，花期可持续数月。

◎种植注意事项

温度：冬季开花的品种保证温度在13℃～ 21℃。花期过后就枯萎的植物需保护块茎免受霜冻。

湿度：高湿度并非必需条件，但有利于植物生长。

摆放位置：光照充足，夏季忌阳光直射。

浇水施肥：秋海棠属植物生长受水量影响很大。植物开花时定期浇水，其他时候控制浇水量。部分植物冬季枝叶枯萎，叶子变黄进入休眠期，应停止浇水。花蕾期和开花时用肥性较弱的肥料施肥。

养护：很多秋海棠属植物都易感染霉菌，一发现有霉菌应立即喷药剂，并保证通风良好，摘除受感染的叶子。种植球根秋海棠，需要定期摘除硕大漂亮的雄花背后的小雌花。除了花朵细小的植物，其他植物应经常摘除枯花。块茎类秋海棠可置于防霜冻的地方越冬，留作来年使用，其他植物一般花期结束后就扔掉植株。

繁育法：四季秋海棠可通过播种培育。块茎类可在春季扦插，也可分离块茎，有些还能播种培育。洛伦秋海棠和冬花秋海棠还能扦插叶片或顶芽进行培育。

水塔花属（Billbergia）

陆生凤梨科植物，花朵具有异国情调，以下介绍的是较易种植的品种。狭叶水塔花生命力极强。开花时间取决于生长环境——通常春季开花，温度较低时可能秋末才会开花。

狭叶水塔花（Billbergia nutans）

苞片是显眼的粉红色，花瓣边缘为蓝色，黄绿色花朵下垂生长。叶丛生，形成细长的管形莲座状叶丛。

温迪水塔花（Billbergia windii）

狭叶水塔花与德可拉水塔花的杂交品种。与狭叶水塔花相似，花更大，粉红色苞片更加明显。

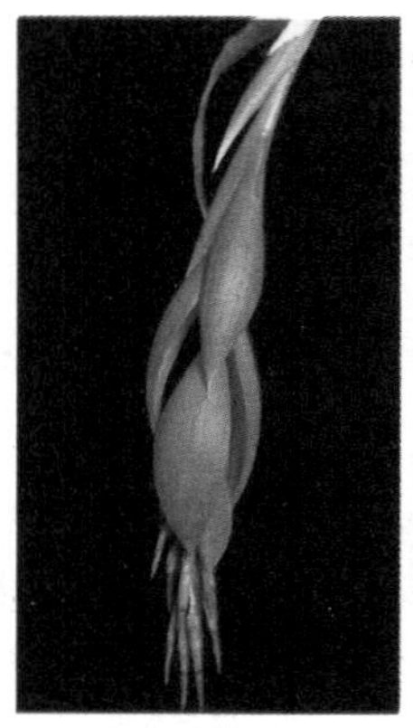

▲温迪水塔花（Billbergia windii）

▲狭叶水塔花（Billbergia nutans）

◎种植注意事项

温度：冬季不低于13℃。如有供暖设备抵御霜冻，温度较低植物仍能存活，但生长和开花会受影响。

湿度：耐干燥。

摆放位置：光照充足，忌阳光直射。

浇水施肥：春季至秋季定期浇水，冬季少浇水。夏季往莲座状叶丛形成的“花瓶”中注水，其他时候保持干燥。春季至秋季施肥。

养护：花期结束后勿扔掉植株，新抽的侧枝很快会再开花。几年后长成大型植物丛，每年都会开花。花盆不够大时移植。

繁育法：新抽的枝条长度为母株一半时，分离新枝种植。

乌毛蕨属（Blechnum）

特殊的蕨类植物，有的品种根状茎匍匐生长，有的品种茎较短，有的品种茎甚至会像“树干”（成熟植株）一样挺拔直立。叶子形成漏斗形莲座状叶丛。

巴西乌毛蕨（Blechum brasiliense）

新生叶红褐色，形成莲座状叶丛，成熟叶绿色。株高可达1米。

疣茎乌毛蕨（Blechum gibbum）

叶片长大，形成莲座状叶丛，成熟植株叶子长度可达1米。长时间种植会长成粗壮的主干。

▲疣茎乌毛蕨（Blechum gibbum）

◎种植注意事项

温度：冬季13℃~18℃，忌高温。
湿度：适中。
摆放位置：有光照或半阴凉的位置，忌阳光直射。
浇水施肥：春夏两季定期浇水，其他时间适度浇水。春夏两季用肥性较弱的肥料施肥。
养护：及时摘除枯萎或长斑的叶子，保持植物美观。
繁育法：分株繁殖；播种孢子。

叶子花属（Bougainvillea）

攀缘灌木，花极小，苞片轻薄多彩，比花更漂亮。植株高大，种在花园中高度可达3米甚至更高，更适合种在暖房中。种在小型花盆中可沿着铁箍等支撑物盘旋生长，放在客厅中也能存活几年。叶子花属植物品种繁多，杂交品种更是不计其数，但种植及养护方法大致相同。

▲亚历山大光叶子花（Bougainvillea glabra "Alexandra"）

杂交三角梅（Bougainvillea buttiana）

普通三角梅和秘鲁三角梅的杂交品种。"巴特小姐"和"红湖"最为人熟知，春夏两季开花，苞片鲜红轻薄，持续时间长。其他品种还有"马尼拉小姐"（苞片粉红色略带红色）、"海伦·迈克里恩小姐"（苞片介于杏黄色和琥珀色之间），以及"郝思嘉"（苞片鲜红色）。

三角梅（Bougainvillea glabra）

生长旺盛，茎带刺。夏季开花，苞片玫红色，有紫色苞片的变种，还有斑叶变种。常见的三角梅有"玛利亚"（苞片鲜艳的紫色）、"彩虹"（苞片珊瑚红色，褪色后变为彩色），"白雪公主"（苞片白色）等。

叶子花（Bougainvillea spectabilis）

带刺，生长旺盛，很少作为室内盆栽。苞片多为紫红色，还有苞片为红色、粉红色、白色和橙黄色的变种。

▲叶子花属植物杂交品种（Bougainvillea hybrid）

◎种植注意事项

温度：冬季不低于13℃。
湿度：摆放温度较高的房间或夏季气温较高时常喷水雾。
摆放位置：光照充足，可以忍受强度不高的阳光直射，忌正午透过窗玻璃的阳光直射。
浇水施肥：夏季定期浇水，冬季少浇水。春季植物刚发芽时避免浇水过量，过度浇水会影响植物开花。夏季常施肥。
养护：必要时春季移植。当年花期结束后可置于暖房或温室，放在客厅中植物来年很难再次开花。秋季剪短枝条保证枝条紧凑，让新枝沿着支撑物生长。
繁育法：扦插。

紫水晶属（Browallia）

该属多数成员为草本植物，种植最为广泛的是一种半灌木植物，常被当作一年生植物对待，枯萎后扔掉植株。

蓝英花（Browallia speciosa）

植株茂盛，高约30厘米，花色包括灰色、深蓝色、白色和紫色。我们常见的通常为蓝英花的变种，而不是纯种蓝英花，这些变种花色和植株大小更为丰富，交错种植，全年都可观赏开花植株。

◎种植注意事项

温度：10℃～15℃。适当降低温度可延长花期。
湿度：无特殊要求，偶尔喷水雾。
摆放位置：光照充足，少量直射阳光并无大碍，忌气温最高时透过窗玻璃的直射阳光。
浇水施肥：定期浇水。常施肥。
养护：直径约10厘米的花盆种一棵植物，约15厘米的可种三棵植物。定期摘心（尤其是幼株）可促进植物繁茂生长。经常摘除枯花。花期结束后扔掉植株。
繁育法：冬末或初春播种，夏秋季开花；夏季播种，冬季或春季开花。

▲蓝英花（Browallia speciosa）

曼陀罗木属（Brugmansia）

曾称作曼陀罗属，现在两个名称都使用。用于室内盆栽或庭院种植的曼陀罗木属植物及其杂交品种都是大型灌木，株高通常可达1.8米，定期修剪可能会更高，因而，种在暖房内比摆在客厅里合适多了。曼陀罗木属植物有毒，家中有小孩的最好不要种植。

曼陀罗木（Brugmansia candida）

叶大，长度通常为30厘米以上。花朵硕大，铃形，从花瓣顶端到花萼可达20厘米，花重瓣，香味馥郁。环境适宜时全年都可开花，花期主要在夏季。又名曼陀罗。

大花曼陀罗（Brugmansia suaveolens）

和曼陀罗相似，花白色，花型更大。有重瓣的品种，香味馥郁。又名白花曼陀罗。

▲大花曼陀罗（Brugmansia suaveolens）

◎种植注意事项

温度：冬季不低于7℃。

湿度：无特殊要求，偶尔喷水雾。

摆放位置：光照充足，最好有少许直射阳光。

浇水施肥：春季至秋季定期浇水，冬季少浇水。春季至秋季定期施肥。

养护：开花季节修剪植物，保证枝叶紧凑。尽可能种在容器中，摆放在室内，夏季可移至庭院中，温度较低时仍移回室内。

繁育法：扦插。

落地生根属（Bryophyllum）

以下介绍的两种植物新奇有趣甚于漂亮美观。植物的茎会慢慢变得细长，叶缘或叶尖上会长出幼苗（不定芽），可移栽种植。这些新奇有趣的植物易成活，最适合小孩子种植。落地生根属植物现在更为准确的名称是伽蓝菜属植物，但前者仍在使用。

大叶落地生根（Bryophyllum daigremontianum）

植株直立，不弯曲，高度可达75厘米。叶肉质，背面有紫色斑块，叶缘呈锯齿状，会长出不定芽。又名花蝴蝶。

▲大叶落地生根（Bryophyllum daigremontianum）

棒叶落地生根（Bryophyllum tubiflorum）

叶圆柱形，粉色，直立生长，有深色斑纹。锯齿状叶缘底部会长出不定芽。又名锦蝶，生物学上现称为伽蓝菜。

◎种植注意事项

温度：冬季不低于5℃。
湿度：耐干燥。
摆放位置：光照充足，忌阳光直射。
浇水施肥：少浇水，冬季只需喷水雾防止盆栽土干透即可。大型植株夏季定期施肥，小型植株不必施肥。
养护：不定芽脱落生根前移出花盆。
繁育法：不定芽繁殖。

▲棒叶落地生根（Bryophyllum tubiflorum）

肖竹芋属（Calathea）

热带雨林植物，具有异国情调，以漂亮的斑叶著称。对生长环境要求很高，温度和湿度条件不合适的话，植株很快就会死亡。

黄苞竹芋（Calathea crocata）

叶暗绿色，叶背紫色，花橙中带红，花期较长。

箭羽竹芋（Calathea insignis）：见披针叶竹芋。

披针叶竹芋（Calathea lancifolia）

叶披针形，长约45厘米，沿主脉交错分布着大小深浅不一的绿色斑块。叶背紫色。又名箭羽竹芋。

清秀竹芋（Calathea lietzei）

叶长椭圆形，长约15厘米，绿色，叶面有黄绿色条纹，叶背紫红色。

►花纹肖竹芋（Calathea picturata "Vandenheckei"，左）、披针叶竹芋（Calathea lancifolia，右）

▲黄苞竹芋（Calathea crocata）

▲斑锦竹芋（Calathea lubbersii）

▲天鹅绒竹芋（Calathea zebrina）

斑锦竹芋（Calathea lubbersii）

叶大，绿色，主脉两侧不规则分布着黄色斑纹。

孔雀竹芋（Calathea makoyana）

茎较长，叶轻薄，椭圆形，沿主脉两侧分布着羽状银色条纹和暗绿色斑块。叶背紫色，有相同斑块。又名花叶竹芋。

金心竹芋（Calathea medio-picta）

叶长椭圆形，长约15~20厘米，叶面暗绿色，沿中脉两侧分布着绿白相间的斑纹。

彩绘肖竹芋（Calathea picturata）

叶椭圆形，暗绿色，中脉两侧及叶缘附近有黄绿色条纹。花纹肖竹芋中央及两侧有银色条纹。

彩虹竹芋（Calathea roseopicta）

叶大，椭圆形，长约20厘米，叶面有粉红色条纹，逐渐褪成银白色。中脉红色，叶背紫色。

天鹅绒竹芋（Calathea zebrina）

叶披针形，长30　45厘米，主脉两侧分布暗绿色斑块。叶背灰绿色或紫红色。

◎种植注意事项

温度：冬季不低于16℃，忌温度骤变。
湿度：高湿度。
摆放位置：半阴或有光照但无阳光直射的位置。冬季光照充足，忌阳光直射。
浇水施肥：春季至秋季定期浇水，尽可能使用软水，冬季少浇水。夏季用肥性较弱的肥料施肥。
养护：每年春季移植，偶尔用海绵擦拭叶片。
繁育法：分株繁殖。

蒲包花属（Calceolaria）

唯一一种作为室内盆栽的蒲包花属植物是杂交品种，即彩叶草。彩叶草是一年生植物，花期结束后需扔掉植株。

蒲包花属杂交品种（Calceolavia hybrids）

花囊状，花色丰富，有红色、橙色、黄色、粉红色和白色，通常有漂亮的斑点。株高因品种而异，一般23～45厘米。大花变种花径达6厘米，多花变种花径达4厘米。很多品种可通过种子繁殖。

◎种植注意事项

温度：10℃～15℃。忌高温。
湿度：湿度适中，植物开花时避免弄湿花朵。
摆放位置：光照充足，忌阳光直射。忌干旱。
浇水施肥：定期浇水，保持盆土湿润。
养护：警惕蚜虫危害，及时喷洒杀虫剂控制虫害。开花前最好置于暖房或温室。花期结束后扔掉植株。
繁育法：初夏播种。若无暖房或温室，最好购买现成植株。

▲彩叶草（Calceolaria herbeo hybrida）

风铃草属（Campanula）

风铃草属植物多数用于绿化带或庭院假山种植。钟花耐寒，花期结束后，可移至室外。其他品种是适合温室种植的攀缘植物，室内短期观赏也不错。

钟花（Campanula carpatica）

植株矮小，高约15～23厘米，夏季开花，花杯状，向上生长，花色为蓝色或白色。常作为盆栽植物，花期结束后最好种在花园中。

垂钟花（Campanula fragilis）

茎蔓生，长约30厘米，夏季早中期开花，花蓝色。

意大利风铃草（Campanula isophylla）

茎蔓生，夏季中后期开花，花星形，淡蓝色。"玛依"花较大，"阿尔巴"花白色。

◎种植注意事项

温度：垂钟花和意大利风铃草冬季不低于7℃，钟花耐寒。
湿度：无特殊要求，偶尔给叶子喷水雾。
摆放位置：光照充足，忌阳光直射。
浇水施肥：春季至秋季定期浇水，冬季少浇水。
养护：经常摘除枯花。钟花花期结束后种到花园中。其他植物进入休眠期后将茎剪至5～7.5厘米，保持枝叶紧凑，外观漂亮。
繁育法：播种；扦插。

▲意大利风铃草（Campanula isophylla）

辣椒属（Capsicum）

辣椒属植物只有一种适于室内栽种，一年生，果实色彩丰富。少数变种果实呈球形，多数变种果实呈圆锥体。

五彩椒（Capsicum annuum）

春季或夏季开花，花白色，不明显。果实不成熟时为绿色，成熟后有黄色、橙黄色、红色或紫色等多种颜色；冬季早中期果实最为漂亮动人。

▲五彩椒（Capsicum annuum）

◎种植注意事项

温度：冬季不低于13℃。
湿度：常给叶子喷水雾。
摆放位置：光照充足，需少许直射阳光。
浇水施肥：定期浇水，保持盆栽土湿润。
养护：果实成熟前辣椒属植物并不是很好看，可置于温室或暖房，果实着色后再搬到室内。在阴凉潮湿的环境中，果实可保持很长时间，高温干燥环境会导致果实过早脱落。
繁育法：播种。

鱼尾葵属（Caryota）

棕榈科植物，叶子形状独特，叶缘自然破损。若生长条件适宜，多数鱼尾葵属植物能长成大型植株，但室内种植株高一般不超过1.2米。

短穗鱼尾葵（Caryota mitis）

叶大型，二回羽状复叶，成熟植株的叶片长约15厘米，宽约10厘米，末端呈锯齿状，形似鱼尾。

▲短穗鱼尾葵（Caryota mitis）

◎种植注意事项

温度：冬季不低于13℃。
湿度：湿度适中。有中央供暖系统时应常给植物喷水雾。
摆放位置：光照充足，夏季忌阳光直射。
浇水施肥：春季至夏季定期浇水，冬季少浇水，保持根部湿润即可。夏季施肥。
养护：花盆束缚植物根系生长时移植，确保花盆排水良好。偶尔用海绵清洁叶子。
繁育法：扦插根蘖；播种（较难成功）。

长春花属（Catharanthus）

长春花属的几种植物中，只有一种适于用作室内盆栽。这种多年生植物常被当作一年生植物种植。

长春花（Catharanthus roseus）

植株矮小，乍看很像凤仙花，花色为粉红色或白色，花径约2.5厘米，花心颜色较暗。叶片上有显眼的白色叶脉。可全年开花，主要花期是初夏至秋末。又名日日新。

◎种植注意事项

温度：不低于10℃。
湿度：湿度适中。
摆放位置：光照充足，温度最高的时段避免阳光直射。
浇水施肥：定期浇水。常施肥。
养护：长春花很容易播种繁殖，花期结束后最好扔掉植株。如果你不想扔掉植株，夏末剪掉枯萎的枝叶，放在室内越冬，以待来年春天再抽新芽。及时摘心，保证植物繁茂生长。
繁育法：播种；扦插。

▲长春花（Catharanthus roseus）

青葙属（Celosia）

易成活，花色丰富，常用于室外花坛种植，也是实用的室内盆栽植物。青葙属植物多年生，常被当作一年生植物种植。与客厅相比，更适合种在暖房中。

青葙（Celosia argentea）：见鸡冠花。

▲鸡冠花（Celosia cristata）

鸡冠花（Celosia cristata）

夏季和初秋开花，花形似鸡冠，边缘像荷叶边，羽状变种花呈羽状。叶呈披针形，灰绿色。鸡冠花的专业名称有点混乱，被分成不同种类（鸡冠花与羽状鸡冠）或青葙的不同品种。

羽状鸡冠（Celosia plumosa）：见鸡冠花。

◎种植注意事项

温度：即使在夏季，也尽可能保持10℃～15℃。与室外相比，种在室内阴凉处，花色会更为漂亮。
湿度：湿度适中。
摆放位置：光照充足，忌阳光直射和夏季透过玻璃窗的直射阳光。
浇水施肥：适度浇水，水量过多或过少都会影响植物生长。经常施肥但需谨慎：含氮量高的肥料有利于植物叶子生长，但不利于开花。
养护：花期结束后可扔掉植株。最好种于温室保证植物茁壮生长，通常购买刚开花的植株。
繁育法：播种。

翁柱属（Cephalocereus）

仙人掌类植物，圆柱形，体表有棱，无侧枝，长长的白色绒毛非常引人注目。

疏毛长柱（Cephalocereus chrysacanthus）

植株绿色，呈较大的圆柱形，顶部覆有黄色绒毛。9 13条棱，长有黄褐色针刺。有时开红花。目前习称为“春衣”。

翁柱（Cephalocereus senilis）

圆柱形，通常无侧枝，覆有长长的灰色或绿色绒毛。只有大型植株才会开花，花为粉红色。

▲翁柱（Cephalocereus senilis）

◎种植注意事项

温度：冬季不低于16℃。
湿度：耐干燥，夏季喷水雾有利于植物生长。
摆放位置：光照越强越好，直接光照有利于植物生长。
浇水施肥：夏季适度浇水，冬季保持盆栽土干燥。春夏两季施肥。
养护：生长受限时才需移植。较高的植株移植后一两个月内最好用细木棍支撑。
繁育法：播种。

天轮柱属（Cereus）

圆柱形仙人掌类植物，部分品种可能会畸形生长。植物表面覆有白色、绿色或淡蓝色蜡质粉衣，帮助减少水分蒸发。生长旺盛，可用作嫁接其他仙人掌的砧木。

▲天轮柱（Cereus peruvianus）

恐龙角（Cereus azureus）

茎修长，直立生长，幼株表面覆有淡蓝色蜡质粉衣。圆柱形茎具有六七条棱。花大型，白色，边缘偏褐色。

仙人山（Cereus chalybaeus）

植株圆柱形，直立生长，条件适宜直径可达10厘米，通常为6棱。花大型，外部为粉红色或红色，内部为白色。

恐愕柱（Cereus jamacaru）

生长迅速，4　6棱，针刺坚硬、黄褐色，覆有蓝色蜡质粉衣。怪兽恐愕柱畸形，大量茎密集生长。成熟植株夜晚开花，花呈杯状，白色。

天轮柱（Cereus peruvianus）

植株圆柱形，蓝色粉衣，5　8棱。褐色尖刺簇生，中央刺长可达2厘米。怪兽天轮柱茎密集生长，有点畸形。成熟植株高度通常可超过1米，会开花，花长约10～15厘米，外部红色，内部白色。

◎种植注意事项

温度：冬季不低于5℃。

湿度：光照越充足越好，直射阳光有利于植物生长。

浇水施肥：春夏两季适度浇水，冬季少浇水。

养护：必要时移植。偶尔喷水雾，保持植物清爽新鲜。夏季可置于花园。

繁育法：播种；扦插侧枝。

吊灯花属（Ceropegia）

吊灯花属包括150多个品种，只有少数用于园艺栽培。有些种类茎肉质，直立生长，无叶。受到人们欢迎的是那些多浆蔓生品种。

毛萼吊灯花（Ceropegia radicans）

茎肉质，匍匐生长，容易生根；叶肉质，椭圆形或长椭圆形；花较长，管状，有绿色、白色和紫红色条纹。

国章吊金钱（Ceropegia stapeliiformis）

茎肉质，直立生长，类似灌木，生有灰褐色斑纹，侧枝退化成鳞片状。花白绿色，漏斗状，具紫黑色斑。

吊金线（Ceropegia woodii）

茎紫色，细长如线，长度可达1米，叶小而稀疏，有银色心形斑点。夏季开花，花管状，长约1～2厘米，不明显。茎上有时会长茎瘤。现也称为爱之蔓锦。

▲吊金线（Ceropegia woodii）

◎种植注意事项

温度：冬季不低于10℃。
湿度：耐干燥。
摆放位置：光照充足，在强光或半阴环境中均能生存。
浇水施肥：少浇水，尤其是冬季。夏季常用肥性较弱的肥料施肥。
养护：春季修剪过于细长、光秃秃的茎。
繁育法：播种；压条；扦插有茎瘤的茎段。

白檀属（Chamaecereus）

该属只有一种植物，属于容易种植的多浆植物。现被生物学家归入仙人球属，称作白檀。

白檀（Chamaecereus silvestrii）

茎丛生，形似手指，针刺密集。通常匍匐生长，垂下花盆。夏初开花，花色鲜红，是较易种植的开花仙人掌科植物。

◎种植注意事项

温度：冬季温度不能低于3℃，略低一两摄氏度植物仍能存活，但生长情况受影响。
湿度：耐干燥。
摆放位置：光照充足，夏季忌阳光直射。
浇水施肥：春季至秋季定期浇水；冬季保持干燥。春季中期至夏末用肥性较弱的肥料施肥。
养护：冬季对环境要求不高，干燥低温的环境可能导致植物萎蔫，但能促进植物孕育更多花苞。
繁育法：播种；扦插。

▲白檀（Chamaecereus silvestrii）

竹节椰属（Chamaedorea）

竹节椰属包括100多个种，只有一种用作室内盆栽，即袖珍椰子。袖珍椰子植株矮小，对生长环境要求不高，广受欢迎。

袖珍椰子（Chamaedorea elegans）

植株叶基生，翠绿弯曲。小型植株叶子长约15～30厘米，成熟植株叶长可达60厘米或更长。幼株会开花，形似小黄球。又名袖珍椰子葵。

▲袖珍椰子（Chamaedorea elegans）

◎种植注意事项

温度：冬季12℃～15℃。

湿度：偶尔给叶子喷水雾，冬季放在有供暖设备的房间内需喷水雾。

摆放位置：光照充足，忌阳光直射。

浇水施肥：春季至秋季充分浇水，冬季保持湿润即可。春夏两季用肥性较弱的肥料施肥。

养护：花盆底部伸出大量根须时需移植。袖珍椰子冬季休眠有利于生长，忌高温。

繁育法：播种；分株繁殖。

欧洲矮棕属（Chamaerops）

棕榈科植物，扇形大叶。条件适宜能长成大型植株，种在花盆中株高一般不超过1米。只有一种广泛用作室内盆栽植物，即欧洲扇棕。

欧洲扇棕（Chamaerops humilis）

成熟植株茎干低矮，多刺的茎上长有扇形叶子，多数室内盆栽植株叶基生，无茎干。

▲欧洲扇棕（Chamaerops humilis）

◎种植注意事项

温度：冬季3℃～10℃，忌高温。温度骤降时根部干燥有助于抗霜冻。

湿度：高湿度有利于植物生长，常给叶子喷水雾，尤其是在有供暖设备的房内。

摆放位置：光照充足，忌阳光直射。

浇水施肥：春季至秋季充分浇水，冬季温度较高只需保持盆栽土湿润即可，温度较低需保持盆栽土干燥。夏季常施肥。

养护：夏季植物适应室外环境后可置于室外。偶尔用海绵擦拭叶子。剪除发黄的叶尖，勿剪到绿色部分。幼株每两三年移植一次。

繁育法：播种。

吊兰属（Chlorophytum）

吊兰属包括约200种植物，只有少数用作室内盆栽。吊兰原产于南非，斑叶品种广泛用作盆栽植物。

吊兰（Chlorophytum comosum）

叶子细长，宽约2厘米，长可达30～60厘米，下垂生长。花柄变长后卷曲，末端开白色星形小花。叶茎生，形成小型莲座状叶丛，会长出幼小植株。金银边吊兰和金心吊兰叶上有白色和绿色条纹。

◎种植注意事项

温度：冬季不低于7℃，0℃以上都能适应，适宜温度植株长势更好。

湿度：无特殊要求，偶尔给叶子喷水雾。

摆放位置：光照充足，忌阳光直射。

浇水施肥：春夏两季充分浇水；冬季少浇水。春季至秋季常施肥。

养护：每年春季移植幼小植株，成熟植株根系过于发达时才需移植，过于发达的肉质根可能会撑破花盆。

繁育法：开花的茎上会长出幼苗，可移植。大型植株可分株繁殖。

▲金心吊兰（Chlorophytum comosum 'Vittatum'）

菊花属（Chrysanthemum）

全年生菊花是常用的室内盆栽植物，商业栽培通过控制光照时间或使用矮化剂，可保证植株矮小，每个季节都开花。菊花的学名为菊属植物，并没有广泛使用。各个品种的菊花都可用作盆栽花卉，出售时一般不细分。一个花盆中混合种植几株不同品种的菊花更为漂亮。

全年生盆栽菊花（Year-round pot chrysanthemums）

室内盆栽菊花株高通常不超过30厘米。花单瓣和重瓣都有，花色包括红色、粉红色、紫色、黄色和白色。自然界中多数植物都能长成较高植株，一般秋季开花。

◎种植注意事项

温度：10℃～15℃。温度过高，花期会变短。

湿度：无特殊要求，偶尔给叶子喷水雾。

摆放位置：无特殊要求，花期结束后一般扔掉植物，因而可摆在任何位置。

浇水施肥：保持盆栽土湿润，无需施肥。

养护：及时摘除枯花，保证植株整洁漂亮。花期结束后还想留待来年种植，可在春季或夏季种到花园中，否则花期一结束可扔掉植株。

繁育法：扦插。一般直接购买即将开花的植株，自己培育全年生盆栽菊花意义不大。

▲全年生盆栽菊花（chrysanthemum，year-round type）

白粉藤属（Cissus）

包括约350种热带植物的大属，有的属于多浆植物，有的属于木本植物。常用作室内盆栽的是生长茂盛的攀缘观叶植物，一般植物夏季开花，花常为绿色，掩映在叶子中并不明显。

南极白粉藤（Cissus antarctica）

木本攀缘植物，叶椭圆形，暗绿色，富有光泽，长度可达10厘米。生长迅速，株高可达3米，需要足够的生长空间。

▲南极白粉藤（Cissus antarctica）

白粉藤（Cissus discolor）

攀缘植物，茎和卷须红色，叶心形，较尖，有紫红色、银灰色和黄褐色斑点，叶背紫红色。

假提（Cissus rhombifolia）

攀缘植物，生长茂盛，掌状复叶，正面暗绿色，叶背覆红色绒毛，3枚叶片中间那张比另两张大。又名葡萄常春藤。变种“艾伦丹尼克”裂叶更为明显，广泛种植。

◎种植注意事项

温度：冬季7℃~13℃，花叶白粉藤温度不低于16℃。
湿度：无特殊要求，偶尔喷水雾，尤其是夏季。
摆放位置：光照充足，忌阳光直射。白粉藤最好种在阴凉处。
浇水施肥：春季至秋季充分浇水，冬季少浇水。
养护：幼小植株及时摘心，促进植株从底部开始繁茂生长。及时将新抽枝条系到支撑物上，春季勤剪枝，防止枝条过密。南极白粉藤需定期用喷雾或海绵清洁，保持叶面光洁。
繁育法：扦插。

▲假提（Cissus rhombifolia）

四季年橘（Citrofortunella）

杂交植物属（柑橘属和金柑属杂交而成），常绿灌木和乔木，通常作为观果植物。四季橘植株矮小，结小型果实，适合室内种植，是广受欢迎的盆栽植物，结大型果实的植物不适合室内摆放。

▲四季橘（Citrofortunella microcarpa）

四季橘（Citrofortunella microcarpa）

叶暗绿色，富有光泽。花小型簇生，白色，香味馥郁，幼小植物也会开花，结直径约4厘米的橘子，橘子味道很苦，不能食用。通常夏季开花，合理干预可全年开花结果。株高可达1.2米。

◎种植注意事项

温度：冬季10℃左右。
湿度：无特殊要求，偶尔给植物喷水雾。
摆放位置：光照充足，忌透过窗玻璃的阳光直射。
浇水施肥：夏季定期浇水，冬季少浇水。植株很容易缺镁和铁，使用含这两种营养元素的肥料施肥。
养护：夏季植物适应室外环境后可置于室外。用棉花或小毛刷为植株授粉。
繁育法：扦插。

大青属（Clerodendrum）

包括约400种乔木、灌木和攀缘植物的大属，其中部分植物耐寒。只有龙吐珠广泛用作室内盆栽，和客厅相比，更适合种在暖房内。

▲龙吐珠（Clerodendrum thomsoniae）

臭茉莉（Clerodendrum philippinum）

叶宽大，椭圆形，长度可达25厘米，叶背覆绒毛。全年开花，花白色或粉红色，香味馥郁。

红龙吐珠（Clerodendrum splendens）

叶心形，叶缘锯齿状，长度可达15厘米，叶面暗绿色，叶背淡绿色。初冬至秋末开花，花红色下垂。

龙吐珠（Clerodendrum thomsoniae）

茎攀缘生长，种在暖房或温室中长度可达2.4米。叶暗绿色，心形。夏季开花，红色花冠很快脱落，白色花萼能持续数周。

◎种植注意事项

温度：冬季13℃~15℃。

湿度：要求较高，常喷水雾。

摆放位置：光照充足，忌阳光直射。

浇水施肥：春季至秋季定期浇水，冬季少浇水。春夏两季常施肥。

养护：要悬挂种植或保证植物矮小茂盛，冬末多数叶片脱落时，剪去1/2~1/3的茎。摘心可保证幼小植株繁茂生长。较长的茎可系在竖直支撑物上攀缘生长。

繁育法：扦插；播种。

君子兰属（Clivia）

多年生常绿植物，石蒜科，漏斗状花朵形成头状花序，茎为肉质的根状茎，而非鳞茎。君子兰是广泛种植的一个品种。

▲君子兰（Clivia maniata）

君子兰（Clivia maniata）

叶条状，宽通常超过5厘米，相对而生，铺展开呈扇形。初春开花，花漏斗状，橙色或黄色，10　20朵花组成大型的头状花序。

◎种植注意事项

温度：冬季不低于10℃，忌较高的温度。

湿度：无特殊要求。

摆放位置：光照充足，夏季忌阳光直射。

浇水施肥：定期浇水保证植物正常开花。春季至秋季适度浇水，冬季花梗长到至少15厘米才能适当浇水。浇水过于频繁会导致叶子迅速生长，花梗发育不良。浇水过多，根部会腐烂。花期至初秋施肥。

养护：偶尔用海绵擦拭叶子，尽量剪除枯萎的花梗。若成熟植株根系过于发达，花期一结束就得移植。

繁育法：分株繁殖，花期结束后移栽至少带四片叶的分蘖。

椰子属（Cocos）

小属，只有两种植物用作室内盆栽。大型椰子树是其中一种，另一种为凤尾棕，属小型棕榈，可作案头摆设。这两种植物都不能长时间摆在客厅中，需经常移动，轮换摆放。

椰子树（Cocos nucifera）

种子极大，长成植株后，埋入地下的种子仍清晰可见，足见其种子之大。室内植株生长缓慢，成熟植株仍能高达3米。成熟植株叶子硕大、羽状，幼株的叶形似鱼尾。

▲椰子树（Cocos nucifera）

凤尾棕（Cocos weddeliana）

小型棕榈，复叶，叶薄、弯曲，优雅大方。植株矮小，生长缓慢，幼小植株可种在瓶状花箱内。学名多变，目前仍有争议。

◎种植注意事项

温度：冬季不低于18℃。

湿度：高湿度。

摆放位置：光照充足，最好有少许强光，气温最高时忌透过窗玻璃的阳光直射。

浇水施肥：夏季定期浇水，冬季适度浇水，根部必须保持湿润。夏季用肥性较弱的肥料施肥。

养护：偶尔用海绵擦拭叶子，勿用叶片清洁剂。幼株春季移植。

繁育法：播种，一般专业园艺人员才使用该方法。

▲凤尾棕（Cocos weddeliana）

变叶木属（Codiaeum）

小属，包括色彩丰富的乔木和灌木。目前种植的大多数植物都是杂交品种，归入变叶木。

变叶木属包括几百个杂交品种和变种，作为室内盆栽出售时一般不标明各自的名称，都直接标变叶木。常见的品种有“金手指”（叶较窄，灰绿色，中央黄色）和“艾斯汤小姐”（叶椭圆，深色，叶脉之间有红色和粉红色斑点）。“金环”叶扭曲生长。

变叶木（Codiaeum variegatum pictum）

品种繁多，有的叶较窄，呈指状；有的叶较宽；有的叶卷曲；有的裂叶很明显。所有品种的叶子都较厚，富有光泽，斑叶色彩鲜艳，包括绿色、粉红色、橙色、红色、褐色和近黑色。夏季开花，花小不显著。

◎种植注意事项

温度：冬季不低于16℃。
湿度：高湿度。常给叶子喷水雾。
摆放位置：光照充足，夏季忌阳光直射。
浇水施肥：春季至秋季充分浇水，冬季少浇水。春夏两季常施肥。
养护：忌冷风。花盆约束植株生长时春季移植。
繁育法：扦插。

▲变叶木（Codiaeum variegatum pictum）

秋水仙属（Colchicum）

球茎观花植物，无土栽培，新奇有趣，夏末或秋初可用作窗台摆设。室内种植开过一次花后可种于花园休养生机。以下介绍的是最为常见的品种，其他几个品种也可用相同的方法种植。

秋水仙（Colchicum autumnale）

初秋开花，形似藏红花，花通常为粉红色。与种在花园中相比，室内秋水仙的花色一般较淡。春季长叶。注意球茎和叶子都有毒。

▲秋水仙（Colchicum autumnale）

◎种植注意事项

温度：无特殊要求，耐寒，花期结束后可种于花园。
湿度：无特殊要求。
摆放位置：可置于有光照的窗台，忌强光直射。
浇水施肥：无需浇水施肥。
养护：将球茎置于盛有沙或鹅卵石的托盘上，盘中无需盛水，保持球茎直立。置于有光照的位置，球茎会开花。花期结束后种于花园，土深10厘米左右。每年最好购买新的球茎，重复种植观赏效果会受影响。
繁育法：播种；分株繁殖，购买现成球茎更为方便。

鞘蕊花属（Coleus）

包括约200个种的大属，有多年生植物、一年生植物、常绿半灌木等，多数品种叶片亮丽多彩，只有一种广泛用于室内盆栽，即现在的彩叶草杂交品种，目前生物学家将这个属的植物归为假水苏属，通常仍使用鞘蕊花属这一名称。

彩叶草杂交品种（Coleus blumei hybrids）

多年生植物，常被当作一年生植物。多数品种叶椭圆形，叶缘呈锯齿状，少数品种裂叶明显。斑叶的颜色和图案因品种而异，多数斑叶夹杂红色、黄色和绿色斑块。目前有很多品种可通过扦插繁殖，但播种也是一种常用的繁育方法，而且不同种子混合播种，不同颜色和图案的斑叶还能带来更好的视觉效果。扦插繁殖的植株或插条最好置于温室或暖房越冬。

◎种植注意事项

温度：冬季不低于10℃。
湿度：高湿度，常给叶子喷水雾。
摆放位置：光照充足，夏季温度最高的时段忌阳光直射。
浇水施肥：春季至秋季定期浇水，冬季只需保持根部湿润，使用软水。春季至秋季施肥。
养护：幼株及时摘心，促进植物繁茂生长。植物越冬后，来年春季需修剪移植，促进新植株的生长。鞘蕊花属植物种子易发芽，播种繁殖简单方便。一旦植物出现斑叶，选择并保留斑叶漂亮的植株。
繁育法：春季播种；春夏季茎扦插。

▲彩叶草杂交品种（Coleus hybrids）

金鱼花属（Columnea）

常绿多年生植物或半灌木，匍匐或蔓生，原产于中美洲的热带雨林。

帮吉鲸鱼花（Columnea banksii）

茎匍匐或蔓生，叶小型，富有光泽，叶面绿色，叶背绿色偏红。通常冬季和春季开花，花橘红色，花瓣唇形，长约 6 厘米。

▲金鱼花（Columnea gloriosa）

金鱼花（Columnea gloriosa）

茎蔓生，细长柔软，叶小型，叶面覆有红色绒毛。通常冬季或春季开花，花鲜红色，长约 8 厘米，花颈生有黄色斑点。

硬毛金鱼藤（Columnea hirta）

茎匍匐或蔓生，易生根。春季开花，花红色，长约10厘米。植株表面覆有短而硬的绒毛。

小叶金鱼花（Columnea microphylla）

茎细长，蔓生，长度可达 1 米，小叶近圆形。春季或夏季开花，花为橘红色。

◎种植注意事项

温度：冬季不低于13℃。
湿度：高湿度，常给叶子喷水雾。
摆放位置：光照充足，夏季忌阳光直射。
浇水施肥：春季至秋季定期浇水，冬季少浇水。春夏两季常施肥。
养护：花期结束后修剪植株，保证枝叶紧凑。每两三年移植一次。富含腐殖质的纤维盆栽土有利于金鱼花属植物生长，该盆栽土还专用于种植凤梨科植物与兰科植物。
繁育法：扦插。

▲小叶金鱼花（Columnea microphylla）

▲硬毛金鱼藤（Columnea hirta）

朱蕉属（Cordyline）

常绿灌木和乔木，观叶植物。朱蕉属和龙血树属植物外形相似，有些朱蕉属植物甚至还被当成龙血树属植物出售。判断某植物属于朱蕉属还是龙血树属，可检查根部。朱蕉属植物茎匍匐，长瘤，根白色；龙血树属植物茎光滑，不匍匐，根为黄色或橙色。

▲细叶朱蕉（Cordyline australis）

细叶朱蕉（Cordyline australis）

叶剑形，绿色，长度可达 1 米。部分斑叶变种，绿叶夹杂红色或黄色条纹。紫叶朱蕉叶紫红色。室内种植的幼株一般无明显的主干，通常不开花，只有成熟植株才有明显的主干。

朱蕉（Cordyline fruticosa）

成熟植株有明显的主干，能长成大型植株。作为室内盆栽的幼株叶基生，植株矮小，生长缓慢。朱蕉为全绿叶，有大量斑叶变种，斑叶颜色包括红色、粉红色和米黄色，有时一个斑叶变种就夹杂这三种颜色。叶子宽度因品种而异。该属所有植物养护方法相同。

红叶铁树（Cordyline terminalis）：见朱蕉。

◎种植注意事项

温度：朱蕉等较为娇嫩的品种冬季温度不低于13℃，细叶朱蕉等耐寒品种冬季不低于3℃。

湿度：细叶朱蕉无特殊要求。朱蕉等热带品种需高湿度，常喷水雾。

摆放位置：光照充足，忌阳光直射。细叶朱蕉耐直射阳光，夏季温度最高的时段忌透过窗玻璃阳光直射。

浇水施肥：春季至秋季定期浇水，冬季少浇水。热带品种春夏两季常施肥，细叶朱蕉少施肥。

养护：偶尔用海绵擦拭叶子，保持叶子清洁光亮。每两年春季移植一次。细叶朱蕉及其变种夏季适应室外环境后可作为庭院植物。气候温和、霜冻不严重的地区，朱蕉可常年用作室外盆栽。当然，最好还是预防霜冻，尤其是幼株。

繁育法：最好选择有芽眼的插条或茎段，在暖箱中扦插。成熟植株可利用落叶的枝条压条繁殖。

青锁龙属（Crassula）

大属，包括约300种多浆植物，从高度不足2.5厘米的矮小植物，到高度超过5米的高大植物，应有尽有。以下介绍的是一些适于室内或暖房种植的品种。

玉树（Crassula arborescens）

形似乔木，条件适宜，株高可达1.8米。叶肥厚灰绿，边缘呈红色。成熟植株初夏或夏季中期开花，花白色略带粉红。

▲玉树（Crassula arborescens）

燕子掌（Crassula argentea）：见厚叶景天。

花月（Crassula ovata）：见厚叶景天。

厚叶景天（Crassula portulacea）

具有短“树干”，形似乔木，株高可达1米以上。叶厚实肉质，暗绿色，长2.5～5厘米，叶缘红色。又名燕子掌、花月。

青锁龙（Crassula lycopodioides）

茎肉质，直立生长，退化成鳞片状的叶子密实地包裹在茎四周。春季开花，花为黄绿色。

◎种植注意事项

温度：冬季7℃～10℃，忌高温，否则会导致植物生长过旺，提前落叶。
湿度：耐干燥。
摆放位置：光照充足，最好有直接光照。叶子浅绿色或花为白色的植物忌透过窗玻璃的阳光直射。
浇水施肥：少浇水，冬季保持盆栽土干燥。夏季偶尔用肥性较弱的肥料施肥。
养护：幼株每年春季移植一次。移植后视情况浇水，浇水过多会导致根部腐烂。
繁育法：扦插叶子或顶芽。可播种培育，但很少使用。

▲燕子掌（Crassula argentea）

番红花属（Crocus）

球茎植物，多数春季开花，少数秋季开花。春季开花的品种广泛用于室内种植。

金盏番红花（Crocus chrysanthus）

是该属比较典型的品种，花型小，花期早。平常我们见到的基本上都不是纯种植物，有大量花色丰富的变种，秋季种植，冬末开花。叶子像草，中央有白色条纹。

大花变种（Crocus，large-flowered）

春季开花，花朵硕大，生物学上起源于番紫花。叶子像草，中央有白色条纹。有多个品种可秋季种植，冬末或早春开花。

◎种植注意事项

温度：保持较低温度。冬季中期之前可置于花园，但应预防温度过低，注意防雨，过多雨水积留在花盆或容器中，会影响植物生长。室内置于阴凉环境中，直到植株长出至少1/3左右的花蕾。

湿度：无特殊要求。

摆放位置：移至室内后保证光照充足，促进开花。

浇水施肥：小心浇水，防止球茎腐烂。

养护：花期结束后种于花园。最好不要重复种植球茎，来年购买新的球茎并不费事。

繁育法：分离带侧枝的球茎繁殖；播种，不过从播种至植株开花需要数年时间，因此业余栽培者很少采用这种方式培育新植株，购买现成的球茎更为方便。

▲番红花，大花杂交品种。（Crocus，large-flowered hybrid）

十字爵床属（Crossandra）

热带常绿半灌木，花朵漂亮，花期长。部分品种用作室内盆栽，以下介绍的这种最为常见。

鸟尾花（Crossandra infundibuliformis）

花管状柔嫩，橙色，形成亮丽的头状花序，花径约2.5厘米。叶暗绿色，椭圆形或长卵形，叶面光滑。幼株也会开花，如条件适宜，花期可从春季中期持续到秋季。室内植物株高可达30　60厘米。又名半边黄。

半边黄（Crossandra undulifolia）：见鸟尾花。

◎种植注意事项

温度：冬季不低于13℃。
湿度：高湿度，常给叶子喷水雾。
摆放位置：光照充足，夏季忌阳光直射。
浇水施肥：夏季充分浇水，冬季少浇水。
养护：常摘除枯花，可以延长花期。必要时春季移植。
繁育法：扦插茎；播种（花商大量繁殖常用，家里较难成功）。

姬凤梨属（Cryptanthus）

凤梨科，莲座状叶丛，观叶植物。叶子颜色受光照强度影响。

姬凤梨（Cryptanthus acaulis）

植株低矮，叶绿色，窄且尖，形成莲座状叶丛，长约10～15厘米，叶缘呈波浪形。夏季开花，莲座状叶丛中央开管状花朵，花白色，香味馥郁。

二色凤梨（Cryptanthus bromelioides）

大型莲座状叶丛，高约20厘米，叶绿色条状，叶缘呈波浪形。通常夏季开花，花为白色。变种三色姬凤梨更漂亮，条形叶上有胭脂红色和白色条纹。

环带姬凤梨（Cryptanthus zonatus）

莲座状叶丛较为普通，叶长约20厘米，叶缘呈波浪形，横向分布深褐绿色和银白色条纹。夏季莲座状叶丛中央开白色簇生花朵。

◎种植注意事项

温度：冬季不低于18℃。
湿度：高湿度。
摆放位置：光照充足，夏季忌阳光直射。
浇水施肥：春夏两季定期浇水，秋季小心浇水，冬季少浇水，始终保持根部湿润。夏季在莲座状叶丛中注水，最好使用温水。夏季用肥性较弱的肥料施肥。
养护：姬凤梨属植物根较短，移植时可使用较浅的花盆，也可作为附生植物种在篮子里或树皮上。花期结束后，莲座状叶丛枯死，母株周围形成新的叶丛（侧枝）。
繁育法：该属植物都可用母株周围的分蘖枝繁育。

▲三色姬凤梨（Cryptanthus bromelioides tricolor）

栉花竹芋属（Ctenanthe）

常绿多年生观叶植物，多数原产于巴西。以下介绍的是该属最为常见的两种室内盆栽植物。

▲镶嵌斑竹芋（Cten-anthe lubbersiana）

镶嵌斑竹芋（Ctenanthe lub-bersiana）

叶长椭圆形，茎生，长约20～25厘米，茎细长。叶面不规则分布淡黄色斑块，叶背不规则分布淡绿色斑块。室内盆栽株高可达60～75厘米。

箭羽竹芋（Ctenanthe oppenheimiana）

叶基生，较密，叶长通常超过30厘米，茎细长，株高约1米。叶暗绿色，中脉两侧不规则分布银白色条纹，叶背紫红色。变种三色竹芋叶面有米黄色斑块。

◎种植注意事项

温度：冬季不低于16℃。

湿度：高湿度。

摆放位置：光照充足，忌阳光直射。

浇水施肥：适度浇水，始终保持根部湿润，不论是浇水还是喷水雾，尽可能使用软水。夏季施肥。

养护：偶尔用海绵擦拭叶子，保持叶子清洁光亮。及时剪除干枯的叶子。

繁育法：分株繁殖。

▲箭羽竹芋（Ctenanthe oppenheimiana）

仙客来属（Cyclamen）

包括广泛种植的仙客来和花极小的耐寒变种的小属。目前，用作室内盆栽的该属植物都起源于原产中东的仙客来。

仙客来（Cyclamen persicum）

原种很少有人种植，常见的是杂交品种和变种，花色丰富，包括粉红色、红色、紫色、浅橙色以及白色。花开时花瓣上翻，部分品种花有香味。叶子有白色或银色斑

◎种植注意事项

温度：冬季10℃～15℃。高温会缩短花期。

湿度：湿度适中。未开花时喷水雾有利于植物生长，花期中注意勿将水喷到花上。最好将花盆放在盛有水和鹅卵石的托盘上，保证适宜的湿度。

摆放位置：光照充足，忌阳光直射。

浇水施肥：植物生长旺盛时定期浇水，花期结束后逐步减少浇水量，植物处于休眠期只需少量水防止球茎干枯即可。生长旺盛和开花时常施肥。

养护：经常摘除枯花，最好连花梗一并摘除，否则腐烂的枯花或花梗会影响植物生长。叶子枯萎后球茎进入休眠期，此时可将花盆放至阴凉处（可放在室外）。夏季中期前不需浇水，之后继续浇水（必要时进行移植，块茎至少埋入盆栽土一半），若夏季放在花园中，此时搬回室内。

繁育法：播种。多数品种需15～18个月才能开花，小型仙客来植株8个月左右就能开花。

纹，图案因品种而异。花期主要在秋季至早春期间。标准植株株高约30厘米，中型植株株高约23厘米，小型植株株高约15厘米或更矮。

兰属（Cymbidium）

约45个种，包括附生和半陆生植物。常见室内盆栽多为杂交品种，易成活，好打理。

兰属杂交品种（Cymbidium hybrids）

穗状花序直立生长，花较大，花瓣蜡质，有漂亮的斑点，花有绿色、黄色、粉红色和白色等。一般秋季至来年春季开花。专业兰花苗圃分门别类栽培不同的兰属品种，花店出售时通常不作细分。几乎所有杂交品种都可用相同的方法种植。

◎种植注意事项

温度：冬季7℃～13℃。

湿度：常给叶子喷水雾。最好将花盆放在盛有水和鹅卵石的托盘上，保证适宜的湿度。

摆放位置：光照充足，忌阳光直射。

浇水施肥：春夏两季定期浇水，秋冬两季少浇水。保持根部湿润，尽可能使用温热的软水。花期施肥。

养护：闷热的环境不利于植物生长，温度较高时保证通风良好，夏季可置于室外阴凉处。植株不开花时外观不怎么漂亮。当前花盆无法容纳植株发达的根系时进行移植，尽可能使用兰科植物专用盆栽土。

繁育法：花商常采用组织培养法，业余栽培者可在花期结束后分株繁殖。

▲兰属杂交品种（Cymbidium hybrid）

莎草属（Cyperus）

包括600多种形似灯芯草的植物的大属，只有少数用于室内种植。盆内有少量积水，莎草属植物也能繁茂生长，对于没有经验，控制不住浇水量的人来说，是非常不错的选择。

风车草（Cyperus albostriatus）

叶丛生，很像草，似雨伞撑开后伞骨向四周辐射的形状。茎细长，约60厘米。常称作多脉莎草。斑叶变种叶子有白色条纹。

伞草（cyperus alternifolius）

叶子很像草，茎较硬，似雨伞撑开后伞骨向四周辐射的形状。斑叶伞草叶子有纵向的白色条纹。株高约 1 米。更准确的名称为莎草，目前花商多称其为伞草。

多脉莎草（Cyperus diffusus）：见风车草。

莎草（Cyperus involucratus）：见伞草。

▲伞草（Cyperus alternifolius）

◎种植注意事项

温度：冬季不低于7℃。
湿度：常给叶子喷水雾。
摆放位置：光照充足，忌阳光直射。
浇水施肥：定期浇水，保持根部湿润，盆内有少量积水问题不大。春季中期至初秋施肥。
养护：及时剪除枯黄的茎。每年春季移植。
繁育法：分株繁殖。

骨碎补属（Davallia）

常绿植物和半常绿植物，多为原产于亚洲和大洋洲的附生蕨类。

狼尾蕨（Davallia bullata）

全裂叶，长约30厘米，有的植物叶缘褶皱。

骨碎补龙爪（Davallia fejeensis）

小型或中型蕨类，波浪形的娇嫩叶子层层重叠。根状茎匍匐，沿盆壁下垂生长。

◎种植注意事项

温度：冬季不低于7℃。
湿度：常给叶子喷水雾。
摆放位置：半阴或光照充足无阳光直射的位置。
浇水施肥：春季至秋季定期浇水，冬季少浇水。
养护：及时摘除枯萎的叶子。
繁育法：分株繁殖；播种孢子。

▲狼尾蕨（Davallia bullata）

花叶万年青属（Dieffenbachia）

漂亮的观叶植物，汁液有毒或刺激性，注意远离口、眼和皮肤。花叶万年青属植物的名称混乱，多数杂交品种同名不同物。该属植物栽培方法相近。

▲白玉黛粉叶（Dieffenbachia maculate "Camilla"）

花叶万年青（Dieffenbachia amoena）

叶较大，长椭圆形，长度一般为60厘米，茎较粗。叶暗绿色，沿侧脉分布米黄色或白色条纹。"六月雪"白色斑叶很突出。现在很多生物学家将花叶万年青归为花茎万年青的变种。

鲍斯氏花叶万年青（Dieffenbachia bausei）

叶黄绿色，长约30厘米，绿白相间的条纹似大理石花纹。

白斑万年青（Dieffenbachia bowmannii）

有些品种叶面分布深浅不一的白色或米黄色斑点，叶长可达75厘米。

黛粉叶（Dieffenbachia maculata）

椭圆形大叶，长度可达60厘米，宽约20厘米，斑叶情况因品种而异，通常为乳白色或米黄色斑块或条纹。白玉黛粉叶和美斑黛粉叶最为普遍。又名花叶芋。

◎种植注意事项

温度：冬季不低于16℃。
湿度：常给叶子喷水雾。
摆放位置：夏季摆在半阴处或光照充足的位置，忌阳光直射。冬季光照充足，忌阳光直射。
浇水施肥：春季至秋季定期浇水，冬季少浇水。
养护：偶尔清洗叶子。每年春季移植。若基部无叶，可将老枝剪至约15厘米，以促进新枝生长。
繁育法：扦插茎。基部无叶的植株可空中压条。

▲美斑黛粉叶（Dieffenbachia maculata "Exotica"）

花叶芋（**Dieffenbachia picta**）：见黛粉叶。

花茎万年青（**Dieffenbachia seguine**）：见花叶万年青。

捕蝇草属（Dionaea）

多年生食虫植物，莲座状叶丛，新奇有趣，不易成活，放在客厅中可能很快就会枯死。

捕蝇草（Dionaea muscipula）

叶基生，形成莲座状叶丛，叶缘有很多长刺。昆虫一落到植物上，叶子就会闭合，捕获昆虫消化后两瓣叶重新张开。

▲捕蝇草（Dionaea muscipula）

◎种植注意事项

温度：冬季3℃～10℃。防霜冻，忌高温。
湿度：高湿度，常喷水雾，尽可能采取各种手段增加空气湿度。
摆放位置：光照充足，能承受阳光直射，但应避免夏季温度最高时段透过玻璃窗的阳光直射。冬季光照充足，如自然光照无法满足，可人工增加光照，同样有利于植物生长，最好使用专为捕蝇草设计的光源。
浇水施肥：保持盆栽土湿润，无须施肥。
养护：必要时春季移植，使用欧石南属植物专用盆栽土（酸性），拌入等量泥炭藓（用作悬挂式花篮内衬的泥炭藓），盆栽土表面再盖上一层泥炭藓。
繁育法：播种；分株繁殖。

孔雀木属（Dizygotheca）

小型乔木和灌木，以下介绍的是唯一一种作为室内盆栽的孔雀木属植物。

孔雀木（Dizygotheca elegantissima）

优雅大方，叶深绿色，接近黑色，掌状复叶，叶缘锯齿状，分裂

◎种植注意事项

温度：冬季不低于13℃。
湿度：常给叶子喷水雾。
摆放位置：光照充足；夏季温度最高时段忌阳光直射。
浇水施肥：春季至秋季适度浇水，冬季少浇水。
养护：每两年春季移植。茎过于细长，可剪至10厘米左右，促进植株抽出新枝。
繁育法：春季播种或压条；夏季扦插顶芽。

成7～11片小叶。成熟植株叶片较宽，形状略有不同。室内种植株高通常可达1　1.2米。又名假楤木。有些生物学家认为孔雀木属于鹅掌柴属，但更多人将其归为孔雀木属。

龙血树属（Dracaena）

龙血树属植物和棕榈树相似，外观极具热带风情，原产于非洲和亚洲，多数植物耐寒，是广受欢迎的室内盆栽植物。龙血树属植物易与朱蕉属植物混淆，后者斑叶色彩更为丰富，其中星点木最为特别，矮生灌木，叶子椭圆形，而非龙血树属植物常见的条状叶。

白边铁树（Dracaena deremensis）

茎直立，直接长叶，无叶柄，叶剑状。竹蕉为绿叶变种，其他多为斑叶变种。叶淡绿色或深绿色，条纹白色、银色、黄色或绿色。大白纹龙血树（叶绿色，白色条纹）和银线龙血树（叶中央有绿色和白色条纹，叶缘有白边）是最为人熟知的两个变种。

▲白边铁树（Dracaena deremensis，右），白边铁树的两个变种：黄边铁树（“Yellow Stripe”，中）、银边铁树（“White Stripe”，左）

香龙血树（Dracaena fragrans）

与白边铁树相似，叶子更长更宽，幼株也有明显的主干。斑叶品种十分漂亮，如中斑香龙血树（叶子中央分布黄绿色条纹）。花香馥郁，室内种植的幼株通常不开花。

星点木（Dracaena godseffiana）

茎较细，叶椭圆形，较尖，矮生灌木。叶绿色，叶面光滑，米黄色斑纹，斑纹颜色和分布情况因品种而异。枝叶繁茂，株高可达60厘米，较早开花。花黄绿色，有香味，结漂亮的红色浆果。

红边龙血树（Dracaena marginata）

树干较细，常扭曲生长；幼小植株不分枝，成熟植株分枝，高度可观（可能接近天花板）。叶绿色，较窄，叶缘紫红色，长30～45厘米。彩纹竹蕉（叶缘分布较宽的红

▲香龙血树（Dracaena fragrans，右）、中斑香龙血树（Dracaena fragrans “Massageana”，左）

▲星点木（Dracaena godseffiana）

色斑纹）和彩虹龙血树（绿色、红色和米黄色相间斑纹）是颜色更鲜艳的斑叶变种。

▲富贵竹（Dracaena sanderiana）

富贵竹（Dracaena sanderiana）

叶介于披针形和椭圆形之间，长约23厘米，叶缘分布较宽的米黄色斑纹。

星虎斑木（Dracaena surculosa）：见星点木。

红叶铁树（Dracaena terminalis）：见朱蕉。

▲红边龙血树（Dracaena marginata，右）、彩虹龙血树（Dracaena marginata "Tricolor"，左）

◎种植注意事项

温度：冬季不低于13℃；星点木和富贵竹不低于10℃。
湿度：常给叶子喷水雾。星点木耐干燥。
摆放位置：光照充足，忌阳光直射。
浇水施肥：春季至秋季定期浇水，冬季少浇水但应保证根部湿润。春夏两季常施肥。
养护：偶尔用海绵擦拭叶子，保持叶面清洁光亮。秋季停止施肥有助于植物进入休眠期。必要时春季移植。
繁育法：扦插顶芽；空中压条（适用于枝条细长的植株）；扦插茎。

石莲花属（Echeveria）

多浆植物，莲座状叶丛，以植株外形和颜色著称。大部分品种会开花，花虽不怎么漂亮，但仍能让人眼前一亮。石莲花属植物包括150多个种和杂交品种，以下只列举常见的两种。

月影（Echeveria elegans）

叶丛莲座状，肉质，蓝白色，叶丛直径可达15厘米。初春至夏季中期开花，花粉红色或红色，花瓣尖端黄色。

▲石莲花（Echeveria glauca）

石莲花（Echeveria glauca）

叶丛莲座状，蓝灰色，叶片蜡质勺状。春季和初夏开花，花黄色泛红。

◎种植注意事项

温度：冬季5℃~10℃。
湿度：耐干燥。
摆放位置：全年光照充足，耐阳光直射。
浇水施肥：春季至秋季适度浇水，冬季充分浇水，防止叶子干枯。春夏两季用肥性较弱的肥料施肥。
养护：尽可能防止叶子沾水（水破坏蜡质层，会引起叶子腐烂）。冬季忌高温。冬季基部落叶，可扦插叶子顶端繁殖新植株。
繁育法：扦插顶芽；扦插叶子；分离侧枝；播种。

▲月影（Echeveria elegans）

金琥属（Echinocactus）

仙人掌科植物，球状或圆柱状，生长缓慢，通常有漂亮的硬刺。人工种植的金琥属植物一般不开花。

金琥（Echinocactus grusonii）

最著名的金琥属植物，幼株球形，逐渐长成圆柱形。植物园中长期种植的金琥直径可达1米，室内种植植株一般较小。

◎种植注意事项

温度：冬季5℃~10℃。
湿度：耐干燥。
摆放位置：全年光照充足，耐阳光直射。
浇水施肥：春季至秋季适度浇水，冬季保持干燥。春夏两季用肥性较弱的肥料施肥。
养护：必要时移植，使用仙人掌科植物专用盆栽土。根部容易受损，移植时需注意。
繁育法：播种。

▲金琥（Echinocactus grusonii）

鹿角柱属（Echinocereus）

仙人掌科植物，球状或柱状，逐渐分枝。外形因品种而异，有的无针刺，有的针刺密布。

三光球（Echinocereus pectinatus）

柱状，多棱，小型针刺密布，针刺起初为黄色，逐渐变成灰色，一般不分枝。春季大量开花，花喇叭形，有紫色、粉红色和黄色，花径可达12厘米。

▲三光球（Echinocereus pectinatus）

草木角（Echinocereus salm-dyckianus）

基部分枝，茎深绿色，黄色针刺，刺尖红色。春季大量开花，花橘红色。目前生物学家认为更为准确的学名为金毛团扇。

> ◎种植注意事项
>
> 温度：冬季10℃～13℃。
>
> 湿度：耐干燥，与其他仙人掌科植物相比，能适应较高的温度。
>
> 摆放位置：全年光照充足，耐阳光直射。
>
> 浇水施肥：春季至秋季适度浇水，冬季保持盆栽土干燥。春夏两季常用肥性较弱的肥料施肥。
>
> 养护：必要时移植，使用仙人掌科植物专用盆栽土。
>
> 繁育法：长出侧枝的植株，扦插侧枝；播种。

▲草木角（Echinocereus salm-dyckianus）

仙人球属（Echinopsis）

仙人掌科植物，球形，有的略呈柱状；通常有大量分枝。

短毛球（Echinopsis eyriesii）

起初球形，逐渐长成柱状，多棱，针刺深褐色。春季或夏季开花，花大型管状，白色泛绿，有香味。

仁王丸（Echinopsis rhodotricha）

茎球状或柱状，针刺灰黄色，长约2.5厘米，尖端褐色。

> ◎种植注意事项
>
> 温度：冬季10℃～13℃。
>
> 湿度：耐干燥。
>
> 摆放位置：光照充足，忌高强度阳光直射。
>
> 浇水施肥：春季至秋季适度浇水，冬季保持干燥。春夏两季用肥性较弱的肥料施肥。
>
> 养护：必要时移植，使用仙人掌科植物专用盆栽土。花期忌移动植物（花期结束后可移动）。放在阴凉处能促进植株开花。
>
> 繁育法：播种；扦插。

昙花属（Epiphyllum）

仙人掌科植物，叶带状，主要产于中美洲和南美洲，尤其是墨西哥。用于室内种植的昙花属植物大多为杂交品种。

▲昙花属植物杂交品种（Epiphyllum hybrids）

昙花属植物杂交品种（Epiphyllum hybrids）

茎直立生长，扁平或三棱形，部分植物茎边缘呈锯齿状，多数植株需要支撑物。春季和初夏开花，花径较大，呈漏斗状，主要有红色、粉红色和白色。

◎种植注意事项

温度：冬季7℃～10℃，忌高温。

湿度：无特殊要求，春夏两季喷水雾有利于植物生长。

摆放位置：光照充足，忌阳光直射。

浇水施肥：春季至秋季定期浇水，冬季少浇水，尽可能使用软水。春夏两季常施肥。

养护：植株不开花时不怎么好看，夏季可放到花园里。植株长出花苞后忌移动，否则会导致花苞脱落。

繁育法：扦插。

麒麟叶属（Epipremnum）

天南星科植物。以下介绍的品种广泛用作室内盆栽。

绿萝（Epipremnum aureum）

攀缘植物，气生根，叶心形，叶面光滑，上有黄色斑块或斑纹。有很多斑叶变种，如白金葛（绿白相间），以及金色斑纹的“霓虹”。绿萝又叫黄金藤、黄金葛。

◎种植注意事项

温度：冬季温度不低于13℃。

湿度：无特殊要求，偶尔喷水雾有利于植物生长。

摆放位置：光照充足，忌阳光直射。光照不足也不影响植物生长。光照充足，斑叶效果会更好。

浇水施肥：春季至秋季定期浇水，冬季少浇水。春夏两季施肥。

养护：必要时春季移植。修剪过长的枝条保持植株枝叶紧凑。

繁育法：扦插叶芽或茎梢；压条。

欧石南属（Erica）

包括500多个种的大属，多数耐寒，用于园林种植。以下介绍的两种是欧石南属中最为常见的室内盆栽植物。

细叶石南（Erica gracilis）

冬季开花，花粉红色，末端白色，壶形，形成茂密的穗状花序。叶针形。株高可达30厘米。

冬石南（Erica hyemalis）

叶针形，冬季开花，花小铃形，白色、粉红色和红色。株高可达30厘米。

◎种植注意事项

温度：花期5℃～13℃。

湿度：常给叶子喷水雾。

摆放位置：光照充足，冬季充足的阳光有利于植物生长。

浇水施肥：定期浇水，保持根部湿润，尽可能使用软水。

养护：欧石南属植物不能长期置于室内，一般购买开花植株，花期结束后扔掉植株。或者，花期结束后修剪枝叶，来年夏季到来之前放在温度较低、有阳光的地方，植株可重新抽芽。夏季将花盆搬至室外，霜冻前搬回室内，适当的低温能延长花期。

繁育法：扦插。

卫矛属（Euonymus）

包括多种耐寒乔木和灌木，经常用作室内盆栽，也是常见的耐寒园林灌木。斑叶变种可作为盆栽植物，适合摆在无供暖设备的房间或温度较低的走廊，植株过于高大可移至花园。

冬青卫矛（Euonymus japonicus）

茎直立生长，叶椭圆形，叶面光滑，深绿色，叶背浅绿色。用于室内种植的通常为斑叶变种，外观更漂亮，如小叶银心冬青卫矛（白色斑纹）和小叶金心冬青卫矛（金色斑纹）。

▲冬青卫矛（Euonymus japonicus “Mediopictus”）

◎种植注意事项

温度：0℃以下卫矛属植物也能存活，但冬季温度最好保持在3℃~7℃。
湿度：无特殊要求，常给叶子喷水雾。
摆放位置：光照充足，有无阳光直射都可以。
浇水施肥：春季至秋季定期浇水，冬季少浇水。春夏两季常施肥。
养护：夏季最好置于花园中，保证植株长势良好，斑叶漂亮。
繁育法：扦插。

大戟属（Euphorbia）

包括约2000个种的大属，从一年生植物、灌木、耐寒植物到一品红等娇嫩的植物，应有尽有。少数种类属于多浆植物，如虎刺梅。

虎刺梅（Euphorbia milii）

肉质灌木，茎木质多刺，苞片鲜红漂亮，真正的花不明显。春季至夏季中期开花。种植数年后株高可达1米。虎刺梅分泌的白色乳液有毒，又名铁海棠、麒麟刺、麒麟花。

▲虎刺梅（Euphorbia milii）

布纹球（Euphorbia obesa）

植株肉质球形，外形奇特，深绿色，通常有淡绿色条纹，顶部至底部分成8棱。夏季开花，头状花序位于球茎顶部，花冠杯状，花为黄绿色。

一品红（Euphorbia pulcherrima）

植株似灌木，直立生长，冬季开花，苞片色彩丰富，有红色、粉红色和白色，真正的花朵不明显。花店出售的开花植株经过矮化剂处理，一般高约30　60厘米。第二年矮化剂失效后植物会长高。

麒麟花（Euphorbia splendens）：见虎刺梅。

三角大戟（Euphorbia trigona）

多浆植物，形似烛台，茎三棱形，有灰绿色条纹。叶较小，椭圆形。三角大戟为落叶植物。

▲三角大戟（Euphorbia trigona）

◎种植注意事项

温度：多数植物冬季不得低于13℃，多浆植物可适应10℃左右的温度。
湿度：一品红需高湿度，应常给叶子喷水雾。多浆植物耐干燥，但春夏两季也需常喷水雾。
摆放位置：冬季该属所有种类的植株都需充足的光照，夏季一品红忌阳光直射。多浆植物耐直射阳光。
浇水施肥：多浆植物春季至秋季定期浇水，冬季少浇水。一品红花期和夏季定期浇水，其他时间适度浇水，保持根部湿润。多浆植物夏季用肥性较弱的肥料施肥；一品红夏季定期施肥直至植株开花。
养护：必要时移植，多浆植物无需特殊养护。一品红细心养护来年可再开花。花期结束后将茎剪至10厘米左右，保持根部湿润，促进植物进入休眠期。春末移植后定期浇水，常施肥，促进新生植株生长。及时修枝剪叶，每株植物留四五根茎即可。要促进植株初冬开花，可在初夏至夏季中期控制光照，保证每天光照时间不超过10小时（可用黑色塑料袋套住植物）。晚上套上袋子，早上取下，持续8周，直到植物生长正常为止。
繁育法：一品红和虎刺梅扦插培育。多浆植物最好播种培育。

草原龙胆属（Eustoma）

草原龙胆属包括一年生和多年生植物，花似罂粟。以下介绍的植物常剪下来作鲜花，也可作为盆栽植物。

洋桔梗（Eustoma grandiforum）

夏季开花，花型舒展，似罂粟，有蓝色、粉红色和白色。有重瓣变种。叶绿色，小型披针形，长约 5厘米。矮化品种株高一般为30～45厘米，适合作盆栽植物。又名丽钵花、草原龙胆。

◎种植注意事项

温度：冬季不低于7℃。
湿度：偶尔喷水雾。
摆放位置：光照充足，夏季忌阳光直射。
浇水施肥：控制浇水量，盆栽土既不能太干，又不能有积水。经常施肥保证盆栽土养分。
养护：该属植物多年生，常被当作一年生植物种植，花期结束后扔掉植株。
繁育法：播种；秋季可分株繁殖，但效果不如播种好。

▲洋桔梗（Eustoma grandiforum）

藻百年属（Exacum）

包括约40种植物，有一年生、两年生和多年生植物。只有一种植物广泛用于室内盆栽，该植物通过播种繁殖，花型漂亮。

紫芳草（Exacum affine）

大量开花，花小型，淡紫色（有时为白色），花心黄色，有清香。花期为夏季中期至秋末。叶小型，绿色，长约2~4厘米。

◎种植注意事项

温度：10℃~21℃。
湿度：常给叶子喷水雾。
摆放位置：光照充足，夏季忌阳光直射。
浇水施肥：定期浇水。及时施肥，确保盆栽土养分。
养护：及时摘除枯花。花期结束后扔掉植株（也可留作来年种植，但效果并不好）。
繁育法：播种。

▲紫芳草（Exacum affine）

熊掌木属（Fatshedera）

八角金盘与常春藤的属间杂交品种。

熊掌木（Fatshedera lizei）

叶掌形，五裂，叶面富有光泽。茎初始直立生长，后匍匐生长。成熟植株通常秋季开花，花米白色，形成圆形头状花序。条件适宜，株高可达1.8米以上。耐寒，霜冻不严重的情况下可种于室外。花叶熊掌木等斑叶品种生长缓慢，但是非常漂亮。

▲皮亚熊掌木（Fatshedera lizei "Pia"）

▲安妮密克熊掌木（Fatshedera lizei "Anne Mieke"）

◎种植注意事项

温度：冬季不低于3℃，最好保持在21℃以下。
湿度：阴凉处对湿度无特殊要求，摆放在温度较高的房间内常给叶子喷水雾。
摆放位置：光照充足，夏季忌阳光直射，冬季保证充足光照。
浇水施肥：春季至秋季定期浇水，冬季少浇水。春夏两季施肥。
养护：每年春季移植一次。有支撑物，植物会像常春藤一样攀缘生长；及时摘心，植物枝繁叶茂更趋向于灌木。
繁育法：扦插。

八角金盘属（Fatsia）

只包括一种常绿植物，适合种在冬季并非特别寒冷的花园中，或摆在室内阴凉处。

八角金盘（Fatsia japonica）

叶深裂，深绿色，叶面光滑，宽约20～40厘米。斑叶品种生长缓慢，更为漂亮，适合作室内盆栽。

◎种植注意事项

温度：冬季不低于3℃，轻微霜冻问题不大。斑叶品种对低温较为敏感，冬季最好不低于13℃，但温度也不宜过高，最好保持在21℃以下。
湿度：湿度适中。
摆放位置：光照充足，夏季忌阳光直射。
浇水施肥：春季至秋季定期浇水，冬季少浇水。春夏两季施肥。
养护：每月用海绵擦拭叶子一次。
繁育法：扦插；空中压条；播种（适用于绿叶品种）。

▲八角金盘（Fatsia japonica）

肉黄菊属（Faucaria）

多浆植物，原产于南非。叶肉质，半圆柱形，或直立生长，或自然弯曲。秋季开花，花金黄色，似雏菊。

四海波（Faucaria tigrina）

叶绿色，肉质，长约5厘米，有白色斑纹，叶缘呈锯齿状，形似虎颚。

◎种植注意事项

温度：冬季不低于5℃，同时也要注意避免高温。
湿度：耐干燥。
摆放位置：光照越充足的位置越好，直接光照有利于植物生长。
浇水施肥：夏季定期浇水，春秋两季少浇水，冬季保持盆栽土干燥。夏季用肥性较弱的肥料施肥。
养护：秋季植物落叶后进入休眠期，保持盆栽土与周围空气干燥，防止植物腐烂。每三年移植一次，使用仙人掌科植物专用盆栽土。
繁育法：扦插；播种。

▲四海波（Faucaria tigrina）

强刺球属（Ferocactus）

球状仙人掌科植物，逐渐长成柱状，针刺卷曲，色彩丰富。专业苗圃有多种变种可供选择，以下介绍的是最为普遍的室内盆栽品种。

日出之球（Ferocactus latispinus）

植株小型，株体蓝绿色，球形，具有明显的20条棱，勾状针刺较大。花红色，室内盆栽很少开花。

◎种植注意事项

温度：冬季不低于5℃。
湿度：耐干燥。
摆放位置：光照越充足的位置越好，直接日晒有利于植物生长。
浇水施肥：春季至秋季适度浇水，冬季保持干燥，尽可能使用软水。
养护：春季移植，使用仙人掌科植物专用盆栽土。
繁育法：播种；扦插侧枝。

▲日出之球（Ferocactus latispinus）

榕属（Ficus）

包括800多个种的大属，多数品种产于亚洲和非洲，其中包括可食用的无花果树。用作室内盆栽的为观叶植物，橡皮树曾是其中最受欢迎的一种。目前大型榕属植物仍是引人注目的室内盆栽，攀缘品种也受到广泛喜爱，可种在悬挂式花盆或瓶状花箱中。

孟加拉榕（Ficus benghalensis）

外形很像广受欢迎的橡皮树，革质叶长有绒毛，叶长可达20厘米。自然界中可长成大型树木，条件适宜室内种植几年后植株可高至天花板。

垂叶榕（Ficus benjamina）

自然界中能长成大型树木，树冠宽大，茎蔓生。室内种植枝条下垂生长，株高一般不超过2.4米。原种垂叶榕叶绿色，较尖，长约10厘米。斑叶品种种植更为广泛，如星光垂叶榕，叶面有白色斑纹，异常漂亮。

金钱榕（Ficus deltoidea）

叶革质，深绿色，长约6~8厘米，叶子基部稍尖，叶尖钝圆。可长成株高约75厘米的多枝灌木。又名圆叶橡皮树。

摇钱树（Ficus diversifolia）：见金钱榕。

橡皮树（Ficus elastica）

叶较大，椭圆形，深绿色，叶面光滑，叶长约30厘米。幼叶包有红色托叶，叶展开后托叶脱落。原种橡皮树很少用于种植，常见的为其绿叶变种，如黑叶橡皮树和大叶橡皮树，叶子更宽更密。斑叶变种有白斑橡皮树和美叶橡皮树，黑太子橡皮树叶子有黑色斑纹。

琴叶榕（Ficus lyrata）

叶大，革质，形似倒置的小提琴，长约50厘米。植株高大，通常不分枝，种植几年后可高至天花板。

薜荔（Ficus pumila）

蔓生植物，茎细长，叶心形，叶长约2.5厘米。俗称凉粉果。成熟植株的叶子更大更肥厚，作为室内盆栽的通常为小型植株。也可作为攀缘植物种植。“咪咪玛”叶子较小，植株矮小。另外，还有斑叶薜荔等斑叶品种。

假菩提树（Ficus radicans）

蔓生，茎细长，叶较长，长约7.5　10厘米。节间会生根，茎柔软，可攀缘生长。斑叶假菩提树叶较窄，有白色斑纹。更准确的学名为羊乳榕。

菩提树（Ficus religiosa）

自然界中可长成大型乔木，枝条上会生根。叶暗绿色，长约10~15厘米，叶尖水滴状。

凉粉果（Ficus repens）：见薜荔。

羊乳榕（Ficus sagittata）：见假菩提树。

◎种植注意事项

温度：冬季不低于13℃。

湿度：常喷水雾有利于榕属植物生长。

摆放位置：乔木和灌木品种需充足光照，夏季温度最高时段忌透过窗玻璃的阳光直射。匍匐和攀缘植物最好摆放于半阴处。

浇水施肥：所有品种春季至秋季定期浇水，冬季少浇水，尽可能使用温水，尤其是冬季。春夏两季施肥。

养护：幼株每两年移植一次。大型光滑的叶片需偶尔用海绵擦拭。

繁育法：扦插；木本类空中压条。

▲橡皮树的三个品种：比利时橡皮树（“Belgica”，左）、大叶橡皮树（“Robusta”，中）、“黑太子”橡皮树（“Black Prince”，右）

▲孟加拉榕（Ficus benghalensis）

▲垂叶榕的三个品种：垂榕（“Exotica”，左）、星光垂叶榕（“Starlight”，中）、女王垂榕（“Reginald”，右）

▲金钱榕（Ficus deltoidea）

网纹草属（Fittonia）

非木本植物，贴地匍匐生长，原产于秘鲁热带雨林。通常春季开花，花黄色，较小，不明显，通常作为观叶植物种植。

白网纹草（**Fittonia argyroneura**）：见网纹草。

网纹草（Fittonia verschaffeltii）

叶橄榄绿色，长约5厘米，叶脉砖红色。白网纹草叶淡绿色，叶脉白色。小叶白网纹草也有淡绿色叶片和白色叶脉，叶长只有2.5厘米左右。大叶品种株高约10厘米，小叶品种株高只有大叶品种的一半左右。

◎种植注意事项

温度：冬季不低于16℃。

湿度：高湿度。

摆放位置：半阴处，忌阳光直射。

浇水施肥：春秋两季定期浇水，冬季少浇水，尽可能使用温水。春季至秋季用肥性较弱的肥料施肥。

养护：修剪细长枝条，保证植株矮小。每年春季移植。植物只有在高湿度的环境中才能长势良好，可种于瓶状花箱。

繁育法：分株繁殖；扦插；也可移栽生根的匍匐茎。

▲网纹草（Fittonia verschaffeltii）

倒挂金钟属（Fuchsia）

常绿或落叶灌木和乔木，倒垂的花朵非常漂亮。

倒挂金钟属杂交品种（Fuchsia hybrids）

倒挂金钟属杂交品种花形似钟，花萼像短裙，常用于园艺和温室种植，包括单瓣、半重瓣和重瓣品种，花色丰富，主要有粉红色、红色、紫色和白色。用于室内种植的一般为杂交品种，多数植株矮小，株高约45 60厘米。难得的样品植物可春季移植，重复使用，否则花期结束后就扔掉植株。

▲倒挂金钟属杂交品种（Fuchsia hybrids）

◎种植注意事项

温度：冬季10℃～16℃，忌高温。
湿度：植株长叶后偶尔给叶子喷水雾。
摆放位置：光照充足，夏季忌阳光直射。
浇水施肥：春季至秋季植物生长旺盛时定期浇水，其他时间少浇水。植物休眠期只需防止盆栽土干透即可。移植后要充分浇水促进插条生长。春末至秋末施肥。
养护：植株秋季落叶，冬季尽量置于温度较低、有光照的位置。春季修剪老枝促进新枝抽芽，及时修剪生长过旺的新枝，保证植株矮小茂密。新植株会大量开花，花期结束后可彻底修剪。
繁育法：扦插。

栀子属（Gardenia）

常绿灌木和小型乔木。以下介绍的是广泛种植的芳香观花植物。

山栀子（Gardenia augusta）：见栀子花。

栀子花（Gardenia jasminoides）

通常冬季开花，花香馥郁，花白色，半重瓣或重瓣，花径约为 5 厘米。叶绿色，叶面光滑，叶长可达10厘米。暖房中可长成株高约1.5米的灌木，室内盆栽株高一般不超过45厘米。

◎种植注意事项

温度：冬季不低于16℃。
湿度：常给叶子喷水雾。
摆放位置：光照充足，夏季温度最高时段忌阳光直射。
浇水施肥：春季至秋季定期浇水，冬季少浇水，只需保证根部湿润，尽可能使用软水。春季至秋季施肥。
养护：植株长出花蕾后忌温度骤变，否则会导致花蕾脱落。常摘除枯花。花期结束后可将植物移至室外阴凉处。每两三年移植一次，使用欧石南属植物专用盆栽土（无石灰）。
繁育法：扦插。

▲栀子花（Gardenia jasminoides）

大丁草属（Gerbera）

多年生草本植物，花似雏菊。该属包括约45种植物，只有一种常用于室内种植。

非洲菊（Gerbera jamesonii）

单瓣或重瓣，花似雏菊，花径约5厘米，花心黄色，花瓣颜色亮丽丰富，有红色、橙色、粉红色、黄色和白色。通常初夏至秋末开花，有时冬季也能买到开花植株。叶茎生，浅裂，长有绒毛，长约15厘米。部分植物株高可达60厘米，矮小植物株高约为30厘米，更适合室内种植。

◎种植注意事项

温度：花期10℃～21℃。
湿度：常给叶子喷水雾。
摆放位置：光照充足，每日需短时直接日晒。
浇水施肥：植物生长旺盛时定期浇水，休眠期控制浇水，需保证根部湿润。植株生长旺盛时施肥。
养护：无暖房，花期结束后植株很难留待来年种植，而且重复种植的植株开花效果不好，花期结束后最好扔掉植株。
繁育法：通常播种繁育，也可分离成熟植株进行繁育。

擎天凤梨属（Guzmania）

附生凤梨科植物，主要产于南美洲热带雨林。头状花序艳丽动人，常作为观花植物。以下介绍的这种是最受欢迎的室内盆栽植物。

擎天凤梨（Guzmania lingulata）

莲座状叶丛，叶条状，长15～20厘米。花梗长可达30厘米，苞片亮丽，红色或橙色，中央有小型黄白色花朵，通常夏季开花，采取某种干预手段植株可全年开花。橘红星凤梨植株更小，株高一般约15厘米。

▲擎天凤梨（Guzmania lingulata）

◎种植注意事项

温度：冬季不低于16℃。
湿度：冬季偶尔给叶子喷水雾，夏季常喷水雾。
摆放位置：夏季半阴，冬季光照充足。
浇水施肥：春季至秋季定期浇水，冬季少浇水。春夏两季用肥性较弱的肥料施肥。
养护：夏季往莲座状叶丛形成的“花瓶”中注水。
繁育法：扦插侧枝；播种。

裸萼球属（Gymnocalycium）

▲瑞云球（Gymnocalycium mihanovichii）

仙人掌科，包括50多个品种。多数品种幼株即可开花，花漏斗状，用作盆栽植物的多为嫁接植株，缺乏叶绿素，自身无法繁茂生长。嫁接植株以新奇有趣的外形引人注目，至于花则不值一提。

瑞云球（Gymnocalycium mihanovichii）

植株通常有灰绿色的棱，针刺小而卷曲，花黄绿色，绯牡丹的花为粉红色。一些稀有品种球体为黄色、橙色、红色，甚至近乎黑色，一般嫁接于其他仙人掌的绿色植株上。

◎种植注意事项

温度：冬季5℃～10℃。
湿度：耐干燥。
摆放位置：光照充足，冬季尤其如此。夏季温度最高的时段，彩色嫁接品种忌阳光直射。
浇水施肥：夏季适度浇水，其他时间少浇水（防止植株干枯即可）。夏季用肥性较弱的肥料施肥。
养护：移植时使用仙人掌科植物专用盆栽土。
繁育法：植株会长出大量分蘖枝，可移栽分蘖枝；彩色品种缺乏叶绿素，最好进行嫁接。

菊三七属（Gynura）

▲“紫色激情”（Gyuro“Purple Passion”）

包括大约25种草本和半灌木植物，产于亚洲热带地区，只有一种叶子长有紫色绒毛的植物用作室内盆栽。

紫鹅绒（Gynura aurantiaca）

叶深绿色，长约15厘米，覆有紫色绒毛，很像天鹅绒。直立生长，株高可达45～90厘米。冬季开花，花橙色，有刺激性气味。

平卧菊三七（Gynura procumbens）：见蔓三七草。

蔓三七草（Gynura sarmentosa）

与紫鹅绒相似，叶更小，长约7.5厘米，茎蔓生或攀缘生长。有支撑物株高可达60厘米以上。又名平卧菊三七。用于栽培的通常是名为“紫色激情”的变种。

◎种植注意事项

温度：冬季不低于10℃。
湿度：偶尔喷水雾。
摆放位置：光照充足，夏季忌阳光直射。
浇水施肥：春季至秋季定期浇水，冬季少浇水。
养护：定期摘心，保证植株矮小茂密。有刺激性气味，应及时摘除长出的花蕾。
繁育法：扦插。

▲蔓三七草（Gynura sarmentosa）

十二卷属（Haworthia）

多浆植物，叶茎生，有瘤，形成莲座状叶丛。

蛇尾兰（Haworthia fasciata）

莲座状叶丛，叶肥厚，略微卷曲，叶尖，叶背有规则排列的瘤，形如白珍珠。

点纹十二卷（Haworthia margaritifera）

与蛇尾兰相似，莲座状叶丛更大，直径约13厘米；叶子上的瘤不规则分布。

◎种植注意事项

温度：冬季10℃~13℃。
湿度：耐干燥。
摆放位置：光照越充足越好，直接日照有利于植物生长。
浇水施肥：春季至秋季适度浇水，冬季少浇水。植物生长旺盛时用肥性较弱的肥料或仙人掌科植物专用肥料施肥。
养护：若莲座状叶丛过大、花盆太小，春季移植。
繁育法：扦插分蘖枝；播种。

▲点纹十二卷（Haworthia margaritifera）

常春藤属（Hedera）

小属，攀缘植物，无需支撑物，品种众多。根据种植方式不同，植株可攀缘生长或蔓生。

阿尔及利亚常春藤（Hedera algeriensis）：见加拿利常春藤。

加拿利常春藤（Hedera canariensis）

花叶加拿利常春藤叶大，微裂，叶缘白色，有的生物学家称其为阿尔及利亚常春藤，但多数人仍使用旧称。

常春藤（Hedera helix）

该属最常见的一种植物。叶子比加拿利常春藤小，叶子形状和斑纹因品种而异。

◎种植注意事项

温度：经过一段时间适应，植物可耐霜冻，但最好保证低温无霜冻。冬季最好置于低温环境，无暖气供应的房间更有利于植株生长。

湿度：偶尔给叶子喷水雾，夏季尽可能增加喷水次数。

摆放位置：光照充足或半阴处。短期置于光照较弱的环境问题不大。冬季光照充足有利于植物生长，夏季忌阳光直射。

浇水施肥：温度较高定期浇水，温度较低适度浇水，需保证根部湿润。春季至秋季常施肥。

养护：除非花盆较大，否则每年春季需移植一次。定期摘心，保证植物繁茂生长。

繁育法：扦插。

▲黄斑常春藤（Hedera helix "Goldchild"）

木槿属（Hibiscus）

包括常绿和落叶乔木、灌木、多年生以及一年生草本植物。只有一种广泛用作亚热带地区绿化植物的品种用作室内盆栽。

扶桑（Hibiscus rosa-sinensis）

花大型漂亮，单瓣或重瓣，花径约10～13厘米，中央雄蕊突出。花色有红色、粉红色、黄色和白色。锦叶扶桑为斑叶品种，花红色。通常夏季开花，花商通过干预可延长花期。单花存活时间不长，但接二连三开放仍具有长期观赏性。条件适宜时，可长成1.5米的灌木，室内种植植株较为矮小，株高通常不足1米。

◎种植注意事项

温度：冬季不低于13℃。

湿度：偶尔喷水雾。

摆放位置：光照充足，夏季温度最高时段忌透过窗玻璃的阳光直射。

浇水施肥：春季至秋季定期浇水，冬季少浇水，仅需保证根部湿润。夏季常施肥。

养护：常摘除枯花。冬季或花期结束后剪短过长的枝条。植物长出花苞后忌晃动或移动，否则会导致花苞脱落。每年春季移植一次。夏季可置于室外阴凉处。

繁育法：扦插；播种。

朱顶红属（Hippeastrum）

包括约70种鳞茎植物，产于美洲热带和亚热带地区，花大型，呈喇叭状，作为室内盆栽的为杂交品种，常称作孤挺花，其实在生物学中，孤挺花指的是另一种植物。

▲朱顶红属杂交品种（Hippeastrum hybrids）

朱顶红属杂交品种（Hippeastrum hybrids）

茎粗壮，高约60厘米，顶端簇生3～6朵喇叭状的大型花。花红色、粉红色和白色，有些品种花色为双色，还有半重瓣的品种。花开放后长出大型带状叶子。冬季延长夜间光照时间可促进开花。

◎种植注意事项

温度：刚开始种植时需温暖环境（见养护），开花后放在温度较低的地方可延长花期。

湿度：无特殊要求。

摆放位置：光照充足。

浇水施肥：鳞茎生长期适度浇水，休眠期保持干燥。长叶后常施肥，进入休眠期停止施肥（见养护）。

养护：经处理提前开花的鳞茎植物买回后应立即种植，可在冬季开花，同时种植未经处理的鳞茎一般会迟些开花。一般情况下，冬末或早春种植，春季中期或春末开花。处于休眠期的鳞茎需21℃的土壤温度才能发芽。移栽前可将根部较为干燥的鳞茎浸入水中几小时，移栽时将整个鳞茎的一半埋入土中。

花茎长至15～20厘米，保证植物光照充足。花期结束后剪掉花茎，此时植株外观不怎么漂亮，最好放在暖房或温室内，夏季可放在室外。秋末减少浇水量，保证叶子全部凋落。一两个月后重新浇水，植株就会重新生长。

繁育法：扦插分蘖枝（种植三年才会开花）；播种（难成功，即使成活，开花时间也会比扦插分蘖枝的植株更迟）。

荷威棕属（Howea）

常绿棕榈，有时使用旧称肯尼亚棕榈。

荷威棕（Howea belmoreana）

茎较细绿色，羽状复叶自然弯曲，叶缘长有绒毛。室内种植条件适宜，植株可长至天花板。又名肯尼亚棕。

金帝葵（Howea forsteriana）

与荷威棕相似，叶更宽，叶子弯曲程度不如荷威棕。

◎种植注意事项

温度：荷威棕冬季不低于16℃，金帝葵冬季不低于10℃。

湿度：常给叶子喷水雾。

摆放位置：光照充足，夏季温度最高时段忌透过窗玻璃的阳光直射。可适应半阴环境。冬季保证充足的光照。

浇水施肥：夏季适度浇水，冬季少浇水，保持盆栽土湿润即可。夏季施肥。

养护：偶尔用海绵擦拭叶子。夏季置于室外有阳光的位置有利于植物生长。清洁叶面忌用小毛刷，以免损伤叶子。

繁育法：播种（较难成功）。

球兰属（Hoya）

包括200多种常绿攀缘植物、蔓生植物以及疏枝的灌木，只有三种常用作室内盆栽，以下介绍的两种最为常见。

贝拉球兰（Hoya bella）

叶肉质，长约2.5厘米。星状花朵下垂，花瓣蜡质，白色有香味，花心紫红色。通常春末至初秋开花。生物学上更为准确的学名为披叶球兰，不常用。

球兰（Hoya carnosa）

与贝拉球兰相似，花朵更大，淡粉红色，也有香味。叶长约7.5厘米，有斑叶品种。

◎种植注意事项

温度：球兰冬季10℃～13℃，贝拉球兰冬季不低于18℃。

湿度：除花期外其他时间常给叶子喷水雾。

摆放位置：光照充足，少许阳光直射有利于植株生长，夏季避免温度最高时段透过窗玻璃的阳光直射。

浇水施肥：春季至夏季定期浇水，冬季少浇水。植株处于花期少施肥，过多肥料会影响开花。

养护：格子棚架或长有苔藓的杆子做支撑物，植株可攀缘生长。贝拉球兰也可种于悬挂式花篮中。花蕾形成后忌移动植物，避免花蕾脱落。根系布满花盆时才需进行移植。

繁育法：扦插顶芽或带芽眼的插条；贝拉球兰也可嫁接在球兰上。

▲贝拉球兰（Hoya bella）

风信子属（Hyacinthus）

鳞茎植物，原产于小亚细亚和地中海周边地区的小属。其中一种植物的变种是广受欢迎的室内盆栽，冬季开花，花色鲜艳，花香馥郁。

风信子（Hyacinthus orientalis）

风信子属代表植物，穗状花序。不同品种花色各异，有红色、粉红色、淡紫色、蓝色、黄色和白色。一般每个鳞茎只长一个穗状花序，多花变种每个鳞茎可长出几个小型穗状花序。根据品种、种植时间、是否经过催花处理，植株开花时间从初冬到春季中期不等。

◎种植注意事项

温度：耐寒。除非希望植物提前开花，否则应尽可能将植物放在温度较低的地方，而且低温有助于延长花期。

湿度：无特殊要求。

摆放位置：花苞着色后保证光照充足。花盛开后可作为短期室内盆栽摆在任何位置。

浇水施肥：确保根部盆栽土湿润。花期结束后不打算保留球茎，以待来年种植，可不必施肥。

养护：风信子只能作为短期室内盆栽。花期结束后继续浇水施肥，直到叶子完全干枯，可将植物移栽到花园中。移栽之前先将植物放到御寒玻璃罩中适应室外环境。期间不要再移回室内。

繁育法：植物会长出分蘖枝，但用于培育新植株不太实际。每年购买新的鳞茎种植更方便。

▲风信子（Hyacinthus orientalis）

绣球属（Hydrangea）

包括20多种落叶灌木和落叶或常绿攀缘植物，只有以下介绍的这种植物用作室内盆栽。

八仙花（Hydrangea macrophylla）

落叶灌木，叶较宽，椭圆形，叶面粗糙，叶缘呈锯齿状，叶长约15厘米。头状花序球形，花蓝色、粉红色和白色。花园中八仙花可长成高度至少为1.5米的灌木，只有幼小植株才用于室内种植。绣球属植物通常春季开花，经特殊处理可改变花期。

▲八仙花（Hydrangea macrophylla）

◎种植注意事项

温度：抗霜冻，室内种植冬季最好不低于7℃。冬季中期移至温暖、有阳光的位置，同时增加浇水量。尽可能避免放在温度过高的房内。
湿度：偶尔喷水雾。
摆放位置：光照充足或半阴的位置都可以。冬季少许阳光直射有利于植物生长，夏季忌阳光直射。
浇水施肥：春季至秋季定期浇水，冬季少浇水，尽可能使用软水。植物生长旺盛时常施肥。
养护：土壤酸碱度会影响植物的花色。希望植物开蓝色花朵，可使用欧石南属植物专用盆栽土（酸性、含腐殖质、无石灰），也可在植物开花前换用这种盆栽土。植物生长阶段保持根部湿润。花期结束后将茎剪去一半左右，此时植株外观不怎么好看，夏季可移至花园中。
繁育法：扦插硬枝。

水鬼蕉属（Hymenocallis）

包括约40种鳞茎植物，只有少数用作室内盆栽。可从专业花商处购买鳞茎种植。

秘鲁蜘蛛百合（Hymenocallis festalis）

春季或夏季开花，中央大型白色花冠外包有向后卷曲的带桩花被，花有香味。叶带状，秋季枯萎。

蓝百合（Hymenocallis narcissiflora）

花白色，3~6朵簇生下垂生长，花冠漏斗状，边缘浅裂，外面包有向后卷曲的细长花被，花有香味。叶秋季枯萎。

◎种植注意事项

温度：冬季植物长期处于休眠期，温度不低于15℃。
湿度：无特殊要求。
摆放位置：光照充足，夏季温度最高时段忌透过窗玻璃的阳光直射。
浇水施肥：生长阶段定期浇水，冬季叶子枯萎的植株无须浇水，仍有叶子的植物浇水需谨慎。植株生长旺盛时常施肥。
养护：通常购买干燥的鳞茎，而非现成植株。冬末或初春开始种植鳞茎。
繁育法：扦插分蘖枝。

▲秘鲁蜘蛛百合（Hymenocallis festalis）

金鱼苣苔属（Hypocyrta）

包括9种植物的小属，一直被生物学家分列于其他属。只有一种广泛用于室内种植。

金鱼苣苔（Hypocyrta glabra）

叶革质，深绿色，富有光泽，株高15～23厘米，株型紧凑，叶长约3厘米。夏季开花，花小型蜡质，花橙色。目前生物学家认为更为准确的名称应为袋鼠花，仍普遍使用旧称。

◎种植注意事项

温度：冬季不低于10℃。

湿度：常给叶子喷水雾。

摆放位置：光照充足，夏季温度最高时段忌阳光直射，冬季必须保证充足光照。

浇水施肥：春季至秋季适度浇水，冬季少浇水。

养护：花期结束后将枝条剪去约1/3。冬季休眠期忌高温。

繁育法：扦插；分株繁殖；播种。

▲金鱼苣苔（Hypocyrta glabra）

枪刀药属（Hypoestes）

主要包括常绿多年生植物和半灌木，只有两种用作室内盆栽。以下介绍的这种最为常见。

嫣红蔓（Hypoestes phyllostachya）

叶椭圆形，前端尖，长约6厘米，有红色或粉红色斑点或斑块。斑点密集程度因品种和种植条件而异：有的叶子粉红色、红色或白色，斑点绿色；有的叶子绿色，斑点粉红

◎种植注意事项

温度：冬季不低于13℃。

湿度：常给叶子喷水雾。

摆放位置：光照充足，夏季温度最高时段忌透过窗玻璃的阳光直射。

浇水施肥：春季至秋季定期浇水，冬季少浇水。夏季常施肥，施肥过多会导致枝条过于细长。

养护：及时摘心和修剪过长的枝条，保持植株矮小紧凑。修剪后植株基部会长出新枝条。花朵会影响植株紧凑的外观，一长出花苞就应及时摘除。

繁育法：扦插；播种。

▲嫣红蔓（Hypoestes phyllostachya）

色或白色。直接日照可以使叶片颜色更加鲜亮。需经常修剪将植株高度控制在30～60厘米。又名花脸草。

花脸草（Hypoestes sanguinolenta）：见嫣红蔓。

凤仙花属（Impatiens）

包括约850个种的大属，作为室内盆栽的植物主要起源于瓦勒凤仙。除了植株矮小的观花植物，还有新几内亚凤仙等观叶杂交品种，都可用于室内种植。

杂交凤仙（Impatiens hybrids）

大量开花，花径大，扁平，约2.5 5厘米，只要温度维持在16℃以上，全年都会开花。花色有红色、橙色、粉红色和白色，有些品种甚至双色或多色。新几内亚凤仙叶大，矛状，青铜色或带斑纹，植株比一般凤仙花高，为30～60厘米，花较少但花型大。

▲新几内亚凤仙（New Guinea）

◎种植注意事项

温度：冬季不低于13℃；希望植物持续开花则维持在16℃以上。

湿度：偶尔给叶子喷水雾，尽量不弄湿花朵。

摆放位置：光照充足，夏季温度最高时段忌阳光直射。置于阴凉环境，枝条生长会过于细长，花朵数量会减少。

浇水施肥：春季至秋季定期浇水，冬季少浇水。

养护：枝条过于细长，可剪至离基部几厘米处，植株通常会长出新枝条。必要时春季移植。凤仙花属植物扦插和播种繁殖都很容易，最好扔掉老植株，种植新植株。

繁育法：播种；扦插。多数新几内亚凤仙需扦插培育，少数可播种培育。

▲杂交凤仙（Impatiens hybrid）

血苋属（Iresine）

多年生常绿植物，叶子多彩亮丽，广泛用作无霜冻国家的绿化植物。

红叶苋（Iresine herbstii）

叶舌状，红褐色，长约7.5厘米，叶脉胭脂红色。黄脉苋茎红色，叶绿色，叶脉黄色。株高可达60厘米，适当修剪可控制植株高度。

金边血苋（Iresine lindenii）

叶较窄，深红色，叶面光滑，叶脉清晰可见。不常见。

▲金边血苋（Iresine lindenii）

◎种植注意事项

温度：冬季不低于13℃。
湿度：常给叶子喷水雾。
摆放位置：光照充足，夏季温度最高时段忌透过窗玻璃的阳光直射。
浇水施肥：春季至秋季定期浇水，冬季少浇水。春季至秋季施肥。
养护：偶尔摘心，保证植株枝叶紧凑、繁茂生长。勤修剪。夏季可置于室外。越冬植株到了春季外观不怎么好看，插条容易生根，可繁殖新植株。
繁育法：扦插。

鸢尾属（Iris）

包括耐寒的根茎类和部分鳞茎类植物的大属。用作短期室内盆栽的植物通常为耐寒矮小的球根花卉，春季可为室内带来一抹亮色。

▲网脉鸢尾（Iris reticulate “Harmony”）

丹佛鸢尾（Iris danfordiae）

茎长约10厘米，先开花后长叶，花有香味，花黄色。叶子像草，长20厘米左右，叶子过长前通常将植物移至室外。

网脉鸢尾杂交品种（Iris reticulata hybrids）

花蓝色或紫色（因品种而异），略带清香，有黄色斑纹。开花时株高约15厘米，叶子似草，会长得更高。

◎种植注意事项

温度：耐霜冻。保持较低的温度可以延长花期。
湿度：无特殊要求。
摆放位置：进入花期后光照充足。
浇水施肥：保持盆栽土潮湿，不能浇水过多。
养护：初秋或秋季中期将球茎种于花盆内，置于室外或御寒玻璃罩中。抽枝后将植物移至室内，放在有阳光的位置。花期结束后扔掉植株或将植株种于花园，不要移回室内。
繁育法：分球繁殖，用于花盆种植最好购买新鲜球茎。

▲丹佛鸢尾（Iris danfordiae）

素馨属（Jasminum）

包括约200种植物，主要为落叶和常绿木本攀缘植物，生长旺盛。与起居室相比，更适合种在暖房中。

▲素馨（Jasminum polyanthum）

素方花（Jasminum officinale）

落叶攀缘植物，叶全裂，通常夏季开花，枝疏，花白色，有香味，花径约2.5厘米。常见的变种（有时也称大花素方花）花更大，花瓣边缘略显粉红色。冬季温度不太低可种于室外。

素馨（Jasminum polyanthum）

冬季开花，与素方花相似，花苞粉红色，成熟花朵为白色，有香味。

◎种植注意事项

温度：冬季不低于7℃。

湿度：常给叶子喷水雾。

摆放位置：光照充足，有短时阳光直射处。

浇水施肥：春季至秋季定期浇水，冬季只需保持盆栽土潮湿即可。生长旺盛时期常施肥。

养护：种于大型花盆，需合适的支撑物。必要时及时修剪控制株高——素馨属植物自由生长株高可达3米以上。冬季忌高温，夏季可放在室外。

繁育法：扦插。

爵床属（Justicia）

包括常绿多年生灌木和半灌木，原产于热带和亚热带地区，又名虾衣花属。只有以下介绍的品种广泛用作盆栽植物。

▲狐尾木（Justicia brandegeana）

狐尾木（Justicia brandegeana）

花小型白色，苞片红褐色覆瓦状排列。苞片是狐尾木的亮点，持续时间很长。

全年都能买到开花植株。成熟植株株高可达90厘米以上，室内种植株高通常不足50厘米，花期结束后扔掉植株。

◎种植注意事项
温度：冬季10℃～16℃。
湿度：偶尔喷水雾。
摆放位置：光照充足，需短时阳光直射，夏季温度最高时段忌透过窗玻璃的阳光直射。
浇水施肥：春季至秋季定期浇水，冬季少浇水。春季至秋季常施肥。
养护：每年春季移植一次，同时将枝条剪去1/3~1/2，保持植株枝叶紧凑。
繁育法：扦插。

伽蓝菜属（Kalanchoe）

包括约250种多浆植物和叶子肉质的灌木，有不少广受欢迎，是对生长环境要求不高的室内盆栽植物。

长寿花杂交品种（Kalanchoe blossfeldiana hybrids）

叶小型革质，椭圆形，叶缘呈锯齿状，强光照射下叶子会变成红色。花小型簇生，花茎短，花期长，花色有红色、橙色、黄色和淡紫色。一般春季开花，通过控制可全年开花。

用于种植的都是杂交品种，多数株型紧凑，高约15～30厘米，也有小型品种。

不同品种名称不同，出售时常以花色区分。

花蝴蝶（Kalanchoe daigremontiana）：见大叶落地生根。

长寿花（Kalanchoe manginii）

▲长寿花（Kalanchoe manginii）

叶披针形或舌状，长约2.5厘米，茎直立生长，

◎种植注意事项
温度：冬季不低于10℃。
湿度：耐干燥环境。
摆放位置：光照充足，需短时直接日照，夏季温度最高时段忌透过窗玻璃的阳光直射。
浇水施肥：春季至秋季定期浇水，冬季少浇水。春季至秋季常施肥。
养护：花期结束后想来年再种植，需要移植，同时修剪，保证植物枝叶紧凑。本属植物极易播种繁殖，也很便宜，很多人当年花期结束后就扔掉植株。光照时间少于12小时植株才会开花。人工控制光照时间可调整植物开花时间。
繁育法：扦插；播种。

逐渐弯曲成拱形。花柄弯曲，花大型，如倒挂的钟，橘红色。

景蝶（Kalanchoe tubiflora）： 见棒叶落地生根。

百合属（Lilium）

鳞茎植物，广泛用于苗圃种植。多数植物，尤其是用作盆栽的植物，都属于杂交品种。新的生物技术能控制植株生长，加上矮化品种的诞生，百合属植物已成为越来越受欢迎的室内盆栽之选。除了杂交品种，天香百合、麝香百合、王百合以及美丽百合也用作盆栽植物。

百合属杂交品种（Lilium hybrids）

多数杂交品种花呈喇叭状，或花瓣向后卷曲，花色包括红色、橙色、黄色和白色，通常带有其他颜色的斑点或斑纹。包括成百上千个品种，每年还会产生新品种。室内种植最好选择矮化品种。

◎种植注意事项

温度：3℃～10℃，忌高温。

湿度：偶尔喷水雾。

摆放位置：光照充足，夏季忌阳光直射。

浇水施肥：生长阶段保持盆栽土湿润，常施肥。

养护：秋季或冬季中后期种植鳞茎。大型鳞茎单独种植，小型鳞茎可两三个一起种植。鳞茎埋入土中，不能露出，也不能接触盆底，下面至少应有5厘米盆栽土，上面至少有10厘米盆栽土。不同品种百合的生根方式不同。将种有鳞茎的花盆置于阴凉处，如御寒玻璃罩、地窖或地下室中，保持土壤湿润。鳞茎抽枝后保证光照充足，长出花苞后，控制在推荐温度。花苞着色后移至更为暖和的房间，但忌温度过高，否则会缩短花期。花期结束后将植物种到花园内。

繁育法：分离鳞茎繁殖，但过程较为漫长。

▲百合属杂交品种（Lilium hybrid）

生石花属（Lithops）

匍匐多浆植物，叶臃肿，成对生长，最终成簇生长。该属植物外形有趣，形似石块或鹅卵石，长势缓慢。下面介绍的是该属最为常见的一种。

琥珀玉（Lithops bella）

叶淡黄褐色，成对生长，有深色斑纹。夏末或初秋开花，花白色，形似雏菊。株高约2.5厘米。

◎种植注意事项

温度：冬季不得低于7℃。
湿度：耐干燥。
摆放位置：光照充足，夏季耐阳光直射。
浇水施肥：夏季适度浇水，冬季不能浇水。老叶破裂出现新叶后重新开始浇水。一般不需要施肥，若盆栽土已使用多年，可适当用仙人掌科植物专用肥料施肥。
养护：叶片挤满花盆才需移植。琥珀玉种在盛有沙砾和鹅卵石的工艺花盆中独具风味。
繁育法：播种。

▲琥珀玉（Lithops bella）

丽花球属（Lobivia）

球状或柱状仙人掌科植物，逐渐成簇生长。丽花球属植物花期较早。

百丽丸（Lobivia densispina）

针刺密集，矮柱状，有时有分枝。花大型，漏斗状。

百丽丸缀花（Lobivia famatimensis）

植株柱状，约20棱，黄色针刺。初夏开花，花期较短。

▲百丽丸（Lobivia densispina）

◎种植注意事项

温度：冬季5℃～7℃，忌高温，避免霜冻。
湿度：耐干燥。
摆放位置：光照越充足越好，需短时直接日照。
浇水施肥：夏季适度浇水，秋季至春季少浇水，冬季保持干燥，尽可能使用软水。夏季用肥性较弱的肥料施肥。
养护：冬季保证温度适宜，促进植株开花。幼株每年春季移植一次。
繁育法：分离分蘖枝（未生根的分蘖枝可作为插条）；播种。

▲百丽丸缀花（Lobivia famatimensis）

乳突球属（Mammillaria）

包括约150种半球形、球形或柱状仙人掌科植物，多数植株矮小，大量开花。品种多样，以下只介绍其中常见的几种。

▲高砂（Mammillaria bocasana，左）、七七子冠（Mammillaria wildii，右）

高砂（Mammillaria bocasana）

植株球形或柱状，成熟植株簇生，覆有带勾的针刺和白色绒毛。花冠红色，花蕊白色。

金筒球（Mammillaria elongata）

茎圆柱状簇生，覆有浓密的黄色或褐色针刺。夏季开花，花米黄色。

七七子冠（Mammillaria wildii）

茎柱状分枝，簇生，覆有白色针刺和较长的绒毛。春季开花，白色小花形成环状。

月影球（Mammillaria zeilmanniana）

茎较短，柱状，簇生，覆有浓密带勾的针刺。春季开花，花钟状，深紫色或粉色，有的为白色。

◎种植注意事项

温度：冬季不低于7℃。
湿度：耐干燥。
摆放位置：光照充足，最好是自然光照。
浇水施肥：春季至秋季适度浇水，冬季保持干燥。
养护：幼株每年移植一次；成熟植株可减少移植次数。
繁育法：扦插；播种。

▲月影球（Mammillaria zeilmanniana）

竹芋属（Maranta）

热带植物小属，原产于中南美洲，观叶植物。

花叶竹芋（Maranta bicolor）

叶子介于圆形与椭圆形之间，长约15厘米，主脉两侧分别有5　8块褐色斑块，叶背紫色。有时开白色小花。

豹纹竹芋（Maranta leuconeura）

块茎植物，叶子比花叶竹芋小。常见的变种包括红线竹芋和条纹竹芋。红线竹芋（又名红脉豹纹竹芋、彩纹竹芋），叶脉红色，主脉两侧有黄色斑纹。条纹竹芋斑块起初为褐色，逐渐变成绿色。

▲红线竹芋（Maranta leuconeura erythroneura）

▲条纹竹芋（Maranta leuconeura kerchoveana）

◎种植注意事项

温度：冬季不低于10℃。
湿度：高湿度，常给叶子喷水雾。
摆放位置：光照充足，夏季忌阳光直射。冬季尽量提供充足光照。
浇水施肥：春季至秋季定期浇水，冬季少浇水，尽可能使用软水。夏季常施肥。
养护：每两年春季移植一次。
繁育法：分株繁殖。

含羞草属（Mimosa）

包括灌木、乔木、攀缘植物和一年生植物的大属，各种植物习性不同，对生长环境要求也不同，用作室内盆栽，以下介绍的这种植物最为常见。

含羞草（Mimosa pudica）

羽状复叶，非常敏感。受外界触动时，小叶闭合，叶子下垂（夜晚叶子通常闭合），半小时至一小时后，叶子才会恢复原状。夏季开花，花似粉红色小球。含羞草生长周期较短，通常被当作一年生植物种植，株高一般不超过60厘米。

◎种植注意事项

温度：冬季不低于16℃。
湿度：常给叶子喷水雾。
摆放位置：光照充足，需短时直接日照，夏季温度最高时段忌阳光直射。
浇水施肥：春季至秋季定期浇水，冬季少浇水，尽可能使用软水。夏季常施肥。
养护：春季移植，含羞草很容易播种种植，最好当作一年生植物栽培。
繁育法：播种；扦插。

▲含羞草（Mimosa pudica）

龟背竹属（Monstera）

木本攀缘植物，多数附生，原产于美洲热带地区。

龟背竹（Monstera deliciosa）

攀缘植物，茎较粗，气生根。叶大型，叶径约60厘米，早期叶片完整呈心形，逐渐深裂，存在斑叶变种。通常只有温室或暖房种植的植株才会开花，花白色，形似百合。植株可高至天花板。又名小龟蔓绿绒。

▲龟背竹（Monstera deliciosa）

◎种植注意事项

温度：冬季不低于10℃。

湿度：常给叶子喷水雾。

摆放位置：光照充足或阴凉处皆可，忌阳光直射。

浇水施肥：春季至秋季定期浇水，冬季少浇水。

日常养护：提供合适的攀附物，如覆有苔藓的杆子。偶尔用海绵轻轻擦拭叶子。

繁育法：扦插；空中压条。

水仙属（Narcissus）

水仙是该属最常见的植物，还有许多其他品种适合室内种植。

水仙属杂交品种（Narcissus hybrids）

从传统的喇叭花形水仙花到小型水仙，有数百个品种，花色主要有黄色和白色。雪白水仙（花白色，花心黄色，有香味）和太阳水仙（花黄色，花心深黄色）可作为首选品种。

◎种植注意事项

温度：前面提到的品种15℃～21℃。苗圃种植的品种用于室内种植需先放在温度较低的环境中，待植株长出花苞后再搬到温暖的位置（见养护）。

湿度：无特殊要求。

摆放位置：前面提到的品种始终提供充足光照。普通品种一般作为短期室内盆栽，刚长出花苞时须提供充足光照，一旦开花可摆在任何位置。

浇水施肥：花苞生长期适度浇水。将鳞茎种于花园，长出植株前勤浇水。无须施肥。

养护：前面提到的两个品种可种于花盆内，也可种在盛水的碗中，碗内放入鹅卵石或大理石（保持鳞茎基部处于水面之上）。置于室内，很快就会开花。苗圃种植的品种用于室内种植，必须先移栽，生根前放在阴暗、温度较低的位置，期间温度保持7℃～10℃，待鳞茎长出花苞后再移至室内或较为温暖的位置。

繁育法：分离分蘖枝或鳞茎（鳞茎插条）。室内种植使用这种方法不太实际，最好每年购买新鲜鳞茎。

彩叶凤梨属（Neoregelia）

附生凤梨科植物，莲座状叶丛，原产于巴西。

彩叶凤梨（Neoregelia carolinae）

叶长约40厘米，宽约5厘米，形成宽大的莲座状叶丛，通常为绿色，植物开花时（通常在夏季）莲座状叶丛顶端的叶子会变成红色。三色彩叶凤梨叶较窄，纵向分布黄色条纹，蓝紫色花朵在注有水的“花瓶”中若隐若现。

◎种植注意事项

温度：冬季不低于13℃。

湿度：常给叶子喷水雾。

摆放位置：光照充足，忌阳光直射。

浇水施肥：适度浇水，将“花瓶”注满水，尽可能使用软水。夏季用肥性较弱的肥料施肥（加入土壤或“花瓶”内）。

养护：花期结束后植株枯死，可扔掉植株。想用母株周围长出的侧枝繁殖新植株，需继续施肥，并放到光照充足的位置。彩叶凤梨属植物不适合长期放在室内，开花前可置于温室或暖房中，开花时再搬到室内。

繁育法：分离侧枝。

肾蕨属（Nephrolepis）

包括约30种陆生和附生的常绿及半常绿蕨类植物，广布全球热带地区的各个角落。以下介绍的这种适合室内种植。

高大肾蕨（Nephrolepis exaltata）

羽状复叶，长约45～60厘米，簇生。有不同变种，包括波士顿肾蕨、少年特蒂肾蕨以及惠特曼肾蕨。波士顿肾蕨叶子下垂，造型优美；少年特蒂肾蕨复叶褶皱呈波浪

◎种植注意事项

温度：冬季不低于18℃。

湿度：常给叶子喷水雾。

摆放位置：光照充足，忌阳光直射。

浇水施肥：夏季定期浇水，冬季谨慎浇水，其他时间浇水也需小心。浇水过多或过少都会对植物生长产生很大的影响，保持根部湿润，尽可能使用软水。

养护：花盆太小时进行移植，但是在这之前植物一般都已枯萎了。勿放在有穿堂风吹过的位置。

繁育法：根状茎末端会长出植物幼苗，可用幼苗培育新植株。原种肾蕨可播种孢子，杂交植物不能用这种方法。

形；惠特曼肾蕨复叶深裂，形似花边。

夹竹桃属（Nerium）

常绿灌木，观花植物。以下介绍的这种植物广泛用作室内盆栽，在南欧和美国还是广受欢迎的室外灌木。

欧洲夹竹桃（Nerium oleander）

叶革质，形似柳叶，长约15～20厘米，三枚轮生。花簇生，花色有白色、红色、粉红色和淡紫色。有许多变种，包括重瓣品种。条件适宜可长成株高1.8米以上的灌木，成熟植株更适合种在暖房内。

◎种植注意事项

温度：冬季不低于7℃。
湿度：无特殊要求。
摆放位置：光照充足，有短时直接日照。
浇水施肥：春季至秋季定期浇水，冬季谨慎浇水，需保持根部湿润。春夏两季常施肥。
养护：夏季可置于室外，如庭院内，需让植物慢慢适应环境，夜晚温度较低，应提前将植物搬回室内。秋季将已开花的枝条剪掉一半左右，保持枝叶紧凑，促进植株繁茂生长。
繁育法：扦插。

▲欧洲夹竹桃（Nerium oleander）

薄柱草属（Nertera）

多年生匍匐植物小属，以形似念珠的浆果著称。

红果薄柱草（Nertera depressa）：见橙珠花。

橙珠花（Nertera granadensis）

植株易感染霉菌，茎匍匐，叶圆形很小，长约6毫米。春季开白绿色小花，秋季结亮橙色浆果。又名红果薄柱草。

▲橙珠花（Nertera granadensis）

◎种植注意事项

温度：冬季不低于7℃。
湿度：偶尔给叶子喷水雾。
摆放位置：光照充足，有短时直接日照。
浇水施肥：春季至秋季定期浇水，冬季少浇水，保持根部盆栽土湿润。
养护：结果前植株外观不怎么漂亮，初夏至结果前可置于室外。通常购买已结果的植株，果实脱落后扔掉植株，若细心打理也可成功越冬。
繁育法：分株繁殖；播种。

巢凤梨属（Nidularium）

附生凤梨科植物，莲座状叶丛与彩叶凤梨属相似。

黄花巢凤梨（Nidularium billbergioides citrinum）

莲座状叶丛，叶条状，自然弯曲呈拱形，长约45～60厘米。真正的花为黄色，不明显，黄色苞片色彩鲜亮，持续时间较长。

▲黄花巢凤梨（Nidularium billbergioides citrinum）

银巢凤梨（Nidularium fulgens）

叶条状带刺，叶缘呈锯齿状，形成莲座状叶丛。主要夏季开花，白色和紫色的管状花朵在莲座状叶丛形成的"花瓶"中若隐若现。植株开花时"花瓶"周围色彩鲜亮的红色苞片是银巢凤梨的主要特征。

巢凤梨（Nidularium innocentii）

与银巢凤梨相似，叶背紫色，花白色。植株开花时苞片的颜色也很漂亮。

◎种植注意事项

温度：冬季不低于10℃。
湿度：偶尔喷水雾。
摆放位置：阳光充足，忌阳光直射。
浇水施肥：春季至秋季定期浇水，将"花瓶"注满水，冬季少浇水。夏季用肥性较弱的肥料施肥。
养护：花期结束后母株枯死，分离侧枝繁殖的新植株需要几年时间才能长成。无温室或暖房，最好购买已开花的植株，花期结束后扔掉植株。
繁育法：分离侧枝。

▲银条巢凤梨（Nidularium innocentii striatum）

南国玉属（Notocactus）

为球状仙人掌科植物的小属，通常具棱，针刺浓密，花期较早。

河内球（Notocactus apricus）

植株较小，扁球形，多棱。针刺浓密。夏季开花，花黄色，花径约7.5厘米。现称为河内丸。

青王丸（Notocactus ottonis）

植株球形，具棱，针刺较尖。夏季开花，花金黄色，花径约7.5厘米。

◎种植注意事项

温度：冬季不得低于10℃。
湿度：耐干燥。
摆放位置：光照充足，有短时直接日照。春季阳光充足时置于阴凉处，夏季置于半阴处。
浇水施肥：春季至秋季定期浇水，冬季少浇水。
养护：无须特别养护，冬季避免温度过高即可。
繁育法：播种；长有侧枝的植株可分株繁殖。

▲青王丸（Notocactus ottonis）
◀河内球（Notocactus apricus）

齿瓣兰属（Odontoglossum）

附生兰科植物，原产于美洲热带雨林。以下介绍的这种植物很适合室内种植，其他植物室内种植对环境要求较高。

虎兰（Odontoglossum grande）

秋季开花，花大型，花色有褐色、黄色和白色。有多种不同的变种。

◎种植注意事项

温度：冬季不低于13℃。
湿度：偶尔喷水雾。
摆放位置：光照充足，夏季忌阳光直射。冬季尽量提供充足的光照。
浇水施肥：春季至秋季定期浇水，冬季少浇水（只需保持假磷茎不枯萎即可），尽可能使用软水。春季至秋季用肥性较弱的肥料施肥。
养护：植物枯萎或凋谢前移植，移植时使用兰科植物专用盆栽土。
繁育法：分株繁殖。

▲虎兰（Odontoglossum grande）

仙人掌属（Opuntia）

包括200多种仙人掌科植物的大属，从低矮到高大，应有尽有。其中许多植物广受仙人掌爱好者的欢迎。

▲黄毛掌（Opuntia microdasys）

锁炼掌（Opuntia cylindrica）

茎柱状，逐节拔高。株高超过1.8米的成熟植株春季或初夏开花，花盘状，粉红略偏红。

黄毛掌（Opuntia microdasys）

茎节扁平，灰绿色，室内种植通常株高30厘米左右，具有成簇的芒刺，即钩毛。有不同品种，白毛掌钩毛为白色。室内种植很少开花，只有大型成熟植株才会开花，花黄色，花径约5厘米。

仙人镜（Opuntia phaeacantha）

变态茎介于椭圆形和圆形之间，长约15厘米，钩毛黄褐色，花黄色。耐寒。

翁团扇（Opuntia vestita）

植株柱状，有节，容易断裂，覆有明显的绒毛。花小型，深红色。

◎种植注意事项

温度：冬季不低于7℃。
湿度：耐干燥环境。
摆放位置：光照充足，直接日照有利于植物生长。
浇水施肥：春季至秋季适度浇水，冬季少浇水。夏季用肥性较弱的肥料或仙人掌科植物专用肥料施肥。
养护：必要时春季移植。普通盆栽土适合种植掌体扁平的品种，其他品种需用仙人掌科植物专用盆栽土。冬季忌高温。若霜冻不严重，有些品种可种于室外。
繁育法：扦插（分离扦插掌体）；播种。

▲翁团扇（Opuntia vestita，左）、锁炼掌（Opuntia cylindrica，中）、仙人镜（Opuntia phaeacantha，右）

酢浆草属（Oxalis）

包括多年生块茎、根状茎和须根植物的大属，多数植物既有引人注目的叶子，又有漂亮可爱的花朵，少数植物像园圃的野草一样不招人喜欢。

幸运草（Oxalis deppei）

形似红花草，叶子具有四张小叶，基部有红棕色斑块。春末或夏季开花，花小型，漏斗状，红色或紫罗兰色。耐霜冻。生物学家认为更为准确的学名为四叶酢浆草，目前仍普遍使用幸运草。

四叶酢浆草（Oxalis tetraphylla）：见幸运草。

◎种植注意事项

温度：冬季不低于7℃。部分品种耐寒，室内种植温度也不能低于7℃。
湿度：无特殊要求。
摆放位置：光照充足或半阴处，夏季忌阳光直射。
浇水施肥：生长旺盛时定期浇水。生长期常施肥。
养护：忌高温，否则植株寿命会缩短。酢浆草属植物常作为冬季室内摆设，耐寒品种花期结束后最好种到花园中。
繁育法：分离侧枝。

▲幸运草（Oxalis deppei）

金苞花属（Pachystachys）

常绿多年生灌木，只有一种用于室内种植。

金苞花（Pachystachys lutea）

春末至秋季开花，圆锥形黄色花序，长约10厘米。真正的花为白色，伸出黄色苞片外，苞片持续时间较长。叶椭圆形，稍尖。

◎种植注意事项

温度：冬季不低于13℃。
湿度：夏季常给叶子喷水雾。
摆放位置：光照充足，夏季温度最高时段忌阳光直射。
浇水施肥：春季至秋季定期浇水，冬季少浇水。夏季常施肥。
养护：花期结束后剪去花序，春季剪短枝条保持植株枝叶紧凑。每年春季移植一次。
繁育法：扦插。

▲金苞花（Pachystachys lutea）

兜兰属（Paphiopedilum）

包括约60种植物，用于种植的通常为杂交品种。

兜兰属杂交品种（Paphiopedilum hybrids）

花非常漂亮，花径约5～10厘米，花瓣翼状，下部唇瓣形成囊状。花色因品种而异，包括褐色、橙色、琥珀色、绿色和紫色，花瓣常有明显的斑纹或斑点。多数品种冬季或春季开花。有时兜兰属植物被当作杓兰属植物出售。

◎种植注意事项

温度：冬季不低于13℃。

湿度：偶尔喷水雾。

摆放位置：光照充足，忌阳光直射。

浇水施肥：春季至秋季定期浇水，冬季少浇水，尽可能使用软水。生长旺盛时用肥性较弱的肥料施肥。

养护：定期摘除枯萎或变黄的叶子，注意叶片刺蛾虫害。

繁育法：分株繁殖。

▲绿三角兜兰（Paphiopedilum Green Gable）

锦绣玉属（Parodia）

球状仙人掌科植物，有些品种可以逐渐长成柱状，具棱，通常有针刺。我们购买的通常是嫁接植株。

锦绣玉（Parodia aureispina）

植株球状，直径可达10厘米左右，覆有浓密的白色或黄色针刺。春季开花，花黄色，花径约2.5厘米。

锦翁玉（Parodia chrysacanthion）

植株球状，直径可达10厘米左右，有时逐渐变成扁球体，长有刺毛。春季开花，花黄色。

▲锦绣玉（Parodia aureispina）

◎种植注意事项

温度：冬季7℃～12℃。
湿度：耐干燥。
摆放位置：光照越充足越好，直接日照有利于植物生长。
浇水施肥：春季至秋季适度浇水，冬季保持干燥，尽可能使用软水。夏季用肥性较弱的肥料或仙人掌科植物专用肥料施肥。
养护：锦绣玉属植物生长缓慢，需要移植时尽可能使用仙人掌科植物专用盆栽土。
繁育法：播种。

▲锦翁玉（Parodia chrysacanthion）

天竺葵属（Pelargonium）——观花植物

包括约250种植物，主产于南非。广泛用作室内观花盆栽和夏季园圃摆设的植物为杂交品种，需经过数年杂交繁殖才能获得。

▲丽格天竺葵（Regal pelargonium）

大花天竺葵杂交品种（Pelargonium grandiflorum hybrids）

主要是大花天竺葵、心形天竺葵以及其他杂交品种，比较有名的是丽格天竺葵和玛沙华盛顿天竺葵。花期（初春至夏季中期）比马蹄纹天竺葵短，但花更大，花瓣褶皱更为漂亮，一般为双色。叶扇形，叶缘呈锯齿状，宽约7.5厘米，无明显环带。盆栽植物株高可达30～60厘米。

蔓性天竺葵杂交品种（Pelargonium peltatum hybrids）

茎细长，蔓生，叶盾状，分成五裂。花星形，单瓣或重瓣，通常粉红色或红色，有的白色。一般种于吊篮或作为座墩摆设。

马蹄纹天竺葵杂交品种（Pelargonium zonale hybrids）

广泛种植的传统天竺葵品种。叶圆形，微裂，长约7.5～10厘米（小型品种叶更小），常有漂亮的条纹，也有斑叶品种。圆形头状花序，花单瓣或重瓣，花色

▲马蹄纹天竺葵（A zonal pelargonium）

▲蔓性天竺葵杂交品种（Pelargonium peltatum hybrid）

有粉红色、红色、紫色和白色。有数百个品种，花的形状、大小、颜色以及叶子的图案各不相同。小型品种株高约15～23厘米，适合作窗台摆设。

◎种植注意事项

温度：冬季不低于7℃。马蹄纹天竺葵耐寒，但最好不要低于推荐的温度。

湿度：耐干燥。

摆放位置：采光条件较好，短时日照，耐强光。

浇水施肥：春季至秋季适度浇水；与其他室内盆栽植物相比，天竺葵属植物受干燥土壤影响较小，对浇水这一环节无特殊要求。丽格天竺葵和玛沙华盛顿天竺葵夏季比其他品种需水多。春季至秋季常施肥。

养护：园圃植物冬季处于半休眠状态，最好置于温室越冬。室内盆栽若能保证13℃以上的温度和较好的采光条件，冬季仍能枝叶茂盛，引人注目。春季修剪过长的枝条（丽格天竺葵和玛沙华盛顿天竺葵秋季修剪）。幼株及时摘心保证繁茂生长。

繁育法：扦插；播种（适用于部分品种）。

天竺葵属（Pelargonium）——观叶植物

部分马蹄纹天竺葵既有漂亮的花，又有引人注目的叶子，和专门的观叶植物芳香叶天竺葵相比，丝毫不逊色。部分芳香叶天竺葵也会开花，但是花不怎么漂亮。尽管有斑叶品种，叶子也不怎么吸引人。芳香叶天竺葵的特点是叶子受触碰后会释放香味（有的即使不触碰也会释放香味）。

根据香味对植物进行分类很难有定论，因为每个人对香味的感知能力有所不同。根据自己的嗅觉判断是选择芳香植物的最佳方法。

以下介绍几种芳香叶天竺葵，专业苗圃还有更多品种可供选择。

▲芳香叶天竺葵。自左往右：豆蔻天竺葵（P. odoratissumum）、香叶天竺葵（P. graveolens）、斑叶皱波天竺葵（“P.crispum” variegatum）

头状天竺葵（Pelargonium capitatum）

叶深裂，叶玫瑰香味。花紫红色。条件适宜，株高可达90厘米左右。

皱波天竺葵（Pelargonium crispum）

叶小型微裂，绿色和米黄色相间，叶柠檬香味。花粉红色。株高可达60厘米左右。

香叶天竺葵（Pelargonium graveolens）

叶全裂，裂片再分裂成更小的裂片，叶玫瑰香味。花粉红或玫瑰红。株高可达90厘米左右。

豆蔻天竺葵（Pelargonium odoratissimum）

叶苹果香味。花白色。株高可达30厘米左右。

绒毛天竺葵（Pelargonium tomentosum）

叶大，圆形，微裂，叶薄荷香味。花小型白色。株高可达60厘米左右。

旱蕨属（Pellaea）

落叶半常绿或常绿蕨类植物，主产于南美、南非以及新西兰的干燥地区。旱蕨属植物适应干燥环境，比其他蕨类植物更适合室内种植。

▲纽扣蕨（Pellaea rotundifolia）

纽扣蕨（Pellaea rotundifo-lia）

根状茎匍匐生长，复叶细长，自然下垂，小叶较小，圆形革质，逐渐长成椭圆形。植株低矮，枝条向四周辐射生长。

裸叶粉背蕨（Pellaea viridis）

比纽扣蕨更像传统蕨类，叶较大，全裂，叶面长有绒毛。

◎种植注意事项

温度：冬季13℃～16℃。
湿度：偶尔给叶子喷水雾。尽管旱蕨属植物比其他蕨类更适应干燥环境，但适当的湿度更有利于植株生长。
摆放位置：光线充足，忌阳光直射。
浇水施肥：适度浇水，确保根部盆栽土湿润，但不能积水。夏季用肥性较弱的肥料施肥。
养护：用浅盆或吊篮移植植物。自然界中旱蕨属植物常生长于石缝中。
繁育法：分株繁殖；播种孢子。

▲裸叶粉背蕨（Pellaea viridis）

赤车属（Pellionia）

多年生常绿匍匐植物小属，少数可种于大型花盆或瓶状花箱内，也可作为蔓生植物种于吊盆内。

喷烟花（Pellionia daveauana）

蔓生，叶椭圆形，中央淡绿色，边缘橄榄绿色。更为准确的名称为吐烟花。

花叶喷烟花（Pellionia pulchra）

蔓生，叶长椭圆形，长约4～8厘米，宽约2.5厘米。叶橄榄绿色，叶脉深绿色，叶背紫褐色，斑驳有致。

◎种植注意事项

温度：冬季不低于13℃。
湿度：高湿度，常给叶子喷水雾。
摆放位置：半阴或光线充足，忌阳光直射。
浇水施肥：春季至秋季定期浇水，冬季少浇水，保证根部湿润。夏季常施肥。
养护：水雾不足以提供足够湿度，可搭配使用其他方法，如将花盆放在盛有水的盘子中，盘中应放入大理石碎片或鹅卵石，避免盆底与水直接接触。
繁育法：扦插；分株繁殖。

▲喷烟花（Pellionia daveauana）

五星花属（Pentas）

包括约30种植物，主要为多年生常绿灌木，主产于中东和非洲热带地区。

五星花（Pentas lanceolata）

头状花序，宽约7.5～10厘米，花较小，星形，通常为红色或粉红色，部分品种为白色或紫红色。通过控制可全年开花，不过花期主要在冬季。叶椭圆形，长有绒毛，长约7.5厘米。

▲五星花（Pentas lanceolata）

◎种植注意事项

温度：冬季不低于10℃。
湿度：偶尔喷水雾。
摆放位置：光线充足，短时日照，夏季温度最高时段忌阳光直射。
浇水施肥：春季至秋季定期浇水，冬季少浇水，保证根部湿润。夏季常施肥。
养护：及时摘心促进幼株繁茂生长。若希望植株冬季开花，及时摘除秋季长出的花苞。每年春季移植一次。
繁育法：扦插；播种。

草胡椒属（Peperomia）

包括约1000个种的大属，主产于美洲热带、亚热带地区。有的来自热带雨林，或附生于树木，或陆生。有的为一年生植物，多数为多年生常绿植物。多数植物对生长环境无特殊要求，叶子形状、颜色和大小因品种各异。多数植物不开花，只作为观叶植物，有些植物会开花，穗状花序，花小型，米白色，形似拨火棒。该属很多植物都可用作室内盆栽，下面介绍最常见的几种。

西瓜皮椒草（Peperomia argyreia）

叶盾状，叶面深绿色，叶背银色，叶柄红色，形成匀称茂盛的叶丛，又名瓜叶椒草。

皱叶椒草（Peperomia caperata）

叶心形，长约2.5厘米，叶脉间褶皱，有沟槽，形成茂盛的叶丛。叶子形状和颜色因品种而异。

洒金椒草（Peperomia clusiifolia）

叶革质，长约7.5厘米，叶缘紫红色。斑叶洒金椒草叶缘米色和红色。株高可达20厘米。

弗雷氏椒草（Peperomia fraseri）

茎直立，叶圆形或心形，轮生。穗状花序白色，有香味。

▲草胡椒属：哥伦比亚椒草（Peperomia hybrid "Columbiana"，左一）、罗弗玛椒草（Peperomia hybrid "Rauvema"，左二）、皱叶椒草的三个品种

亮叶椒草（Peperomia glabella）

茎蔓生，叶宽大，椭圆形，亮绿色，富有光泽。

银灰椒草（Peperomia griseoargentea）

茎细长，粉红色，叶心形，接近圆形，叶脉间有较深的褶皱，叶背淡绿色。又名灰绿豆瓣绿。

灰绿豆瓣绿（Peperomia hederifolia）：见银灰椒草。

翡累椒草（Peperomia magnoliaefolia）：见圆叶椒草。

圆叶椒草（Peperomia obtusifolia）

叶肉质厚实，长约5～10厘米，叶柄较短。绿叶品种通常不用于种植，有不少斑叶品种，叶片分布黄色或米色斑纹。植株直立蔓生，株高可达25厘米。又名翡累椒草，有些专家认为两个名称所指的是同一植物，另一些专家则认为是两种完全不同的植物。

长叶椒草（Peperomia pereskiifolia）

叶暗绿色，略显红色，轮生。株高可达30厘米。

垂叶椒草（Peperomia rotundifolia）

蔓生，叶圆形，亮绿色，宽约1厘米。

剑叶椒草（Peperomia verticillata）

垂直生长，株高可达30厘米，叶长约2.5厘米，4　6片叶子轮生。叶子长有绒毛。

◎种植注意事项

温度：冬季不低于10℃。

湿度：温度较高时偶尔给叶子喷水雾，冬季忌喷水雾。

摆放位置：半阴或光线充足，夏季忌阳光直射。

浇水施肥：全年适度浇水，冬季谨慎浇水，尽可能使用软水。春季至秋季施肥。

养护：多数草胡椒属植物根系不发达，无须每年移植。有必要移植时春季移植，使用稍大的花盆。泥炭土比堆肥土更为合适。

繁育法：扦插；肉质莲座状叶丛植物可扦插叶片。

▲草胡椒属：长叶椒草（Peperomia pereskiifolia，上左）、垂叶椒草（Peperomia rotundifolia，上右）、杰里洒金椒草（Peperomia clusiifolia "Jeli"，下左）、洒金椒草变种（peperomia clusiifolia variety，下右）

喜林芋属（Philodendron）

包括约350种常绿灌木和木本攀缘植物，原产于中南美洲的热带雨林。以下介绍的都是攀缘植物，可高至天花板，多数长势缓慢，一年内植株生长不超过30厘米，植株过高前可在室内摆上数年。非攀缘品种可长成大型植株，不适合小型居室摆设。

细裂喜林芋（Philodendron angustisectum）

攀缘植物，生长旺盛，叶大，心形，长约45　60厘米，主脉具缺裂。可高至天花板。又名细裂蔓绿绒。

琴叶蔓绿绒（Philodendron bipennifolium）：见琴叶喜林芋。

绿宝石喜林芋（Philodendron domesticum）

攀缘植物，叶亮绿色，富有光泽，长约30　45 厘米，幼株叶子呈箭形，成熟植株叶子基部分裂。可高至天花板。又名剑唇喜林芋。

细裂蔓绿绒（Philodendron elegans）：见细裂喜林芋。

红苞喜林芋（Philodendron erubescens）

攀缘植物，幼叶外包有漂亮的玫瑰红佛焰苞，叶子展开后佛焰苞脱落。叶箭形或心形，深绿泛紫，叶缘红色。有的品种叶子更绿或叶缘更红。可高至天花板。

剑唇喜林芋（Philodendron hastatum）：见绿宝石喜林芋。

喜林芋杂交品种（Philodendron hybrids）

杂交品种如“蓝鼬”、“勃艮第”以及“粉红王子”，都为攀缘植物，叶大漂亮，种植方法与其他攀缘品种相同。

▲红宝石喜林芋（Philodendron hybrid “Red Emerald”）

▲紫色王子喜林芋（Philodendron hybrid “Purple Prince”）

▲蓝鼬喜林芋（Philodendron hybrid “Blue Mink”）

▲绿宝石喜林芋（Philodendron domesticum）

绒叶喜林芋（Philodendron melanochrysum）

攀缘植物，叶心形，长约60厘米，叶面紫铜色，叶脉白色。生长较慢，但假以时日仍可高至天花板。心形叶逐渐增长。

琴叶喜林芋（Philodendron panduriforme）： 多年生草本植物。茎蔓性，呈木质状，上生有多数气生根，可附着于他物生长。叶片基部扩展，中部细窄，形似小提琴；革质，暗绿色，有光泽。又名琴叶蔓绿绒。

小龟蔓绿绒（Philodendron pertusum）： 见龟背竹。

攀缘喜林芋（Philodendron scandens）

攀缘或蔓生植物，叶绿色，心形，富有光泽，长约7.5～13厘米。生长较快，有攀附物可高至天花板，通常作为蔓生植物种植。

▲攀缘喜林芋（Philodendron scandens）

裂叶喜林芋（Philodendron selloum）

非攀缘植物，叶长约60～90厘米，叶深裂，叶缘褶皱。株高可达1.5米。

◎种植注意事项

温度：冬季不低于13℃。许多品种，如绒叶喜林芋，喜温，最好提供18℃或更高的温度。
湿度：常给叶子喷水雾。
摆放位置：光线充足，夏季忌阳光直射。攀缘喜林芋耐阴。
浇水施肥：春季至秋季定期浇水，冬季少浇水，尽可能使用软水。春季至秋季施肥，想控制植物长势，勿使用肥性较强的肥料。
养护：为攀缘品种提供合适的攀附物，如长有苔藓的杆子。植株下部长出的气生根可进行压条繁殖。
繁育法：扦插；空中压条。

刺葵属（Phoenix）

包括约17种棕榈科植物。室外种植多数植株能长成大型乔木，部分幼株可用作室内盆栽。

加拿利海枣（Phoenix canariensis）

羽状复叶，小叶细狭，起初坚硬直立，逐渐弯曲成拱形。

海枣（Phoenix dactylifera）

海枣果可食用。与槟榔竹相似，不常用于室内种植。

软叶刺葵（Phoenix roebelenii）

叶子弯曲成拱形，外形优美，矮小植株叶子长度一般不超过1.2米。

◎种植注意事项

温度：冬季不低于7℃；软叶刺葵冬季不低于16℃。

湿度：耐干燥。

摆放位置：光线充足。直接日照有利于植株生长。

浇水施肥：春季至秋季适度浇水，冬季少浇水。春季至秋季常施肥。

养护：刺葵属植物忌频繁移植，花盆太小才进行移植。植株根须通常会穿过花盆底部排水孔，最好种在比普通花盆更深的盆中。及时剪除枯死或变黄的叶子，否则会影响植株外观。

繁育法：播种；软叶刺葵用分株法繁殖。

▶加拿利海枣（Phoenix canariensis）

冷水花属（Pilea）

包括约600种灌木和蔓生品种的一年生植物和常绿多年生植物，产于热带地区，少数植物用作室内种植。

冷水花（Pilea cadierei）

叶椭圆形，长约7.5～10厘米，叶绿色，叶面有银色条纹。

冷水花杂交品种（Pilea hybrids）

部分冷水花属植物只有品种名，这些植物由几种植物杂交而成，归属颇有争议，通常颜色和斑叶也因品种而不同。

巴拿马冷水花（Pilea involucrata）

叶椭圆形，略显肉质，长约7.5厘米，边缘有圆齿。叶深绿色，泛紫铜色光泽，叶缘淡绿色。常见的品种有“月亮谷”冷水花（叶面青铜色，叶背绿色泛红）以及福克冷水花（光线充足叶青铜色，光线不足绿色，有纵向白色条纹）。福克冷水花常被列入皱叶冷水花的变种。植株茂盛，株高约15~23厘米。

小叶冷水花（Pilea microphylla）

叶小型，淡绿色，长度只有2～6毫米，茎分枝明显，外观像蕨类植物。植株矮小，株高约15厘米。又名透明草。

◎种植注意事项

温度：冬季不低于10℃。
湿度：常给叶子喷水雾。
摆放位置：光线充足或半阴处，夏季忌阳光直射。
浇水施肥：生长旺盛时定期浇水。春季至秋季常施肥。
养护：幼株勤摘心，持续一两个月，促进植物繁茂生长。春季移植。
繁育法：扦插。

▲小叶冷水花（Pilea microphylla）

透明草（Pilea muscosa）：见小叶冷水花。

圆叶冷水花（Pilea nummulariifolia）

茎蔓生，泛红色，叶圆形，宽约1厘米，叶面褶皱，叶背紫色。株高约5厘米。

卵叶冷水花（Pilea spruceana）

叶椭圆形，褶皱，长约5~7.5厘米。常见的为皱叶冷水花的变种，如青铜皱叶冷水花。福克冷水花也常被列入其中，但有些权威人士认为应将其列入总苞冷水花的变种。

捕虫堇属（Pinguicula）

包括50多种食虫植物，功能就像粘蝇纸一样。

食虫花（Pinguicula grandiflora）

叶舌状，宽大扁平，贴地生长，长约7.5~10厘米，叶缘略微卷曲。茎长约10厘米，伸出叶丛非常漂亮，花粉红色，花距较长。

捕虫堇（Pinguicula moranensis）

叶圆形或椭圆形，长约15厘米。花深红色、紫红色或粉红色，基部白色。

◎种植注意事项

温度：冬季不低于7℃。
湿度：湿度适中，偶尔喷水雾有利于植物生长，也可将花盆放在盛有水的托盘上。
摆放位置：光线充足，忌阳光直射
浇水施肥：定期浇水，捕虫堇属植物喜欢湿润环境，根部干燥非常不利于植物生长。可将盆底的托盘注满水，始终保持盆栽土湿润。
养护：部分老叶枯萎是植物新陈代谢的正常现象，还会长出新叶。新叶长势良好，植株就显得健康漂亮。
繁育法：分株繁殖；扦插叶片（将叶片扦插于泥炭藓块上）；播种。

▲捕虫堇（Pinguicula moranensis）

鹿角蕨属（Platycerium）

蕨类小属，附生于热带雨林的树木之上。用作室内盆栽常种于吊盆中或栎树皮上。

鹿角蕨（Platycerium alcicorne）：见二岐鹿角蕨。

二岐鹿角蕨（Platycerium bifurcatum）

叶分两种：营养叶盾状不育，附着于附生物上，根藏于营养叶后；孢子叶宽大可育，直立伸展，顶部分杈，形似鹿角。又名鹿角蕨。

▲二岐鹿角蕨（Platycerium bifurcatum）

◎种植注意事项

温度：冬季不应低于10℃，尽管稍低的温度对植物并无伤害。

湿度：偶尔给叶子喷水雾，温度较高时增加喷雾次数，与多数蕨类植物相比，鹿角蕨更能适应干燥环境。

摆放位置：光线充足，忌阳光直射。

浇水施肥：春季至秋季定期浇水，冬季少浇水，尽可能使用软水。生长旺盛阶段用肥性较弱的肥料施肥。若将植株种在栎树皮上，最简单的浇水方法是将树皮连同植物浸入水中，重新悬挂之前滴净多余的水。

养护：可种于花盆内，温室或暖房中可用吊篮，种在栎树皮上是最佳选择。在树皮上钻孔，系上细线，植株根团裹上足够多的泥炭藓，固定在树皮上，将树皮悬挂在适合植株生长的位置。

繁育法：分株繁殖；孢子繁殖。

香茶菜属（Plectranthus）

蔓生或形似灌木的常绿多年生植物，用作室内种植的多数为斑叶品种。

香妃草（Plectranthus coleoides）

攀缘植物，植株矮小，叶绿色，扇形，长约5厘米。用于种植的通常为斑叶变种，斑叶香妃草叶缘白色。目前更为准确的名称为白边延命草。

白边延命草（Plectranthus forsteri）：见香妃草。

灌木香茶菜（Plectranthus fruticosus）

叶淡绿色，椭圆形或心形，叶缘波浪形，长度可达15厘米，茎长度可达90厘米。冬季开花，穗状花序，花淡紫蓝色。

垂枝香茶菜（Plectranthus oertendahlii）

攀缘植物，叶椭圆形或圆形，宽约2.5厘米，叶绿色，正面叶脉白色，背面叶脉紫红色。

◎种植注意事项

温度：冬季不得低于10℃。
湿度：偶尔喷水雾。
摆放位置：光线充足或半阴处，忌阳光直射。
浇水施肥：春季至秋季定期浇水，冬季少浇水。春季至秋季施肥。
养护：勤修剪，保持蔓生品种紧凑茂盛。
繁育法：扦插。

▲斑叶香妃草（Plectranthus coleoides "Marginatus"）

多足蕨属（Polypodium）

包括落叶、半常绿以及常绿蕨类植物的大属。以下介绍的这种植物是该属最为常见的用作室内盆栽的植物。

铁扇公主（Polypodium aureum）

叶蓝绿色，深裂，长度可达60厘米以上。根状茎匍匐生长，覆有浓密的橙棕色“毛发”。又名粗脉蕨。

◎种植注意事项

温度：冬季不低于16℃。
湿度：偶尔给叶子喷水雾。多足蕨属植物比多数蕨类更能适应干燥环境。
摆放位置：光线充足，忌阳光直射。
浇水施肥：春季至秋季适度浇水，冬季少浇水，尽可能使用软水。春季至秋季常施肥。
养护：每年春季移植一次。
繁育法：分离根状茎；播种孢子。

南洋参属（Polyscias）

包括70多种常绿乔木和灌木，少数可作为室内盆栽，较难种植。

圆叶南洋参（Polyscias balfouriana）

形似灌木。羽状复叶有三片小叶，深绿色，有灰绿色或淡绿色斑点。茎长约15厘米，每片叶子宽约7.5厘米，近圆形。白脉圆叶南洋参叶脉白色，花叶圆叶南洋参叶缘白色。

印度南洋参（Polyscias fruticosa）

复叶，通常有三片小叶，每片长约15厘米，叶缘锯齿状，带刺，看上去有点毛茸茸的感觉。可长成大型灌木。

◎种植注意事项

温度：冬季13℃～16℃。

湿度：常给叶子喷水雾，尽可能提供植物需要的湿度。

摆放位置：光线充足，忌阳光直射。

浇水施肥：春季至秋季定期浇水，冬季适度浇水，尽可能使用软水。夏季常施肥。

养护：移植时使用欧石南属植物专用盆栽土（无石灰）。

繁育法：扦插。

耳蕨属（Polystichum）

包括常绿、半常绿以及落叶蕨类的大属，广布于世界多数地区。许多品种耐寒，常用作园圃植物，以下介绍的两种不能抵御霜冻。

贯众（Polystichum falcatum）

复叶，大型革质，小叶坚硬，富有光泽，长约30～60厘米。常见变种长有大量小叶，形似冬青叶。归入耳蕨属，又名全缘贯众，部分生物学家认为这一学名更为准确。

对马耳蕨（Polystichum tsussimense）

叶宽大，披针形，半常绿，叶缘有刺，外观漂亮。株高可达30厘米。

◎种植注意事项

温度：冬季不低于5℃，短期低于5℃不会对植物有害。

湿度：不同于许多蕨类，耳蕨属植物对湿度要求不高，最好常给叶子喷水雾。

摆放位置：半阴或光线充足处皆可，忌阳光直射。

浇水施肥：春季至秋季定期浇水，冬季少浇水。夏季常施肥。

养护：及时摘除褪色或受损叶子，始终保持植物光彩亮丽。

繁育法：分株繁殖；播种孢子。

▲贯众变种（Polystichum falcatum“Rochfordianum”）

报春花属（Primula）

包括约400种一年生、两年生以及多年生植物的大属，多数为耐寒的园圃植物。以下介绍的是几种常见的室内盆栽植物。

欧报春（Primula acaulis）：见西洋樱草。

报春花（Primula malacoides）

花型优美，花径约 1 厘米，每朵花沿花梗有2～6层花瓣，花粉红色、紫色、淡紫色、红色或白色，花心黄色。茎长约30～45厘米，叶椭圆形，叶缘锯齿状。冬季开花。

四季报春（Primula obconica）

冬春两季开花，大型圆形头状花序，花粉红色或蓝色，茎长约23～30厘米。叶淡绿色，长有绒毛，可能会令某些人产生过敏反应。

▲四季报春（Primula obconica）

杂交西洋樱草（Primula vulgaris hybrids）

原种欧报春为普通报春花属植物，黄色花朵藏于莲座状叶丛之中，不适合用作室内盆栽。现代杂交品种，花大，花色丰富，主要包括黄色、红色、粉红色和蓝色，花心与花瓣颜色形成鲜明对比，茎比原种植物更长。杂交品种广泛用作盆栽植物，但不能在室内长期种植，冬春两季可作为短期室内摆设。

◎种植注意事项

温度：冬季不低于 13℃。植物开花时适当降温可延长花期。

湿度：偶尔给叶子喷水雾，尤其是环境较为干燥时。

摆放位置：光线充足，夏季温度最高时段忌阳光直射。

浇水施肥：春季至秋季定期浇水，冬季少浇水。植物开花时常用肥性较弱的肥料施肥。

养护：杂交西洋樱草通常购买开花植株，或长出花苞前置于温室，开花时再置于室内。花期结束后最好扔掉植株或将植株种于园圃内。以上介绍的其他报春花属植物通常作为短期室内盆栽，每年购买新植株，花期结束后扔掉植株。按以下方法养护，四季报春可种植多年：置于阴凉处，忌强光照射，夏季休眠期少浇水，秋季恢复正常浇水。

繁育法：播种。

凤尾蕨属（Pteris）

包括约280种落叶、半常绿以及常绿蕨类，产于热带和亚热带地区。

凤尾蕨（Pteris cretica）

复叶，小叶绿色，边缘有锯齿，茎变曲成拱形，株高可达30厘米。存在许多变种，种植范围比纯种凤尾蕨更为广泛，如白斑大叶凤尾蕨（浅色条纹横贯小叶中央）和亚历山大凤尾蕨（斑叶品种，小叶末端开裂，叶面褶皱）。

剑叶凤尾蕨（Pteris ensiformis）

与大叶凤尾蕨相似，叶子颜色更深。存在斑叶品种，如银白剑叶凤尾蕨（小叶有纵向白色宽条纹）和维多利亚凤尾蕨（与银白剑叶凤尾蕨相似，条纹不如前者明显）。

▲银白剑叶凤尾蕨（Pteris ensiformis ‘Evergemiensis’）

◎种植注意事项

温度：普通绿叶品种冬季不低于13℃，斑叶品种冬季不低于16℃。

湿度：常给叶子喷水雾。

摆放位置：光线充足，忌阳光直射。普通绿叶品种耐阴性比斑叶品种强。

浇水施肥：春季至秋季定期浇水，冬季少浇水，尽可能使用软水。春季至秋季常用肥性较弱的肥料施肥。

养护：特别注意保持根部湿润。

繁育法：分株繁殖；播种孢子。

▲白斑大叶凤尾蕨（Pteris cretica “Albolineata”）

菜豆树属（Radermachera）

包括生长旺盛的常绿乔木和灌木的小属，原产于东南亚。以下介绍的是唯一一种用作室内盆栽的品种。

菜豆树（Radermachera sinica）

羽状复叶，小叶长约2.5厘米。室内种植通常能长成株高约60厘米、枝叶繁茂的小灌木。另有学名羽叶楸。

◎种植注意事项

温度：冬季不低于13℃。
湿度：无特殊要求。
摆放位置：光线充足，夏季温度最高时段忌阳光直射。
浇水施肥：春季至秋季定期浇水，冬季适度浇水。
养护：幼株摘心，保证植物枝叶紧凑、繁茂生长。
繁育法：扦插。

▲菜豆树（Radermachera sinica）

子孙球属（Rebutia）

仙人掌科植物，原产于阿根廷北部及玻利维亚，分布于高纬度地区。包括约40种植物。

子孙球（Rebutia minuscula）

植株扁球体，成熟植株直径约5厘米，刺较短白色。春季和初夏开花，花红色和橘红色，长约2.5厘米。

子孙拳（Rebutia pygmaea）

植株具棱，椭圆形或指状，刺细小。株高通常只有2.5厘米，成熟植株也不过10厘米。春末和初夏开花，花紫色、粉红色或红色，长约2.5厘米。

翁宝球（Rebutia senilis）

扁球体，刺浓密。春夏两季开花，花鲜红色，喇叭状，长度超过2.5厘米。变种植物的花色包括黄色、淡紫色和橙色。株高约7.5厘米。

◎种植注意事项

温度：冬季不低于5℃。
湿度：耐干燥，春夏两季喜湿。
摆放位置：光线充足，直接日照有利于植物生长。
浇水施肥：春季至秋季适度浇水，冬季保持干燥。夏季用肥性较弱的肥料或仙人掌科植物专用肥料施肥。
养护：必要时移植，使用仙人掌科植物专用盆栽土。
繁育法：扦插分枝；播种。

▲翁宝球（Rebutia senilis）　▲子孙球（Rebutia minuscula）

假昙花属（Rhipsalidopsis）

仙人掌科附生植物小属，原产于巴西南部热带雨林。

假昙花（Rhipsalidopsis gaertneri）

茎扁平，分枝呈节状，春季中期至春末开花，花钟形，簇生，鲜红色，花瓣多重。又名亮红仙人指。

◎种植注意事项

温度：冬季不低于10℃。
湿度：偶尔给叶子喷水雾。
摆放位置：光线充足，夏季忌阳光直射。
浇水施肥：生长旺盛时定期浇水，冬季只需防止茎干枯即可。春夏两季用肥性较弱的肥料施肥。
养护：休眠期置于阴凉环境能促进植物开花，冬季防霜冻的同时，还要避免温度过高。长出花苞后忌移动植株。夏季置于室外阴凉处。
繁育法：扦插；播种。

▲假昙花（Rhipsalidopsis gaertneri）

杜鹃属（Rhododendron）

包括常绿和落叶灌木植物的大属，从小型高山植物，到大型乔木，应有尽有。多数耐寒，尤其是杂交品种，是常见的园圃植物。只有少数几种用作室内盆栽，最常见的就是杜鹃。

石岩杜鹃（Rhododendron obtusum）

半常绿植物，叶面光滑，叶长约2.5～4厘米。冬末至春季开花，花单瓣或重瓣，漏斗状，2～4朵簇生。有不同花色的变种。室内种植株高一般在30～45厘米。

杜鹃（Rhododendron simsii）

叶常绿革质，长约4～5厘米。冬春两季开花，花单瓣或重瓣，花径约4～5厘米，花色丰富，主要有粉红色、红色和白色。室内种植株高可达30～45厘米。

▲石岩杜鹃（Rhododendron obtusum）

◎种植注意事项

温度：冬季10℃～16℃。

湿度：常给叶子喷水雾。

摆放位置：光线充足，忌阳光直射。

浇水施肥：定期浇水，尽可能使用软水。夏季常施肥。

养护：特别注意浇水。花商一般将植株种在装了泥炭藓的花盆中，泥炭藓一旦干透容易板结，很难重新浇透。最好在花期结束后一个月左右移植，移植时使用欧石南属植物专用盆栽土（无石灰）。霜冻期过后可将植物置于园圃阴凉处。冬季温度不太低的地区，石岩杜鹃的变种可长期用于园圃种植，而杜鹃变种初秋必须搬回室内。若将植物留在园圃内，须将花盆埋入土中保持盆栽土湿润，经常浇水施肥。

繁育法：扦插。

蔷薇属（Rosa）

该属只有约200种植物，却有成千上万种杂交品种或变种，是倍受欢迎的室内盆栽植物。另外还有矮化变种，但只能作为短期室内盆栽。

微型蔷薇属杂交品种（Rosa，miniature hybrids）

微型蔷薇，株高约15～30厘米，花单瓣、半重瓣或重瓣都有，花瓣宽约1～4厘米。可作为灌木种植，也可用作室内盆栽。多数起源于微型月季，目前存在的品种种间关系复杂。部分植株确实称得上微型，株高至多15厘米，所有杂交品种种植方法都差不多。

▲微型蔷薇属杂交品种（Rose，miniature hybrids）

◎种植注意事项

温度：抗霜冻。生长旺盛时10℃～21℃。

湿度：无特殊要求，偶尔喷水雾有利于植物生长。

摆放位置：光线越充足越好，耐强光照射。

浇水施肥：春季至秋季有叶子时定期浇水。夏季常施肥。

养护：不作室内摆设时最好置于室外。花期结束后可置于阳台或庭院，常浇水，或将花盆埋入土中。冬季放在阳台上或庭院内的植物需要采取一定的保护措施，防止冻土损伤根部。普通植株春季修剪，微型植株只需剪除枯萎或杂乱的枝条即可。春末或一开花可将植株搬回室内。

繁育法：扦插。

紫罗兰属（Saintpaulia）

具有莲座状叶丛的多年生植物小属，只有一种植物广为人知。与其他品种杂交后，植物花色、花形丰富多样，常被当作非洲堇的变种。原种植物不常用作室内盆栽。

多数花店出售的本属植物没有严格的名称，但专业苗圃中分得就比较细了。

目前可买到的本属植物花色、花形和生长习性各不相同，可选择种植。提供适宜的光照可促使植物全年开花。

植株大小

大型品种冠幅可达40厘米以上。比较常见的紫罗兰属品种，冠幅通常为20～40厘米。微型品种冠幅也有7.5～15厘米。还有中型品种和植株成熟冠幅也不到7.5厘米的极微型品种。蔓生品种比普通品种冠幅更宽，茎蔓生，可垂下花盆。

花形

通常为单瓣。半重瓣品种有5片以上花瓣，花心清晰可见。重瓣品种至少有10片花瓣，层层叠叠遮住花心。褶边花朵花瓣边缘呈波浪形，星形花朵五片花瓣大小形状相似，普通品种的花朵则三片大两片小。

叶形

雄性叶为普通的绿色，基部无斑点。雌性叶叶形与雄性叶相同，基部有白色的小斑点或斑块。矛状叶更长，前端更尖。勺状叶边缘上卷。斑叶有白色或米色斑纹或斑点。

◎种植注意事项

温度：冬季不低于16℃。

湿度：喜湿，但常喷水雾，水分滞留在毛茸茸的叶子上，会引起叶子腐烂。可用其他方法提供适宜的湿度，如将花盆放在盛有水的托盘中，托盘内铺上鹅卵石或大理石，避免盆栽土与水直接接触。

摆放位置：光线充足，忌阳光直射，夏季温度最高时段更要避免阳光直射。紫罗兰属植物在适宜的人工光照（至少5000勒克斯）下也能生长良好。

浇水施肥：春季至秋季定期浇水，冬季适度浇水，保持根部湿润即可。土壤表面略微干燥后再浇水，尽量使用软水。浇水时尽量不要淋湿叶子，可用浸水法或将喷壶嘴插到莲座状叶丛之下浇水。生长旺盛时施肥。光照充足的情况下，若植物大量长叶，开花较少，很可能是施肥过度，这时最好换用肥性较弱的肥料。

养护：光照充足，窗台摆设的植物通常春夏两季开花，人工补充光照可全年开花。即使能维持较强的光照，也最好能给植物一个月左右的休眠期，在此期间降低温度，减少浇水量和光照时间。休眠期结束后放回光线充足的位置，植株重新开始旺盛生长。及时摘除枯叶，否则会影响植株外观。

繁育法：扦插叶子；播种。

▲上三图均为杂交紫罗兰属植物

▲紫罗兰属植物：五月玛姬罗兰（Saintpaulia “Maggie May”，左）、花式裤罗兰（Saintpaulia “Fancy Pants”，中）、科罗拉多罗兰（Saintpaulia “Colorado”，右）

▲花形、花色各不相同的紫罗兰属植物，包括重瓣品种以及右下方的微型品种。

虎尾兰属（Sansevieria）

常绿多年生植物小属，根状茎，叶坚硬，肉质。沙漠植物，可在恶劣的环境中生长。

虎尾兰（Sansevieria trifasciata）

叶坚硬，剑形，横截面月牙形，条件适宜长度可达1.5米，室内种植通常只有这一半的长度。叶暗绿色，上有淡绿色横向斑条，外观斑驳。更为常见的是虎尾兰变种，如金边虎尾兰，叶缘金黄色；短叶虎尾兰，植株矮小，叶较短，形成漏斗形莲座状叶丛；黄边短叶虎尾兰，叶缘有较宽的黄色斑条。有时会长出白色总状花序。

◎种植注意事项

温度：冬季不低于10℃。
湿度：耐干燥。
摆放位置：光线充足，无直接光照。可适应有少许阳光直射或阴凉的环境。
浇水施肥：春季至秋季适度浇水，冬季极少浇水，盆栽土略微变干再浇水。夏季常施肥。
养护：狭窄的空间有利于植物生长，一般不需要移植。根部可能撑破花盆的情况下再进行移植。
繁育法：分株繁殖；扦插叶子（扦插斑叶品种叶子可能会产生绿叶植株）。

▲虎尾兰（Sansevieria trifasciata）

瓶子草属（Sarracenia）

食虫植物小属，只有8种植物，新奇有趣。

黄喇叭（Sarracenia flava）

叶形似长喇叭，前端头盔状，室内种植株高可达30～60厘米。通过捕蝇器鲜艳的黄色和内部特殊腺体分泌的花蜜引诱昆虫跌入其中，利用酶和细菌消化。春季开花，花形奇特，黄色或米色。

瓶子草（Sarracenia purpurea）

莲座状叶丛，直立生长或半匍匐生长，株高可达30厘米。捕蝇器膨胀，有红色或紫色叶脉和斑点。春季开花，花紫色。

▲瓶子草（Sarracenia purpurea）

◎种植注意事项

温度：冬季不低于5℃。
湿度：常给叶子喷水雾，尽量保持植物周围环境湿润。
摆放位置：光线充足，有无直接光照都可，夏季温度最高时段忌阳光直射。
浇水施肥：春季至秋季定期浇水，冬季少浇水。一般不需要施肥。
养护：与有供暖设备的客厅相比，植物最好种在温室或暖房内。
繁育法：播种。

虎耳草属（Saxifraga）

包括上百种植物的大属，多数为高山植物，只有一种广泛用作室内盆栽。

虎耳草（Saxifraga stolonifera）

叶圆形，宽约4~5厘米，叶缘呈较宽的锯齿状，叶面橄榄绿色，叶脉白色，背面略显红色。三色虎耳草叶绿色、红色或粉红色，斑点银色或白色，背面略显红色。株高可达23厘米，种于吊盆，长出的幼株下垂生长。

◎种植注意事项

温度：冬季不低于7℃。
湿度：偶尔喷水雾。
摆放位置：光线充足，忌阳光直射。
浇水施肥：春季至秋季定期浇水，冬季少浇水。夏季常施肥。
养护：以上介绍的品种抗霜冻，冬季气候温和的地区可用于园圃种植。三色虎耳草较为娇嫩，最好种在室内。勤修剪杂乱不整的长枝。
繁育法：移栽幼株（将幼株固定于盆栽土中即可）。

▲虎耳草（Saxifraga stolonifera）

鹅掌柴属（Schefflera）

包括多种常绿灌木和乔木的大属，少数作为室内样品植物。

幅叶鹅掌柴（Schefflera actinophylla）

室外可长成大型乔木，室内种植植株高度也可达天花板。大型掌状复叶，有5~16片小叶（种植时间越长，小叶数目越多），每片小叶长约10～20厘米。

鹅掌藤（Schefflera arboricola）

直立生长，分枝明显，复叶，叶柄顶端辐射分布7～16片椭圆形小叶，形成伞状。有斑叶变种。

▲镀金鹅掌藤（Schefflera arboricola Aurea）

◎种植注意事项

温度：冬季不低于13℃。

湿度：常给叶子喷水雾。

摆放位置：光线充足，忌阳光直射。

浇水施肥：春季至秋季定期浇水，冬季少浇水。夏季常施肥。

养护：提供支撑物，不摘心，可长成直立不分枝的植株。及时剪除新枝可保证植株繁茂生长。每年春季移植一次。

繁育法：扦插。

蛾蝶花属（Schizanthus）

原产于智利的一个一年生植物小属，用作盆栽植物的多为杂交品种。

蛾蝶花属杂交品种（Schizanthus hybrids）

裂叶，淡绿色，似蕨类植物的叶子。花瓣铺展，形似兰花，具有热带风情。大量开花，花多色。株高因品种而异——矮化品种株高可控制在30厘米左右，十分适合室内种植。部分温室品种株高可达1.2米。

◎种植注意事项

温度：10℃～18℃。

湿度：偶尔喷水雾。

摆放位置：光线越充足越好，可适应少许阳光直射。

浇水施肥：定期浇水，常施肥。

养护：对幼株摘心，促进植株繁茂生长。枝条过于细长也需要摘心。及时将幼株移植至较大的花盆中，避免阻碍幼株生长。忌高温。花期结束后扔掉植株。

繁育法：播种。

▲蛾蝶花属杂交品种（Schizanthus hybrid）

景天属（Sedum）

包括300多个种的大属，分布于全球温带地区。包括用作盆栽植物在内的多数植物都是多浆植物。

美丽景天（Sedum bellum）

小型植株，高约7.5～15厘米，叶起初合拢呈芽苞状，后逐渐展开呈勺状。春季开花，花星形白色。

翡翠景天（Sedum morganianum）

植株匍匐下垂，叶肉质圆柱形，淡绿色，如瓦片紧密重叠，形似尾巴，通常夏季开花，花粉红色。

厚叶景天（Sedum pachyphyll）

直立生长，叶圆柱形，淡蓝绿色，长约2.5厘米，略微上翻，叶尖呈红色。一般春季开花，花黄色。

虹之玉（Sedum rubrotinctum）

与厚叶景天相似，叶片红色面积更大，有强光照射更明显。

▲虹之玉（Sedum rubrotinctum，左）、厚叶景天（Sedum pachyphyll，右）

金钱掌（Sedum sieboldii）

叶薄，扁平，蓝绿色，边缘白色，三组对生。斑叶金钱掌叶中央有米白色斑块。通常夏末或秋季开花，花粉红色。植物学家已将金钱掌归入另一个植物属，称作圆扇八宝，目前仍有很多人将其归为景天属植物。

◎种植注意事项

温度：冬季不得低于5℃。

湿度：耐干燥。

摆放位置：光照越充足越好。

浇水施肥：春季至秋季少浇水，冬季保持干燥（只需防止叶子干枯即可）。一般不需要施肥。

养护：春季移植，使用排水良好的盆栽土，最好使用仙人掌科植物专用盆栽土。

繁育法：扦插叶子（适用于厚叶景天和翡翠景天等有较大肉质叶的品种）；扦插茎。

▲斑叶金钱掌（Sedum sieboldii Mediovariegatum）

卷柏属（Selaginella）

包括约700种形似苔藓的多年生植物的大属，多数产于热带雨林。

地柏（Selaginella kraussiana）

茎匍匐生长，叶绿色，精致漂亮，金球卷柏叶黄绿色。茎长约30 厘米，匍匐生长时容易生根。

鳞叶卷柏（Selaginella lepidophylla）

外观酷似一团卷起的干枯叶子，让人觉得新奇有趣。充分浇水后几小时，原本干枯的叶子恢复绿色，形成莲座状叶丛。

卷柏（Selaginella martensii）

茎起初直立生长，长度可达30 厘米，逐渐匍匐生长，产生气生根。叶绿色，羽状裂。存在斑叶变种，如华沙卷柏，叶尖银白色。

◎种植注意事项

温度：冬季不低于13℃。

湿度：常给叶子喷水雾，或通过其他途径提供适宜的湿度。

摆放位置：半阴处，始终避免阳光直射。瓶状花箱和栽培箱湿度高，具有保护作用，适合卷柏属植物生长。

浇水施肥：始终保持盆栽土湿润，冬季随温度降低减少浇水量。夏季偶尔用含有腐叶的肥料施肥。

养护：尽量提供高湿度，忌冷风和强光直射。不宜在客厅摆放时间过长。

繁育法：分株繁殖（移栽根段）。

▲鳞叶卷柏（Selaginella lepidophylla）

千里光属（Senecio）

包括1000多个种的大属，广布全球。从一年生和多年生植物、肉质和非肉质多年生植物、常绿灌木、半灌木到攀缘植物，应有尽有。只有少数用作室内盆栽。

千里光属杂交品种（Senecio cruentus hybrids）

冬春两季开花，头状花序，花形似雏菊，花色包括红色、粉红色、紫色、白色和蓝色。叶较大，不规则分裂，长有绒毛。株高23　75厘米，花径2.5　7.5厘米，因品种而异，矮小植株鲜花怒放时叶子很可能被花遮盖。室内种植应选择矮小品种。另一学名为瓜叶菊。

金叶菊（Senecio macroglossus）

蔓生或攀缘植物，叶肉质，略呈三角形，形似普通的常春藤叶。斑叶金叶菊叶缘白色。

多汁叶菊（Senecio mikanioides）

蔓生或攀缘植物，与金叶菊相似，叶子分裂成5 7片较尖的裂片。现归入常春藤属。

翡翠珠（Senecio rowleyanus）

蔓生植物，茎细长如线，下垂生长，叶丛生，形似豌豆，长于茎上酷似成串的珠子。

▲斑叶金叶菊（Senecio macroglossus "vaviegatus"）

◎种植注意事项

温度：冬季不低于7℃。变种植物不得低于13℃。

湿度：肉质品种耐干燥，瓜叶菊、金叶菊以及多汁叶菊偶尔喷水雾。

摆放位置：光照越充足越好，不过瓜叶菊忌阳光直射，翡翠珠需少许直接日照。以上介绍的其他品种需充足光照，夏季忌阳光直射，可适应半阴环境，冬季尽量提供充足光照。

浇水施肥：非肉质品种春季至秋季定期浇水，冬季少浇水。翡翠珠全年少浇水，冬季保持干燥。该属所有植物生长旺盛时施肥。

养护：瓜叶菊花期结束后枯萎，可扔掉植株。

繁育法：温室里可播种繁殖，室内条件播种较难成功。若无温室摆放未至花期的植物，可购买开花植株。

▲翡翠珠（Senecio rowleyanus）

大岩桐属（Sinningia）

包括多年生块茎植物和落叶半灌木植物的大属，广泛种植的品种为红鸟苣苔花。

大岩桐（Sinningia speciosa）

块茎直接长叶，叶较大，椭圆形或长椭圆形，长约20～25厘米，长有绒毛。有时叶背红色。花钟状，大型漂亮，长约5厘米，花色包括粉红色、红色、蓝色、紫色和白色。有的花边与花瓣颜色形成鲜明对比，有的花瓣上的斑点引人注目。

▲大岩桐（Sinningia speciosa）

◎种植注意事项

温度：生长期不低于16℃。
湿度：常在植物周围喷水雾，勿淋湿叶子和花。尽量通过其他途径提供高湿度。
摆放位置：光照充足，忌阳光直射。
浇水施肥：块茎生根后定期浇水，进入休眠期减少浇水量（见养护）。夏季常施肥。
养护：花期结束后，减少浇水量，停止施肥。及时摘除枯黄的叶子。将块茎埋在盆栽土中，摆在无霜冻，温度约10℃的位置。春季移植，确保块茎埋入土壤的深度与原来相同。
繁育法：扦插叶子；播种。

垂筒苣苔属（Smithiantha）

该属植物产于墨西哥和危地马拉潮湿的山林地区，只有少数几种广泛种植，有外观漂亮的杂交品种。最好种在暖房内，客厅中很难成活。

垂筒苣苔杂交品种（Smithiantha hybrids）

秋季开花，形成松散的头状花序，花管状，下垂生长，长约5厘米，花瓣略微张开。叶圆形或心形，长约10厘米，长有绒毛，有的带有斑点。开花植株通常高约30～38厘米。

◎种植注意事项

温度：冬季不低于13℃。
湿度：常喷水雾，最好避开叶片，尽量使用软水。
摆放位置：光照充足，忌阳光直射。
浇水施肥：春季至秋季植物生长期定期浇水，冬季植株顶部枯萎时保持干燥。夏季常施肥。
养护：花期结束后，减少浇水量，停止施肥。根状茎冬季留在盆内，冬末移植后会重新生长。
繁育法：分离根状茎；扦插叶子。

▲垂筒苣苔杂交品种（Smithiantha hybrida）

茄属（Solanum）

约有1400个种，产于世界各地，包括一年生植物、多年生植物、灌木、半灌木以及攀缘植物。只有以下介绍的这两种植物广泛用于室内种植，最大卖点是惹人喜爱的漂亮果实，但果实有毒。

玛瑙珠（Solanum capsicastrum）

半灌木，常作为一年生植物种植。室内种植株高可达30～60厘米，因品种而异。叶矛状，长约5厘米。夏季开花，花白色星形。冬季结果，果实卵形或球形，未成熟时绿色，成熟后变成橘红色或鲜红色。

玉珊瑚（Solanum pseudocapsicum）

与玛瑙珠相似，茎更为光滑，果实更大。

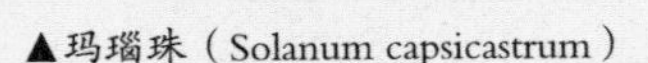

▲玛瑙珠（Solanum capsicastrum）

◎种植注意事项

温度：冬季10℃~16℃。
湿度：常给叶子喷水雾。
摆放位置：光照越充足越好，耐少许阳光直射。
浇水施肥：生长期定期浇水。夏季常施肥。
养护：很多人喜欢购买已结果的植株，其实这两种植物很容易播种繁植，自己繁育新植株更有趣。结果前植株外观不怎么漂亮，而且室内很难提供适宜的环境，最好种在温室内。想第二年继续种植老植株，花期结束后最好将枝条剪掉一半，少浇水，直到春季移植后再恢复浇水。夏季将植物置于室外园圃内，喷洒水雾促进授粉。秋季夜晚温度降低前搬回室内。
繁育法：播种；扦插。

绿珠草属（Soleirolia）

该属只包括一种植物，产于科西嘉。抗霜冻，但严重霜冻仍会损伤植物，一般用作室内盆栽，气候温和地区可室外种植。

婴儿泪（Soleirolia soleirolii）

贴地匍匐生长，叶很小，圆形，远观像苔藓。原种婴儿泪绿色，有银色和金色变种。银色斑叶变种又称银婴儿泪或“银皇后”。植株矮小，株高通常不超过5厘米。

▲婴儿泪（Soleirolia soleirolii）

◎种植注意事项

温度：耐霜冻，生长期7℃左右。
湿度：常给叶子喷水雾。
摆放位置：光照充足，忌阳光直射。
浇水施肥：定期浇水，通常不需要施肥。
养护：春季移植，使用直径较大的浅花盆，枝条生长迅速，很快就会溢出盆沿。
繁育法：分株繁殖。

非洲灌木属（Sparmannia）

包括常绿乔木和灌木的小属。只有一种广泛种植，即下面介绍的垂蕾树。

垂蕾树（Sparmannia africana）

叶大型，淡绿色，布满绒毛，宽可达25厘米。春季开花，花白色簇生，花梗较长，雄蕊黄色和紫红色。可长成大型植株，高至天花板。

◎种植注意事项

温度：冬季不低于7℃。
湿度：偶尔喷水雾。
摆放位置：光照充足，夏季温度最高时段忌阳光直射。
浇水施肥：春季至秋季定期浇水，冬季少浇水。春夏两季常施肥。
养护：花期结束后修剪，既有助于保证植株枝叶紧凑，又能促进植株再次开花。移植前可将枝条剪至30厘米左右。幼株每年需移植几次。夏季可置于室外阴凉处，避免阳光直射，夜晚温度降低前搬回室内。希望幼株繁茂生长应及时摘心。
繁育法：扦插。

▲垂蕾树（Sparmannia africana）

白鹤芋属（Spathiphyllum）

常绿多年生根状茎植物，花形似百合。以下介绍的这种植物植株矮小，最受欢迎，还有其他品种和杂交品种。

白鹤芋（Spathiphyllum wallisii）

叶较薄，茎生，矛状。通常春季开花，有时秋季开花，花形似百合，白色佛焰苞酷似船帆，白色佛焰花序上长有芳香小花。株高约30 45厘米。

◎种植注意事项

温度：冬季不低于16℃。
湿度：常给叶子喷水雾，同时用其他方法提供湿度。
摆放位置：冬季光照充足，夏季半阴凉，忌阳光直射。
浇水施肥：春季至秋季定期浇水，冬季少浇水。夏季常施肥。
养护：注意提供高湿度，忌冷风。每年春季移植一次。
繁育法：分株繁殖。

▲白鹤芋（Spathiphyllum wallisii）

豹皮花属（Stapelia）

约100种多浆丛生植物，多数产于南非及非洲西南部地区。

斑纹犀角（Stapelia variegata）

茎基生，绿色肉质茎丛生，角状，长约10　15厘米。夏季或秋季开花，花心形，花径约5~7.5厘米，花色丰富，常有黄色、紫色或褐色斑块或斑点。现归入萝摩科植物，仍作为豹皮花属植物出售。

◎种植注意事项

温度：冬季不低于10℃。

湿度：耐干燥。

摆放位置：光照越充足越好。

浇水施肥：春季至秋季定期浇水，冬季少浇水。定期移植，一般不需要施肥。

养护：植物长势良好，只需每年春季移植一次。

繁育法：扦插；播种。

▲斑纹犀角（Stapelia variegata）

黑鳗藤属（Stephanotis）

攀缘植物小属。以下介绍的这种植物种植最为广泛，部分国家常用作新娘花束。

多花黑鳗藤（Stephanotis floribunda）

叶椭圆形，叶面光滑，长约7.5　10厘米。春夏两季开花，花簇生，星形，管状，白色，香味馥郁。条件适宜株高可达3米。常作为小型攀附植物种植，多花黑鳗藤生长旺盛，种于暖房需攀附物。

◎种植注意事项

温度：冬季13℃~16℃，忌高温。

湿度：偶尔喷水雾。

摆放位置：光照越充足越好，夏季温度最高时段忌阳光直射。

浇水施肥：春季至秋季定期浇水，冬季少浇水。夏季常施肥，植株较大且生长过于旺盛，可适当减少肥量。

养护：春季修剪过长的枝条，同时疏枝。每两年移植一次。

繁育法：扦插。

▲多花黑鳗藤（Stephanotis floribunda）

鹤望兰属（Strelitzia）

产于南非的一个小属，植株大型，具有热带风情。只有以下介绍的这种植物广泛用作室内盆栽。

鹤望兰（Strelitzia reginae）

大型叶丛生，桨状，包括叶柄长约90厘米。苞片似船，橙色和蓝色的花朵绚丽多姿，花期较长。通常春季开花，条件适宜其他时间也可开花。

◎种植注意事项

温度：冬季13℃～16℃。

湿度：偶尔喷水雾。

摆放位置：光照充足，夏季温度最高时段忌阳光直射。

浇水施肥：春季至秋季定期浇水，冬季少浇水。春季至秋季常施肥。

养护：鹤望兰根部易受损，无须经常移植。生长缓慢，购买幼株或自己播种种植，通常四五年后才会开花。

繁育法：分株繁殖；播种。

▲鹤望兰（Strelitzia reginae）

好望角苣苔属（Streptocarpus）

林地植物属，产于南非和马达加斯加，用于室内种植的常为杂交品种。

好望角苣苔杂交品种（Streptocarpus hybrids）

叶无柄，条状，长约20～30厘米，水平生长，一段时间后沿盆壁下垂。通常春末至夏末开花。花梗约23厘米，花喇叭状，宽约5厘米，花色有粉红色、红色和蓝色。叶子汁液可能引发皮疹。

▲好望角苣苔杂交品种（Streptocarpus hybrid）

海豚花（Streptocarpus saxorum）

基部木质的多年生植物，叶较小，椭圆形，长有绒毛，轮生。夏秋两季开花，花淡紫色，如好望角苣苔杂交品种花朵的袖珍版。

◎种植注意事项

温度：冬季不低于13℃。
湿度：偶尔给叶子喷水雾，保证叶子不浸在水中。
摆放位置：光照充足，忌阳光直射。
浇水施肥：春季至秋季定期浇水，冬季少浇水。夏季常施肥。
养护：冬季休眠期有利于植物生长，少浇水，保证盆栽土湿润即可，温度接近推荐的最低温度。春季中期移植。
繁育法：扦插叶子；播种。

卧花竹芋属（Stromanthe）

竹芋科植物的一个小属，原产于南美洲热带地区。易与锦竹芋属和肖竹芋属混淆。

可爱竹芋（Stromanthe amabilis）

叶椭圆形，淡绿色，主脉两侧有灰色横向条纹，叶背灰绿色。现归入锦竹芋属。

紫背竹芋（Stromanthe sanguinea）

直立生长，叶矛状，叶面光滑，长约38厘米，叶面橄榄绿色，中脉灰色，叶背紫红色。通常春季开花，头状花序，多花梗。真正的花白色较小，鲜红色的苞片清晰可见。

◎种植注意事项

温度：冬季不低于18℃。
湿度：常给叶子喷水雾，同时用其他方法提高湿度。
摆放位置：光照充足，夏季温度最高时段忌阳光直射。
浇水施肥：春季至秋季定期浇水，冬季少浇水，尽可能使用软水。夏季常施肥。
养护：室内种植很难打理。若有温室或暖房，可长期置于其中，偶尔搬出摆在室内。移植时使用排水良好的盆栽土。
繁育法：分株繁殖。

▲可爱竹芋（Stromanthe amabilis）

合果芋属（Syngonium）

包括约30种植物，产于中南美洲的热带雨林。属于木本攀缘植物，不同生长阶段叶子形状会发生变化，成熟植株比幼株叶子裂片更明显。

合果芋（Syngonium podophyllum）

复叶，叶脚掌状，幼株叶子较窄。有几种斑叶品种，米色或白色斑纹的位置和宽度各不相同，有的品种几乎整张叶子都是白色或黄色。有合适的支撑物株高可达1.8米左右。

◎种植注意事项

温度：冬季不低于16℃。

湿度：常给叶子喷水雾。

摆放位置：光照充足，忌阳光直射，耐阴暗环境。

浇水施肥：春季至秋季定期浇水，冬季少浇水。春夏两季常施肥。

养护：若喜欢幼叶，可剪除抽出的攀缘茎，这样植物不会攀缘生长，从而可长成灌木，叶更易成为箭形。每两年春季移植一次。

繁育法：扦插；空中压条。

▲合果芋杂交品种“白蝴蝶”（“white Butterfly”）

气生铁兰属植物（Air plant tillandsias）

该属植物新奇有趣，叶片具吸水鳞片，能从空气中吸收水分，从灰尘或周围富含营养的湿气中吸收养分。空气凤梨最好种在潮湿的温室内，以下介绍的其他品种植株矮小、耐寒，适合室内种植。

气生铁兰叶片上的鳞片以独特的方式反射光照，植株显出特别的灰色，因此常被称为灰色铁兰。以下介绍的几个种类最具代表性，专业苗圃有更多品种可供选择。

银叶花凤梨（Tillandsia argentea）

植株基部形似球茎，叶细长如线，形成莲座状叶丛。夏季可能开花，花小型红色，星星点点，点缀期间。

章鱼凤梨（Tillandsia caputmedusae）

叶较厚，扭曲生长，基部较宽，形似球茎。夏季开花，蓝色苞片，红色花朵，异常漂亮。

淡紫花凤梨（Tillandsia ionantha）

植株矮小，莲座状叶丛，叶银色弯曲。夏季开花，小花序，花蓝紫色，开花时内部叶子变红。

大三色（Tillandsia juncea）

叶丛生，向外反折，形似灯心草叶，形成厚实的类似灌木的莲座状叶丛。

大白毛（Tillandsia magnusiana）

叶细长如线，覆有灰色鳞片，基部形似球茎。

空气凤梨（Tillandsia oaxacana）

叶卷曲，灰绿色，形成稠密的莲座状叶丛。不开花。

松萝凤梨（Tillandsia usneoides）

茎细长蔓生，叶圆柱形，长约 5 厘米，灰绿色，连同茎一起沿附着物倾泻而下。夏季开花，花黄绿色，不明显，通常被叶子掩盖。

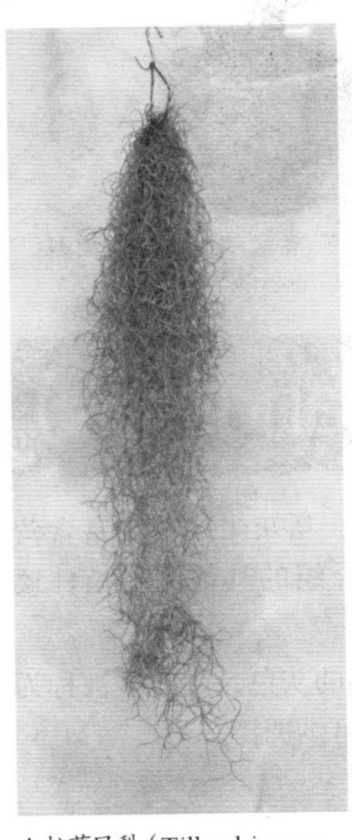

▲松萝凤梨（Tillandsia usneoides）

▲大白毛（Tillandsia magnusiana）

▲银叶花凤梨（Tillandsia argentea）

◀空气凤梨，自左往右：空气凤梨（Tillandsia oaxacana）、章鱼凤梨（Tillandsia caput-medusae）、淡紫花凤梨（Tillandsia ionantha）

开花盆栽铁兰属（Flowering pot tillandsia）

开花铁兰属植物和气生铁兰属植物外观相去甚远。根系不发达，可当作室内盆栽植物。

蓝紫花凤梨（Tillandsia cyanea）

莲座状叶丛，叶较窄，像草，基部紫褐色，纵向分布褐色条纹。夏季开花，总状花序形似匕首，粉红色或红色苞片边缘长出形似三色紫罗兰的蓝紫色花朵。株高可达25 厘米。

紫花凤梨（Tillandsia lindenii）

与蓝紫花凤梨相似，蓝色花朵有白色花心。

▲蓝紫花凤梨（Tillandsia cyanea）

◎种植注意事项

温度：冬季气生品种不低于13℃，开花品种不得低于18℃。
湿度：气生植物依靠环境湿气生存，常喷水雾对其生长尤为重要。尽量通过各种途径提高空气湿度。
摆放位置：光照充足，夏季忌阳光直射。气生品种可适应阴暗环境。
浇水施肥：常喷水雾，给气生植物提供水分。其他种类春季至秋季定期浇水，冬季少浇水，尽量使用软水。气生种类生长旺盛时施肥，通过喷雾器喷撒稀释过的液体肥料。开花品种可用相同方法施肥，也可将肥料施入土中。
养护：气生品种通常系在凤梨“树”或其他合适的附着物上。若将植物粘着于镜子或其他装饰物上，可使用花店出售的专用粘合剂。其他品种可春季种植。开花后植株枯萎，不过来年还会抽出新枝。
繁育法：分离侧枝。

驮子草属（Tolmiea）

该属只有一种植物，原产于南美洲西海岸。耐寒性强，可用于园圃种植。

驮子草（Tolmiea menziesii）

叶亮绿色，心形，边缘有锯齿，宽约5厘米，茎生，形成莲座状叶丛。叶柄较长，若种于吊盆，形似蔓生植物。叶片基部会长出幼苗。黄金驮子草为斑叶变种，又名“金点”驮子草、斑纹驮子草或斑叶驮子草。有时半常绿。

◎种植注意事项

温度：耐寒，室内种植冬季不得低于5℃，忌高温。
湿度：偶尔喷水雾。
摆放位置：光照充足或半阴暗处，忌阳光直射。
浇水施肥：春季至秋季定期浇水，冬季少浇水。夏季常施肥。
养护：植株过大，枝条杂乱繁芜，春季可进行修剪，促进基部长出新叶。每年春季移植一次。夏季可置于室外无阳光直射处。
繁育法：分株繁殖；移栽幼苗。

▲驮子草（Tolmiea menziesii）

紫露草属（Tradescantia）

约70个种，包括耐寒绿化植物和娇嫩的蔓生植物，还包括广受欢迎的室内盆栽吊竹梅。

水竹草（Tradescantia albiflora）：见白花紫露草。

矮生紫露草（Tradescantia blossfeldiana）

叶较窄，椭圆形，略呈肉质，茎蔓生，长有绒毛。原种叶面绿色光滑，有时叶背呈紫色。常见的为斑叶品种，叶面有纵向米色条纹。花粉红色，基部白色。

白花紫露草（Tradescantia fluminensis）

茎蔓生，无绒毛，根状，叶绿色，长约5 7.5厘米，叶柄短，有时叶背略显紫色。常见的为斑叶变种，包括斑叶紫露草（米白色纵向条纹）、银色白花紫露草（白色斑纹清晰可见），以及彩叶紫露草（白色和淡紫色条纹）。花为白色，不怎么漂亮。紫露草与水竹草外形相像，但是两种植物，水竹草汁液无色，紫露草汁液为紫色，现已被植物学家归入同一种，二者名称也时常混用。

▲斑叶白花紫露草（Tradescantia fluminensis “Variegata”）

吊竹梅（Tradescantia zebrina）

叶椭圆形，较尖，长约5厘米，茎较长，匍匐生长或蔓生。叶面淡绿色，泛银色光泽，有纵向紫色条纹，叶背紫色。变种紫吊竹梅植株较大，生长更为旺盛，叶蓝绿色，略显紫色，花粉红色。

◎种植注意事项

温度：冬季不低于7℃。

湿度：偶尔喷水雾。

摆放位置：光照充足，少许阳光直射。光照不足会导致斑叶情况欠佳。

浇水施肥：春季至秋季定期浇水，冬季少浇水。春季至秋季常施肥。

养护：叶子变黄或枯萎、枝叶杂乱繁芜会影响植物外观，及时修枝剪叶，既能增强植株观赏性，又能促进基部抽出新枝。

繁育法：扦插。

▲斑叶矮生紫露草（Tradescantia blossfeldiana “Variegata”）

丝葵属（Washingtonia）

只包括两种高大的棕榈树，偶尔用作室内盆栽。

华盛顿棕榈（Washingtonia filifera）

叶扇形，灰绿色，叶柄较长，基部有纤维丝。条件适宜可长成大型植株，室内种植存活时间通常较短。

7

第七章

每种花都有自己的内涵

关于花卉的轶趣

关于牡丹的故事

有国色天香之称的牡丹，长期以来被人们视为富贵吉祥和繁荣兴旺的象征。牡丹花自南北朝成为观赏花卉以来，一直是皇家园林的重要花木，深受帝王后妃的宠爱，并留下了许多逸闻趣事。

据说，隋炀帝杨广继位后，于东都洛阳建西苑。隋炀帝好奇花异石，尤喜牡丹。他曾三下江南搜寻，并派人将各地收集来的名贵牡丹种植于西苑中。据唐代的《海山记》记载，隋炀帝辟地二百里为西苑，诏天下进花卉。易州进二十箱牡丹，中有飞来红、袁家红、醉颜红、云红、天外红、一拂黄、延安黄、颤风娇等名贵品种。

众所周知，唐朝皇帝李隆基是一位多才多艺的风流皇帝，关于他喜爱牡丹的故事流传很多。当唐玄宗李隆基听说民间有一位种植牡丹的高手宋单文时，便将他召至宫中为自己管理牡丹。宋单文在骊山植牡丹万余株，并培育出许多新品种，其中有一株能开出1200朵花来，而且花色极为绚丽。唐玄宗非常高兴，赏赐宋单文千两黄金。唐玄宗还让人在兴庆宫沉香亭旁广植牡丹，花开之时，便带宠妃杨贵妃前去欣赏。唐玄宗还专门赐杨贵妃的哥哥杨国忠数株牡丹花以示宠信，杨国忠将其视为珍宝，植于家中。

我国历史上唯一的女皇帝武则天酷爱牡丹。据舒元舆《牡丹赋序》说："天后之乡，西河也，有众香精舍，下有牡丹，其花特异，天后叹上苑之有缺，因命移植焉。"这说明，武则天的家乡早有牡丹，而且品种比皇家园林中的还好，是武则天下令将其移植到宫中的。后来，武则天在洛阳建立武周神都时，又将长安的牡丹带到洛阳来，洛阳的牡丹相传从此得以发展。

宋徽宗是历史上著名的昏庸之君，但他却是酷爱艺术且成绩卓著的皇帝。他广造园林，收集奇花异石，尤喜牡丹。当时有彭州花农将牡丹名品叠罗红、胜叠罗嫁接到一起，使一株牡丹开出不同形状与颜色的花，轰动了京城。花农将此花献给了徽宗，徽宗见之，大为惊叹，称其"艳丽尊荣"，"造化密移如此"，并作诗《二花牡丹》大加赞美，还用瘦金体书之。

清朝末年，垂帘听政的慈禧太后对牡丹青睐有加，在故宫御花园、颐和园、圆明园都种有大量的名贵牡丹，以供她随时观赏。此外，她还喜欢画牡丹花，她画的牡丹花雍容典雅，具有一定的水平，流传下来的有好几幅。慈禧在她主政期间，还将牡丹定为国花。

牡丹姚黄、魏紫名字的由来

姚黄和魏紫是牡丹花中的两个古老名贵品种，至今已有1000多年的历史。北宋时，姚黄和魏紫被视为牡丹中的极品，姚黄被称为“花王”，魏紫则为“花后”。那时，这两种牡丹花极为珍稀。据记载，当时洛阳城中，每年也只能见到三四朵姚黄花，许多人不远千里赶来欣赏。洛阳城里的人们，更是倾城而出前往观看。北宋著名文学家欧阳修就特别珍爱姚黄和魏紫，他在《洛阳牡丹记》中对姚黄和魏紫作了专门介绍。他还作诗赞曰：“姚黄魏紫腰带鞋，泼墨齐头藏绿叶。鹤翎添色又其次，此外虽妍犹婢妾。”在欧阳修眼中，只有姚黄魏紫最美艳，其他品种虽美也只能做“花王”“花后”的婢妾。以致后来，姚黄魏紫成了赞美花卉名品的成语。

关于姚黄和魏紫的来历，经专家考证，姚黄是宋朝洛阳北邙山下白司马坡的姚氏家培育出来的。此花初开乳黄，盛开黄白，花瓣像涂了一层蜡，光泽照人，清香扑鼻，每朵花有花瓣300多片，而且花朵出于叶丛上，具有傲骨豪气之态，显得典雅高贵。魏紫原为寿安山上的野生牡丹，由樵夫发现，被五代时后周宰相魏仁溥买下植入园中，其花为粉紫色，基部有黑紫晕斑，花瓣多达600多片，花朵层叠高耸呈圆柱形，绚丽多姿，艳美无比。

从古至今，姚黄和魏紫一直深受人们的推崇和喜爱，也流传下来许多动人的传说。

从前，宋代邙山脚下住着一户人家，家中只有母子俩，靠儿子黄喜打柴维持生计。黄喜每天上山打柴时，都要经过一眼清泉。清泉的背后立有一石人，其旁有一株美丽的紫色牡丹花。黄喜每次经过这里时，总要在石人跟前停一停，或休息一会儿，或吃点干粮，然后捧几捧泉水浇浇紫花牡丹。

有一天，黄喜打了很多柴，挑在肩上感到有点吃力。这时，从后面来了一位美丽的姑娘，说要帮他挑柴，不由分说地将柴挑起就走。黄喜急忙在后面追赶，却怎么也赶不上。回到家中，黄喜的母亲见儿子带回一个这么勤劳漂亮的姑娘，非常高兴，便和姑娘拉起了家常。姑娘说，她叫紫姑，家住邙山山腰，父母早亡，只剩她一人。黄喜的母亲说：“既然你家中已无别人，就在我这住下，做我的儿媳妇吧！”姑娘爽快地答应了。黄喜自然是喜出望外，乐上眉梢。

黄母急着要给儿子办喜事，紫姑却说要一百天后才能成亲。

原来，紫姑有一颗宝珠，她和黄喜要轮流含在嘴里一百天才能结婚，否则成不了夫妻。从那以后，黄喜和紫姑便轮流含着这颗宝珠。到了第九十九天时，黄喜照常上山砍柴。当他走到石人旁时，石人忽然说话了，说紫姑是个花妖，就是那株紫花牡丹变的，那珠子会把他的元气吸干，今天是最后一天，明天他就没命了；要想活命，今天必须把珠子吞下去。

黄喜半信半疑，回到家中想了想，还是信了石人的话，将珠子咽了下去。在一旁的紫姑见黄喜将宝珠咽了下去，大吃一惊，急忙问他为什么要将宝珠吞下去。黄喜便将石人所说的话讲了出来。

紫姑听了，知道是石人在使坏，便向黄母和黄喜说了实情。原来那石人是一个石头精，一直想霸占紫姑，但因紫姑有护身宝珠而不能得逞。只要黄喜和紫姑将宝珠含在口中坚持100天，石头精就无法再捣乱了，他们就可以结为夫妇。如今失去了宝珠，两人都会死去。

黄喜听了后悔莫及，提起斧头，上山将石人砍了个粉碎。过了不久，黄喜腹痛难忍，口渴似火，他跑到泉边去喝水，但仍然止不住疼痛，最后他跳进了泉中。紫姑赶来后，也随黄喜一起跳了进去。

后来，人们在清泉旁发现了两株牡丹，一株开黄花，一株开紫花，花姿美丽，清香怡人，人们都说，这是黄喜和紫姑变的。这两株牡丹在清泉旁相依生长了很长一段时间，后分别被洛阳城里的姚家和魏家移进了花园。移入姚家的那株黄牡丹，被人称作“姚黄”，移到魏家的紫牡丹，被人唤作“魏紫”。于是，人间就有了姚黄、魏紫这两种名贵牡丹品种。

关于魏紫牡丹的由来，还有两个传说。

一个叫魏璞的书生进京赶考归来，在洛阳城外一条小溪旁见到一株无人照看的牡丹。这株牡丹姿态不凡，但生得极为瘦弱，显然是缺水少肥。书生甚是怜悯，决心带回家去精心护养，便小心地将其连土挖起，装入盆中。当他走到半路时，天色已晚，不小心被一块巨石绊倒，将花盆摔碎。他急忙用手去拿，只觉得地上湿漉漉的。他怕牡丹受伤，便用手挖了个坑，将牡丹埋入其中。待到天亮，才发现自己的腿受了伤，流了很多血，那湿漉漉的地就是他的鲜血浸润而成的。后来，这株牡丹长得特别茂盛，紫红色的花开得又大又艳。人们说这是魏璞的血滋润的结果，所以便把这株紫色的牡丹命名为“魏紫”。

另一个传说是这样记述的：有一年，朱元璋带着军师刘伯温及一班文武大臣来曹州观赏牡丹花。朱元璋在一处牡丹园中看到各色牡丹争奇斗艳，香气袭人，竟胜过他的御花园。于是，他马上下了一道圣旨，要将全园的牡丹都移植到御花园去。这时刘伯温却悄悄地对着朱元璋的耳朵嘀咕了几句，朱元璋马上改口，说只把园门前的那一株牡丹挖走。花农赵义大喜，心想满园的牡丹总算保住了，可赵义的妻子魏花却哭得死去活来。赵义急忙问她为何如此伤心，魏花只得道出实情，说：“我本是这里的牡丹花仙，见你勤劳、善良，便和你结为夫妻。没想到今天被刘伯温识破，要将我带走，但他带走我的人，却带不走我的心，带不走我的根。我已身怀六甲，这根我就留在树下。”说罢，一阵风起，魏花已不知去向。

朱元璋等人带着牡丹浩浩荡荡回京去了。赵义想到平日夫妻恩爱，今日见妻子突然离去，不胜悲伤，扑倒在花坑前痛哭不止。

没想到，到了第二年春天，在被挖走的那株牡丹的花坑里，竟然长出一株新的牡丹，并很快开出美丽的紫红色花朵，花开得又大又美，花瓣多达六七百片，香气袭人，引得四周的村民都赶来观看。大家都说这是牡丹仙子魏花的孩子，于是便叫这花为“魏子”，因花是紫色，“紫”与“子”又谐音，所以，后来就改称“魏紫”了。

这些美丽动人的传说，其实都是勤劳善良的中国人对生活美好祝愿的一种表达形式。在赏花的同时，读一读这些有趣的故事，可以帮助我们更深入地了解牡丹。

关于兰花的故事

兰花是高洁的象征。我国古代著名思想家孔子曾赞叹兰香为“王者香”，赞叹芝兰“生于深林，不以无人而不芳”。从此，兰花便有了君子、品德、高贵的寓意。

孔子称兰香为“王者香”，是在他游历各国四处碰壁后，自卫国返回鲁国时所说。当时他与众弟子路过一个幽谷时，见到草丛中兰花盛开，孔子触景生情，喟然叹曰：“夫兰当为王者香，今乃独茂，与众草为伍。譬犹贤者不逢时，与鄙夫为伦也。”意思是说，兰花是王者之香，怎么能与杂草生长在一起，这不就像圣贤之人不逢时，与鄙夫在一起一样吗？孔子还急忙停下车来，拿出琴，对着兰花弹了一曲《猗兰操》。

东汉著名文学家蔡邕在他的《琴操》一书中记载，孔子的这首曲子如泣如诉，把孔子当时的心情抒发得淋漓尽致。后来，《古今乐录》《艺文类聚》《太平御览》《乐府诗集》等都收录了这一琴曲。

人们常说的“如入芝兰之室，久而不闻其香”的句子，也是孔子说的。有一次，孔子对弟子曾子说：“我死了以后，子夏的道德修养将越来越好，而子贡的道德修养将日见丧失。”曾子问这是为什么。孔子说：“子夏喜欢和比自己贤明的人在一起，而子贡喜欢同才智比不上自己的人在一起。”为此，孔子列举了一系列的比喻，来说明交友和环境对人品性格的影响。最后他用“与善人居，如入芝兰之室，久而不闻其香，即与之化矣”和“与不善人居，如入鲍鱼之肆，久而不闻其臭，亦与之化矣”作例子，来说明要成为一个有道德修养的人，必须重视交友和环境。所以，从此，“芝兰之室”就成了结交良师益友的代名词。

关于水仙花的故事

关于水仙花的来历，也有很多趣闻轶事。

据《蔡返乡张氏谱记》记载：在宋朝，有一个福建籍的京官告老还乡，当他乘船南返，将要回到家乡漳州时，见河畔长有一种水生植物，叶色翠绿，花朵黄白，清香扑鼻，便叫人采集一些，带回培植，这就是漳州水仙的来历。

关于崇明水仙，还有一个传说。在唐代，女皇武则天要百花同时开放在她的御花园。于是，花神命令福建的水仙花六姐妹北上长安，最小的妹妹不愿独为女皇一人开花，行经长江口时，见江心有块净土，就悄悄留下，这块净土就是崇明岛。所以，如果福建商务水仙五朵花一起开时，崇明水仙肯定会开放一朵。

在外国也有关于水仙花的传说。据传，水仙原本是一个英俊的男子，任何一个女人都不能赢得他的爱慕之心。有一次，这个美男子在一个山泉边喝水，就在他见到水中自己的影子时，竟然对影子产生了爱情。当他扑向水中拥抱自己的影子时，灵魂便与肉体分离，化为一株漂亮的水仙。

据《内观日疏》记载：从前，姚姥住在长寓桥，十一月夜半大寒，她梦见观星堕地，化为水仙花一丛，甚香美，摘食之，醒来生下一个女儿。

上述这些虽然只是传说，但足以表明，自古以来，水仙花就备受人们喜欢。事实上，早在宋代水仙就已受推崇。《漳州府志》记载：明初郑和出使西洋时，漳州水仙花已被当作名花而远运外洋了。所以，古人也为我们留下了很多赞美水仙花的诗词名句。

关于桂花的故事

郤诜是一位才子，很得晋武帝的赏识。据《晋书·郤诜传》记载，邵诜累迁雍州刺史，武帝在东堂会为其送行时，问他自以为如何。郤诜答道："臣举贤良对策，为天下第一，犹桂林之一枝，昆山之片玉。"后来的读书人非常推崇他的这个比喻，待科举考试出现后，"桂林一枝"便被用来指科举考试中的出类拔萃者。古代科举考试的乡试、会试一般都在农历八月进行，这正是桂花盛开的季节。所以，八月又称"桂月"，考试也美其名曰为"桂苑"，考生考中被喻为"折桂"，登科及第的考生也美称为"桂客""桂枝郎"。因神话传说中，月中有仙桂，有蟾蜍，所以"折桂"又称"月宫折桂""蟾宫折桂”。唐代大诗人白居易考中了进士，后得知堂弟白敏中也考中进士第三名，便写诗祝贺道：“折桂一枝先许我，穿杨三叶尽惊人。”意思是说，蟾宫折桂中我先中了进士，你名列第三更令人惊羡。

正因如此，古时人们非常喜欢在书院、文庙和贡院种植桂花树，取其“双桂当庭”“两桂流芳”之寓意。安徽歙县雄村是曹氏宗族所居之地，村中建有竹山书院。宗族曾立有规约，凡曹氏子弟中举之后，都可在书院之中种一株桂花树，取“蟾宫折桂”之意。为此，书院中先后种下了52株桂花树，这是曹氏子弟中52位中举者亲手种植的。现在书院的清旷轩里还保留下来几十株古桂花树，因此，清旷轩又有“桂花厅”之称。

民间还流传着许多与科举考试相关的古桂花树趣事。江西庐陵周孟声与其子周学颜都是当地很有名气的读书人，家中种有两株桂花树，枝繁叶茂，树荫可遮两亩地。在元末社会动乱时，树被烧死，树枝也被人砍去做了柴薪，只留下光秃秃的树干。没想到，明初天下安定后，老树又重新发芽，没几年就长得高大粗壮、郁郁葱葱了。不久，周学颜的儿子就考中了进士。人们都说，这是古桂花树枯树复荣带来的好运气。

关于茉莉花的故事

关于茉莉花茶的来历，流传着很多有趣的传说。

在明末清初时，苏州虎丘一带住着一户茶农。茶农家有三个儿子，老人在外谋生，三个儿子各自种有一块茶田。有一年，老人回家，带回了一捆花树苗，种在大儿子的茶田里。隔了一年，花树开满了雪白的小花，香味浓烈，传遍了整个茶田。开始时它并未引起人们的注意，只是觉得这花很素雅，香味很清幽。后来，大儿子惊奇地发现，他茶田里的茶叶上也有了小白花的香气。于是，他悄悄摘了一筐茶叶，拿到苏州城里去叫卖。没想到，这带有香味的茶叶很受人们欢迎，被一抢而空，卖了一个好价钱。这一年大儿子靠卖香茶发了财。两个弟弟知道后，去找哥哥算账。他们认为，哥哥的香茶叶是父亲种的香花形成的，哥哥应该把所得拿来平分。兄弟们为此闹得不可开交。

后来兄弟三人去找村里一位德高望重的老隐士戴逵评理。戴逵听了他们的诉说后，对他们说：“你们三兄弟应该团结，怎么能为眼前这点利益闹得四分五裂呢？你大哥发现香茶，多卖了钱，这是件好事，全家都应该高兴，这说明财神进了你家。你们赶紧将你大哥地里的香树繁殖、栽培到自己的茶田里，不也就发财了吗？何必要吵闹呢？你们要团结一致，不要自私自利，要把大伙的利益放在前面。我给这香花起个名字，就叫它

'末利花'，意思就是为人处世要把个人的私利放在末尾。你们看好吗？"三兄弟听了很感动，表示一定按戴逵所说的去做。于是，三兄弟和睦相处，齐心种好花茶，日子都富裕了起来。

从此，人们根据三兄弟种植花茶的经验，发明了用茉莉花熏制茶叶的办法，制作出了清香扑鼻的茉莉花茶。

茉莉花本生长在玉皇大帝的御花园里，那时的茉莉花又香又大又艳丽，深受玉皇大帝的宠爱。为此，茉莉花遭到了其他花仙的嫉妒和疏远。茉莉花仙感到委屈，也很寂寞，于是产生了下凡的念头。终于有一天，她跑出了御花园，来到了人间。

在一个美丽的山麓，她发现了一位英俊的青年。青年白天下地干活，晚上在家秉烛夜读，茉莉花仙深深爱上了他。于是，她化作一位农妇，趁青年下田劳作之时，来到他的家中，帮着打扫卫生，烧菜做饭。傍晚，青年回到家中，发现家中被收拾得干干净净，桌子上还摆放着热腾腾的饭菜。正当青年感到诧异时，忽见一美丽的女子向他走来。茉莉花仙向青年说明了自己的身份和来意。青年自是喜出望外，于是两人结为夫妻，此后过着男耕女织、恩爱无比的生活。后来，此事被玉皇大帝知道了。玉帝大怒，立即命雷公电母将茉莉花仙捉拿回来。

御花园的百花仙子得知这一消息后，决心设法救助茉莉花仙。她赶在雷公电母之前，找到了茉莉花仙，让她在山坡前现出原形。然后，百花仙子掏出身上的白绫帕，抖动着往花枝上一抹，硕大艳丽的鲜花顿时变成了无数雪白的小花。当雷公电母率大兵赶到时，只见满山遍野都是小白花，并没有他们要找的茉莉花仙。于是他们调头去捉拿花仙的丈夫。百花仙子见花仙的丈夫危在旦夕，便又施展法术，令其钻入地下躲了起来，想等到危险过后，再将他从地下救出。

没想到此事被玉皇大帝发现了，他解除了百花仙子的法力。花仙的丈夫再也无法回到地面，花仙也永远成了白色的小花。后来，人们发现在花仙丈夫钻入地下的地方，长出大片的茶林。更奇怪的是，那小白花浓烈的香味总是不停地飘向茶林，人们说这是茉莉花仙在向丈夫传情。

久而久之，茶林的茶叶变香了。后来，人们干脆将小白花和茶叶放到一起熏制，让他们夫妻团圆，于是就有了茉莉花茶。

关于茉莉花茶还有另一个传说，很久以前，北京有一个叫陈占秋的茶商。有一年他到南方购茶，在客店里遇到一位孤苦伶仃的少女。少女的父亲去世了，却无钱殡葬。陈占秋深表同情，便送给她一些银两，帮助她安葬了父亲，又安排她投靠自己的亲戚。那少女千恩万谢而去。三年后，陈占秋再去南方时，客店老板转交给他一小包茶叶，说是三年前被他救助的那位少女送给他的，陈占秋收下后便一直保存着。

有一年冬天，陈占秋邀来一位品茶大师，研究北方人喜欢喝什么茶。这时，他想起了南方少女送给他的那包茶，便拿来冲泡品尝。令他们惊奇的是，冲泡此茶的碗盖一打开，先是异香扑鼻，接着在冉冉升腾的热气中，他们看到一位美丽的姑娘，姑娘手里捧着一束茉莉花。随后，她便随着热气消失了。知识渊博的品茶大师告诉陈占秋，这是茶中的绝品“报恩仙”，过去只听说过，今日得以亲眼所见，实在是幸事。大师问茶从哪里得来，陈占秋讲述了前后经过。

品茶大师说，这茶是珍品、绝品，制这种茶须耗尽人的精力，估计制作此茶的姑娘已不在人世了。陈占秋说，是的，客店老板告诉过他，那姑娘已去世一年多了。两人感叹了一番，品茶大师忽然说：“为什么她独独捧着茉莉花呢？是否是提示说，茉莉花可入茶？”陈占秋觉得大师言之有理。

第二年，他便将茉莉花加到茶中，果然制出了芬芳诱人的茉莉花茶。此茶深受北方人喜爱，陈占秋也因此名声大作。

丁香花的传说

很久以前，有个年轻英俊的书生赴京赶考，天色已晚，书生投宿在路边一家小店。店家父女二人，待人热情周到，书生十分感激，留店多住了两日。店主女儿看书生人品端正、知书达理，便心生爱慕之情；书生见姑娘容貌秀丽，又聪明能干，也十分喜欢。于是二人月下盟誓，拜过天地，两心相倾。接着，姑娘想考考书生，提出要和书生对对子。书生应诺，稍加思索，便出了上联：“氷冷酒，一点，二点，三点。”姑娘略想片刻，正要开口说出下联，店主突然来到，见两人私订终身，气愤之极，责骂女儿败坏门风，有辱祖宗。姑娘哭诉两人真心相爱，求老父成全，但店主执意不肯。姑娘性情刚烈，当即气绝身亡。

店主后悔莫及，只得遵照女儿临终所嘱，将女儿安葬在后山坡上。书生悲痛欲绝，再也无法求取功名，遂留在店中陪伴老丈人，翁婿二人在悲伤中度日。

不久，后山坡姑娘的坟头上，竟然长满了郁郁葱葱的丁香树，繁花似锦，芬芳四溢。书生惊讶不已，每日上山看丁香，就像见到了姑娘一样。一日，书生见有一白发老

翁经过，便拉住老翁，叙说自己与姑娘的坚贞爱情和姑娘临死前尚未对出的对联一事。白发老翁听了书生的话，回身看了看坟上盛开的丁香花，对书生说："姑娘的对子答出来了。"书生急忙上前问道："老伯何以知道姑娘答的下联？"老翁捋捋胡子，指着坟上的丁香花说："这就是下联。"书生仍不解，老翁接着说："氷冷酒，一点，两点，三点；丁香花，百头，千头，萬头。你的上联'氷冷酒'，三字的偏旁依次是，'氷'为一点水，'冷'为二点水，'酒'为三点水。姑娘变成的'丁香花'，三字的字首依次是，'丁'为百字头，'香'为千字头，'花'为萬字头。前后对应，巧夺天工。"

书生听罢，连忙施礼拜谢："多谢老伯指点，学生终生不忘。"

老翁说："难得姑娘对你一片痴情，千金也难买，现在她的心愿已化作美丽的丁香花，你要好生相待，让它世世代代繁花似锦，香飘万里。"

话音刚落，老翁就无影无踪了。从此，书生每日挑水浇花，从不间断。丁香花开得更茂盛、更美丽了。

后人为了怀念这个纯情善良的姑娘，敬重她对爱情坚贞不屈的高尚情操，从此便把丁香花视为爱情之花，而且把这幅"联姻对"叫作"生死对"，视为绝句，一直流传至今。

丁香树被人们当作"幸福之树"，这里面还有一个美丽的传说。

相传在很久以前，青海高原的日月山下，居住着一家人。父亲年纪很老了，三个儿子相继都娶了媳妇，长子在家耕田，次子外出经商，三子在私塾教书，全家过着幸福的生活。

在这家人住的四合院里，正中长着一棵碗口粗的轮柏树，也叫丁香树。树已百年有余，仍然枝繁叶茂，花团锦簇。老人常对全家人讲，"我们家全托这棵丁香树的福，才有今天的好日子。"全家人都视树如神，修剪浇水，分外殷勤。一天，老人把三个儿子叫到身边，语重心长地说："人老了总有一死。我死了以后，你们兄弟三人要和睦相处，谁也不许提分家。要想分家，除非院子里的丁香树枯了。"不久，老人就死了。

老人去世后的第三年，丁香树突然枯了。兄弟三人以为是天意要他们分家，但想起老父的嘱托，便跪在树前抱头痛哭。一连哭了七天七夜，忽然，"轰"的一声从树干里蹦出一枚乌黑的大铁钉，而且不偏不倚正落到老二媳妇面前。众人见此情景，十分惊疑，都盯住老二媳妇看。在众人逼问下，她只好说出了其中缘由。

原来，老二媳妇见自家男人常年在外经商，挣回的银两却归全家人用心中早已不满。听了老人临终叮嘱，便暗生异心，要设法弄死丁香树。起初她给丁香树浇脏水，倒污物，想把树沤死。谁知这一年丁香树不但没死，反而更加茂盛，花色更美更艳了。老二媳妇气极了，便用刀悄悄砍伤了丁香树的全部枝条。没想到顽强的丁香树第二年春天，又长出了更多的新枝叶，紫色的花朵开得更大更香了。这下，老二媳妇更气恼了，她一不做，二不休，又偷偷找了一枚五寸长的铁钉，把它钉入树干。就这样，丁香树果然被摧残得枯死了。

现在，自己害死丁香树的事既已被大家知道，老二媳妇也自觉羞愧，当众承认错误，愿意悔改，恳求全家人饶恕，也请求丁香树饶恕，发誓今后与大家一起好好过日子，永不再提分家的事。全家人商量之后决定原谅她。从此，兄弟妯娌和睦相处，全家人又团团圆圆过着幸福生活。

不久，丁香树又发出了新芽，抽了新枝。而且从这一年起，年年春秋两季开花。

金银花的传说

从前，在河南省巩县（今巩义市）、密县（今新密市）、登封三县交界的五指岭的山腰里，住着一个姓金的采药老汉。他和山下一位姓任的老中医合伙，在山下开了一家中药铺。

金老汉老伴早已去世，跟前只剩一个女儿，叫银花，生得聪明秀丽，从小就跟着爹爹上山采药，再由她每天把采到的中草药送到山下的药铺里去卖。任老医生也是个淳厚善良之人，又有一手高明的医术。他一面操持药铺，一面给人看病，还经常免费给村里穷苦人看病，所以，深受大伙儿的爱戴。

任老医生跟前只有一个儿子，因是冬天生的，故名叫任冬。小伙子勤劳勇敢又淳朴聪明，从小跟着父亲学了医术，15岁时又去登封少林寺习过武。可以说，是个文武双全的好青年。由于两家交往密切，任冬和银花从小就非常要好，长大后由两小无猜变成了一对恋人。两家的老人也看出了两个年轻人的心事，就给他们订了终身。从此两家关系更密切了。

据说在这个五指岭上，有一种叫金藤花的名贵草药，能解邪热、除瘟病。一天，金老汉和女儿银花正在山上采药，突然，乌云翻滚，狂风大作，吹得五指岭上飞沙走石，叫人睁不开眼睛。接着，黑云中出现一个怪物，伸出魔爪将银花一把抢走，一时间就不知去向了。

原来，这是一个名叫瘟神的妖怪，它本是北海边的黑熊精所变。这瘟神不知从哪儿听到，说是从五指岭上的一百株金藤花上采摘一百斤花苞，用一百斤天河水，煎熬一百个日夜，就可以熬成膏丹，服了这些膏丹就可以长生不老。所以这瘟神就跑到五指岭来，想采花制药。这天，瘟神听小喽啰禀报说山下有两个人来采摘金藤花，瘟神便发怒了，他想占山为王，不许任何人来采摘金藤花。可等他出洞来到山上一察看，却看见一个老汉带着一位美丽的姑娘。瘟神顿起歹意，便卷起狂风，喷出黑雾，掀起飞沙走石，乘金老汉和银花不备，一下将银花抢走。

金老汉忽然不见了女儿，只看见一股妖风盘旋而去，心里猜想女儿定是被妖风卷走，就拼了老命在妖风后面追赶。一直追到一条黑黝黝的深谷，也没找到女儿，却只见一阵瘴气迎面扑来，老汉顿觉头晕目眩，胸闷想吐，不觉昏倒在地。待他醒来，已是薄暮时分。金老汉见深谷之中根本没有女儿踪影，只好摸索着回家，并寄希望于女儿也许没事早已回家等他去了。

瘟神把银花抢到洞中，就威逼她成亲，但银花宁死不从。后来，瘟神用尽了各种手段，见实在无法制伏银花，就令小喽啰给银花戴上铁锁链，囚进一间石牢里。

这瘟神还有个恶习，就是每日里吞云吐雾，散放瘴气，传播瘟疫。自打他来到五指岭后，五指岭一带的老百姓染上疫病的便越来越多。

在山下开药铺兼治病的任老医生，发现近来病人陡然增多，并且害的都是很厉害的瘟疫，就觉得情况有点不妙。加上一连好几天不见金家父女下山来送药，不知是怎么回事，实在放心不下，就嘱咐儿子说：“冬儿，咱们这儿患瘟疫病的人越来越多了，要给乡亲们治好瘟疫，必得用金藤花。你即刻上山去找你金大伯和银花妹妹，一是看看他们父女可好，我怪不放心的，二是帮着多采些金藤花回来。”

任冬听了此话，马上直奔五指岭。任冬来到金大伯家，只见那匹白玉飞龙马拴在后院里吃草，却不见银花和金大伯。原来，这几天金老汉每天都是一大早就起来赶上五指岭去寻找女儿。任冬猜想父女俩一定上山去了，便也马上进山寻找。可奇怪的是，在平

日父女俩常去采药的地方，怎么也找不到金家父女。任冬不死心，他翻过一座又一座的山梁，蹚过一条又一条的溪流，穿过一条又一条的深谷，终于找到了金大伯，不过，金大伯这时正躺在草地上，人已昏迷不醒。

任冬上前呼唤，过了好一会儿，金老汉才睁开眼睛，清醒过来。他见是任冬找来了，忙拉着他的手急切地说：“冬儿，五指岭来了个瘟神，抢走了你的银花妹妹，你一定要设法除掉瘟神，救出银花啊。”

任冬急忙把金大伯背回家中，请父亲照看，自己又返身回到五指岭。他心中发誓一定要除掉瘟神，救出银花。

任冬来到黑黝黝的深谷，只见路越走越陡，山谷越来越深。突然，他看见峭壁上出现一个黑雾笼罩的洞口，里面隐隐约约传来女子的哭声。仔细一听，正是银花的声音。任冬抓住崖壁上的藤条，攀上了洞口，到洞里找到了被囚禁的银花。他砸开石牢门，只见银花妹妹满脸泪痕，面容憔悴地躺在潮湿肮脏的石板上，便立即跑过去，抱住银花说：“银花妹妹，我救你来了。”同时，他为银花砸开锁链，抹去泪痕，并还要说什么。银花急忙摆手不让他多说，拉上任冬就赶忙往洞外跑。两人出了洞口，顺着青藤滑下谷底，涉过山涧，爬过了座座山梁，终于回到了银花家。

这时，银花才喘了口气，急忙对任冬说：“冬哥，我爹呢？”任冬告诉她金大伯已在他家治病，银花放了心。银花又着急地说：“冬哥，我在洞中听瘟神说，他要散布瘟疫，让千家万户都染上瘟病，这样他就可以长期霸占一方，胡作非为了。”任冬点点头说：“我爹正为此事犯愁呢。可又没法子治他。”银花说：“任冬哥，我曾听见洞中的小喽啰说，他们的大王本领大，瘟病一般人治不了。要治瘟病除非金藤花。要想拿住他们大王，除了药王谁也没办法呢。”任冬想到金大伯和银花被瘟神欺侮，更想到那些被瘟疫缠身的乡亲们，他发誓要除掉瘟神，解救他们。想到这儿，他便问银花可知道药王住在哪里，银花说，听老辈人说药王住在蓬莱仙岛的灵芝洞里。

听后，任冬便立刻去后院牵出那匹白玉飞龙马。他们两人刚刚骑上，那马就一声嘶鸣，直奔蓬莱仙岛而去。任冬和银花刚要走近蓬莱仙岛，突然间只见黑云翻滚，狂风大作。银花一看这情形跟上次一样，心里明白这是瘟神追来了，急忙对任冬说：“瘟神追来了，怎么办？”任冬果断地说：“银花，我留下挡住他，你一个人去请药王。快去！”说完就跳下马背。银花怎么放心得下，也勒住马要留下。任冬说：“银花，瘟神马上就到了，再说咱俩骑一匹马也跑不快。如果我不留下来抵挡瘟神，只怕咱俩都走不脱。请不来药王，怎么降服瘟神，拯救乡亲们呢？”任冬说罢，就朝马屁股上猛抽了一鞭，只见那马带着银花闪电一般的飞驰而去。

银花刚走，瘟神就驾着黑云赶来了。任冬一见仇人怒从心头起，举起随身带的朴刀就向瘟神砍去。瘟神想不到任冬竟敢与他对战，也就降下云头，急忙招架。二人恶战一场。瘟神善弄魔法，个头又黑又大，任冬虽然会些武艺，但也难敌妖法，奋战了十几个回合，终是被瘟神拿住了。瘟神逼问银花下落，任冬当然是至死不说。瘟神无奈，只好暂且把任冬押回五指岭的石洞中。

银花骑着白玉飞龙马，日夜兼程，翻过了九十九座山，涉过了九十九道川，历尽千辛万苦，终于来到蓬莱仙岛的灵芝洞前。见了药王，银花把事情的前后经过讲了一遍，最后请求药王去制伏瘟神，为五指岭的百姓除害。药王见银花年纪这么小，却如此勇敢，且有爱民之心，就满口答应了银花的请求，同时从他身边挂的葫芦里倒出两粒仙丹，说："银花姑娘，你辛苦了，先吃了这个解解乏吧。"银花服了仙丹，顿觉饥饿疲劳全部消失，精神立时焕发起来。接着，药王牵出梅花鹿，带着沉香龙头拐杖、药葫芦和白玉杯，然后让银花骑上白玉飞龙马，用那根龙头拐杖在马肚子下面画了个八卦，接着往马背上猛击一掌，只见一道金光一闪，那白玉飞龙马立刻腾空而起，驾上一朵祥云，紧跟着药王骑的梅花鹿，一起向五指岭奔去。

药王和银花一到五指岭，瘟神就知道大事不好。他先把受尽折磨、宁死不屈的任冬推下背影潭里，然后张开血盆大口，要把五指岭上所有的金藤花都吞进肚子里去。正在这时，药王和银花赶到。只见药王手起杖落，打得瘟神连声惨叫，急忙驾起一团黑云，往西南方向逃去。药王急忙追上，瘟神被打得连连求饶，却又一边继续往西南逃跑。

再说任冬被瘟神推进背影潭淹死了，但他的尸体就是不往下沉，总是直立在水中，乡亲们发现之后，便把他的尸体打捞上岸，葬在山坡上。

银花回到家中，父亲已经死去，任老医生也因思儿心切去世了。后来，她又听说任冬也已被瘟神害死，不禁悲愤交加，痛不欲生。她来到父亲和任老伯坟前祭拜，之后，又来到任冬坟前。她一见任冬的坟墓，想到不久前两人分手时的情景，忍不住痛哭起来。止不住的泪水如同串串珍珠滴洒在任冬的坟冢上，意想不到的是坟上顿时长出了一丛丛茂密的金藤花蔓。可是银花一点也没觉察到。她太悲痛了，只是痛哭不已，眼泪哭干了，哭出了滴滴鲜血。殷红的鲜血洒在金藤花蔓上，藤蔓上就开出了金灿灿的花朵。到后来，银花实在太悲痛了，便一头碰死在任冬坟前的岩石上。

乡亲们听到银花惨死的消息，无不悲痛万分，大家把她和任冬合葬在一起。合葬刚刚完毕，奇迹突然出现了。乡亲们看见整个五指岭漫山遍野都开满了金藤花。花儿金灿灿、银闪闪、一簇簇、一丛丛，光彩夺目，如云似霞。接着，当地凡是患了瘟疫的病人，喝了金藤花茶，立刻都痊愈了。

等到药王从追赶瘟神的千里之外返回五指岭后，听到了银花已经死去的消息，非常惋惜地来到五指岭上，看到满山盛开的金藤花，对乡亲们说："这些花是任冬和银花的化身哪！"说着，他拿出白玉杯，倒上一杯水，把两朵金藤花放进杯内。药王把杯子端到乡亲们面前说："看，两朵花儿在抖动，是因为两个年轻人还放心不下啊！"说完就对着玉杯念了几句，告知说五指岭的乡亲们病都治好了。杯中的花朵立刻安定地直立于杯中。

后来，人们为了纪念银花和任冬这两个为人民献身的年轻人，就把金藤花叫作金银花。

有关石竹花的传说

很久以前，在东北地区的一座大山上住着一户姓石的人家。老两口只有一个儿子名叫石竹。家里没有财产没有土地，全靠石老汉进山挖药材为生。不幸的是，石竹还刚咿呀学语的时候，石老汉在一次进山挖药材时摔死了。从此，母子二人相依为命，日子过得更加艰难。石竹的妈妈一人挑起了抚养儿子的重担，她每天进山挖山货去换点粮食，掺和着野菜一起熬粥吃。就这样一晃十多年过去了，石竹的母亲历尽千辛万苦，好不容易将石竹拉扯长大成一个十七八岁的大小伙子。

穷人家的孩子早当家。石竹很懂事，里里外外帮衬着妈妈。只是打小吃苦受穷，身子骨十分瘦弱，不但不能像别的小伙子一样独当一面地养活这个家，让年迈的妈妈歇息歇息，而且从小就得了种见不得人的病——遗尿症。十七八岁的大小伙子了，却不敢提娶媳妇的事。石竹的母亲从此进山就不挖山货了，她学着石老汉挖起了草药。可年纪大了，哪爬得了那崇山峻岭，钻得了那深山老林？再说，草药千千万万，哪一味能治好儿子的病呢？可石竹的母亲不畏山高路险，每天都去挖药，每次发现了新草药，她就自己先用口尝尝：辛的、苦的、麻的、涩的，做妈的先尝尽人间甘苦。有好几次，因尝草药中了毒，肿了脸，红了眼，她赶快吃些清热解毒的草药，总算又化险为夷了。就这样寻寻找找一年过去了，两年过去了，三年过去了，可是能治好儿子病的草药还是没找到。

转眼到了第三年的五六月间，这天，石竹拦住又要出门的妈妈，哭着说：“妈，别去了，我不治病了，不娶媳妇了。您辛辛苦苦把我拉扯大，我不但没能报答您，反而拖累您，做儿子的实在对不起母亲啊。”石竹的母亲也含着热泪，摸着石竹的头说：“儿啊，做娘的知道你孝顺，但是，天下做母亲的哪能眼看儿子被病痛折磨而不去拯救呢？再说，如果找到了能治好你病的药，那就不但能治好你的病，也能治好天下所有得这病的人，不但了却了我这个做妈的心事，也帮了其他人。”说完，她就毅然出门了。

这一次她走得更远，爬得更高。可是奔波一天，还是没有什么新的发现。眼看天色已晚，山风阵阵，寒气袭人。石竹的母亲坐在一块山石上歇歇脚。心想今天走远了，今晚是赶不回去了。心里惦记着生病的儿子，更想到自己年岁越来越老了，到时候别说爬山，连路也走不动了，怎么能再去找药呢？她越想越急越伤心，禁不住老泪纵横，两串热滚滚的泪珠一直落到山石缝里。奇迹在这时发生了，只见热泪淌过的山缝里，忽然长出一株花儿来。这花株只有一尺来高，细条条的叶，枝顶生花。花朵不大，几朵小花聚合在一起像一把伞，粉红色的小花在山风吹拂下微微摆动。

石竹的母亲赶紧揉揉眼睛，心想莫不是年纪大了，老眼昏花，在这山野里过去怎么没有见过这么漂亮的花？石竹的母亲正惊讶，听见一个甜甜的姑娘的声音："老妈妈，把这花全棵拔去，回家煎水给你儿子喝，它可以治好你儿子的病。"石竹的母亲只听见声音不见人，山野之中只有那花儿在微笑。石竹的母亲顿时明白了，这是花仙在帮助她，为她儿子治病呢。石竹的母亲一高兴，人也来了精神，抬眼一看，啊，山野中星星点点长满了这美丽的花儿。她赶紧拔了许多，抱着就往山下跑。

回到家，石竹正在着急，不知到哪儿去找妈妈。石竹的母亲高兴地把山上的奇遇告诉了石竹，并按照花仙的指点把采来的花连根煎水要给石竹喝。药一煎好，只觉草屋里清香阵阵，石竹连服了三日，不但尿炕的毛病治好了，人也变得精神多了，总觉得浑身有使不完的力气。石竹本来就是个孝顺孩子，病一好，他就再也不要妈妈上山挖药去了。不久，他就娶了一房媳妇，一家人从此过着幸福的生活。

后来，石竹的母亲采药遇见花仙，并用这花草治好了儿子石竹毛病的消息不胫而走，很快传开了，凡得了类似毛病的穷人，都来找石竹的母亲要这花草去治病，都很灵验。人们感激花仙，更明白花仙也是被石竹母亲的一片爱心所打动，才主动帮忙的。每次人们要找寻这花草时，都叫不出它的名儿，只知道是石竹的母亲找的花能治病，于是把这种花叫作石竹花。

含羞草名字的由来

含羞草有两个特性：一是叶子白天展开，夜间闭合；二是用手稍触叶子便立即闭合下垂。

含羞草原产热带地区，那里常有大风暴雨，含羞草这种灵敏的感应性，可以避免或减轻狂风暴雨的伤害，是它们祖先遗传下来的一种适应环境的本能，是保护自己的特有本领。我国流传着一个关于含羞草的美妙动人的传说。

从前，有个很俊俏的小伙子，在荷花塘边遇见了一位织绸的荷花仙女，来来往往，两人产生了爱慕之心。两人飞到天边成了亲，小伙子打猎，荷花女织绸，过着美满甜蜜的生活。

天长日久，丈夫发现荷花女不像先前那样光彩了。有一天，丈夫外出到山里打猎，他用荷花女送他的那枝带有神气的花骨朵，驱赶了老虎和狼群。他抛弃了自己的妻子，与妖女成了亲。荷花女曾前去救他，他们逃出山洞。但丈夫不听荷花女的话，又被妖女擒去，最终被妖女吃掉了。善良的妻子荷花女把丈夫的衣裳和骨头收拾起来，埋在小屋的旁边。

过了一段时间，荷花女路过小伙子的坟边时，看见坟上长出一棵羽叶小草，她用手指一触它，那小草含羞似的把小叶并拢起来，垂下叶柄。荷花女心里明白，丈夫向她认错了。第二年春天，到处都长出了这种小草，后来，人们都叫它“含羞草”。

附录1：“有毒花草”会养也健康

什么是“有毒花草”

有毒花草是指花草本身有一定毒性，会对人体造成危害，或某种花草会给某一类特殊人群造成危害。植株本身含有毒素，如夹竹桃、五色梅等；部分人接触会过敏，如夜来香、百合；对成人没有影响，但对婴幼儿、孕妇有害，如含羞草、虎刺梅等。

有毒花草怎么养才无毒

有毒花草只要不食用、碰触，大多不会对人体产生毒害，相反，有毒花草往往会有意想不到的妙用，只要运用适当，还能达到净化空气、防病治病的功效。

部分有毒花草，虽然含有一定的毒性，但由于植株小，含量低，一般对人不会造成巨大伤害。

部分花草只是对特殊人群有一定损害，普通人只要正常养护，一般不会产生害处。比如，有人对百合的花香过敏，而大多数人则对百合的香味不会有不适反应，因此只要不是过敏的人群，都可以在家种植。有的花草摆放在室内会有毒性，但是只要搬到室外，便不会危害人体。如夜来香花香过浓，有部分人对其过敏，但只要晚上不放在封闭的卧室即可避免毒害。

所以，不必惧怕有毒花草，只要养护得当，有毒花草其实也可以做到健康无毒。

常见有毒花草避毒方法

花种类	有毒部位	中毒反应	避毒方法及用法
万年青	叶、茎、根、种子	恶心、呕吐、腹泻腹胀等	不可食用，但可煎水外洗
一品红	叶及茎干的汁液	呕吐	不可食用，外敷可治跌打损伤
夹竹桃	全株	头晕、头痛、恶心、呕吐等	不可食用，但可用来杀灭蚊虫
水仙	根茎	呕吐、腹痛等	不可食用，外敷可散毒消肿
滴水观音	根茎	使口舌肿胀，严重时甚至使人窒息	不可食用，但外敷可消疮疡
仙人掌	刺	皮肤红肿痒痛	避免接触
变叶木	叶和枝	促癌	不可食用
凌霄	花	皮肤肿痛、头晕	避免直接接触，不要久闻
夜来香	花香	呼吸不畅	过敏者夜晚不要将花放在卧室，也不要长时间闻
虎刺梅	花、叶、茎	促癌	不可食用
铁树	花	中毒	不可食用，尽量不要接触
曼陀罗	全株，以花的毒性最强	惊厥、呼吸衰竭等	不可食用，外用可止痛止痒

附录 2：花言花语

山茶——不变的誓言，美德。白色代表完美；粉红色代表克服困难；红色代表谦让。

蜡梅——富于慈爱，依恋。

梅花——高洁。白色的庄严美丽；粉红的鲜艳。

玫瑰——纯洁的爱。红色代表热恋；粉红色代表初恋，我爱你；橙红色代表美丽，充满青春气息；黄色代表道歉；白色代表尊敬，崇高。

牡丹——富贵，繁荣，昌盛。粉红色代表相信我；红色代表我将珍惜你的爱；白色代表珍重。

银芽柳——生命中的闪光。

金橘——有金有吉，大吉大利。

杜鹃——生意兴隆，爱的快乐，思乡，忠诚。

一品红——祝福你，我的心在燃烧。

桂花——富贵，友好，吉祥，高华，珍贵，瑞福，长寿，坚强，品德馨香，爱国，高贵荣誉。

茉莉花——优美，幸福，亲切，友情。

桃花——爱的幸福，生意兴隆。

石榴花——多福多寿，生机盎然。

海棠花——温和，美丽。

合欢——夫妻的爱恋，欢情，友谊，美的象征。

夹竹桃——男女爱恋，永远常相随。

紫薇——鲜艳热烈，表示才华出众，也是思念友人的象征。

凌霄——壮志，进取之花。

樱桃——娇艳，珍贵。

荔枝——大利，一本万利，顺利。

木香——芬芳心语。

女贞——忠贞，清质，温柔，芳香。

木槿——朴素的美丽与爱，不竭的生命力。

葡萄——丰收、胜利、喜悦的象征。

木瓜——爱情与友谊的象征。

山茱萸——长寿、嘉祥、驱邪的象征。

石楠——怀念的情谊。

红豆树——相思，回忆，憧憬，召唤，红泪莹莹。

红枫——如火般的真爱，怀念。

茶梅——骄傲，娇美。

南天竹——长寿，繁盛。

竹——吉祥，平安，长寿，清逸，高雅，虚心，立场坚定，不屈。

金钱松——健康，寿福。

罗汉松——苍古的气韵。

水杉——伟岸，坚韧不拔。

圆柏——严正、庄肃，追忆，长青、长寿。

五针松——生命永存，老而不衰。

白玉兰——冰清玉洁，与海棠、牡丹组合，表示金玉满堂。

洋常春藤——忠诚友情，友谊长存，永不分离。

发财树——大吉大利，发财致富。

佛手——吉祥福禄，与桃、石榴一起，表示多子、多寿、多福。

木绣球——莹洁，纯净如玉，仪态端庄。

富贵竹——富贵吉祥。

非洲菊——神秘，兴奋，追求丰富人生，有毅力。

大丽花——感谢，大吉大利，吉祥鸿运，华丽，优雅。粉红色代表在你身边我很幸福，充满喜悦。红色代表你的爱使我感到幸福。白色代表亲切。杂色代表我只关心你。

唐菖蒲——康宁，坚固，步步高升。

忘忧草——忘记忧愁。

君子兰——宝贵，高贵，有君子之风度。

蟹爪兰——锦上添花，鸿运当头。

石蒜——高傲，庄重。

晚香玉——清香含情的代语。

秋海棠——忠贞的爱情，热爱祖国的深情。

瞿麦——象征智巧的心灵。

康乃馨——母爱，清纯的爱慕之情，浓郁的亲情，女性之爱。深红色代表热烈的爱；粉红色代表我热爱你；白色代表纯洁的友谊；黄色代表友谊更深。

郁金香——爱的告白，荣誉。黄色代表没有希望的恋情；紫色代表永不磨灭的爱情；粉红色代表迷人；带斑纹的代表美丽的双眸。

百合——纯洁、庄严、神圣，事业顺利。白色代表纯洁，甜美，淑女；黄色代表虚伪；橙红色代表轻率。

马蹄莲——清纯，气质高雅，清秀挺拔。白色代表纯洁，充满青春活力；黄色代表志同道合；粉红色代表有诚意。

红掌——热情，心情开朗，热心。

鹤望兰——幸福，快乐，自由；热恋中的情人。

水仙花——自尊，自我陶醉，幽雅，冰清玉洁。

勿忘我——不要忘记我；理想的恋情；不凋的友谊。

满天星——思恋，纯情，梦境。

金鱼草——傲慢，丰盛，有金有余。

芍药——惜别。

荷包花——招财进宝，财源滚滚，发财吉祥。

向日葵——憧憬，光辉；爱慕，凝视。

荷花——无邪的爱，坚贞，高雅。

鸡冠花——永不褪色的恋情，痴情，永生。球状代表圆满幸福；羽状代表燃烧不息的情感。

紫罗兰——永恒的美，努力，同情，相信，盼望。

仙客来——害羞，客气，内向。

风信子——胜利，竞技，喜悦。蓝色代表感谢你的好意；红色代表你的爱让我感动；粉色代表倾慕，浪漫。

蝴蝶兰——幸福，快乐，我爱你。粉红色代表有才能，活泼可爱；白色代表庄严，圣洁的美人。

芭蕉——清雅品格。

万年青——吉祥，长青不老。

吉祥草——长寿，持久，吉祥。

绿萝——青春常在。

睡莲——清纯的心，纯真。

长寿花——美好幸福。

鸢尾（爱丽丝）——鹏程万里，前途无量；使人生更美好，友谊永存。

白鹤芋——一帆风顺。

卡特兰——欣欣向荣，兴旺发达。

蕙兰——高贵，祥和，丰盛。

石菖蒲——祝愿父母亲永葆青春、健康、长寿。

菊花——高洁，隐逸，爱国。

蜀葵——清秀可人。

报春花——春天的使者，希望的使者。